U0833633

广东惠东白盆珠

保护区植物

李海滨　黄萧洒　廖远芳　杨磊　钟智明　主编

中国林業出版社
China Forestry Publishing House

图书在版编目（C I P）数据

广东惠东白盆珠保护区植物 / 李海滨等主编 . -- 北京 : 中国林业出版社 , 2021.2

(华南植物多样性丛书)

ISBN 978-7-5219-0802-2

I. ①广 … II. ①李 … III. ①自然保护区－植物－惠东县 IV. ① Q948.526.54

中国版本图书馆 CIP 数据核字 (2020) 第 175156 号

中国林业出版社 · 自然保护分社 / 国家公园分社

策划与责任编辑：王　远 肖　静

出版发行　中国林业出版社（100009 北京市西城区德内大街刘海胡同 7 号）

http://lycb.forestry.gov.cn　　电话：（010）83143577

印　　刷　河北京平诚乾印刷有限公司

排　　版　广州林芳生态科技有限公司

版　　次　2021 年 2 月第 1 版

印　　次　2021 年 2 月第 1 次

开　　本　635mm×965mm　1/8

印　　张　38.25

字　　数　400 千字

定　　价　398.00 元

未经许可，不得以任何方式复制和抄袭本书的部分或全部内容。

版权所有　侵权必究

编委会

主　　任：徐伟宏　钟伟华

副 主 任：罗献忠　吴林芳

技术顾问：曹洪麟　叶华谷

主　　编：李海滨　黄萧洒　廖远芳　杨　磊　钟智明

副 主 编：李东洋　朱娘金　钟德君　林永标　赖子钦　罗勇志

编　　委：曹洪麟　徐伟宏　邓焕然　郭　韵　黄萧洒　蒋　蕾
赖子钦　李　成　李　东　李东洋　黎桂星　李海滨
李玉峰　廖远芳　林永标　罗攀峰　罗献忠　罗勇志
麦思珑　覃俏梅　汪惠峰　翁锦泗　吴林芳　杨　磊
杨奇青　叶华谷　钟德君　钟伟华　钟智明　朱娘金
朱伟钦

前言

广东惠东莲花山白盆珠省级自然保护区位于广东省惠州市惠东县新庵镇东南，由原惠州市莲花山市级保护区和白盆珠水源林自然保护区合并而成，2004 年经广东省人民政府批准成立。保护区位于东经 115°02′48″~115°15′34″，北纬 23°02′48″~23°11′10″，距惠东县城 60km。总面积 14034.1hm²，其中，林业用地面积 9625.1hm²，水域面积 4163.5hm²，非林地面积 245.5hm²。保护区地形多样，主要以低山为主，约占 47%，丘陵约占 29%，台地平原约占 24%。最高海拔 1337.3m，为莲花山脉主峰莲花山。现规划有核心区、缓冲区和实验区三大功能区，其中，核心区面积 5174hm²。

白盆珠自然保护区地处粤东东北至西南走向的莲花山山脉西南端，地势东北部高，坡度较大，大部分山地坡度在 25° 以上，部分达 40°~50°；西南部为平原谷地，是东江流域西枝江上游流域。保护区峰峦起伏、沟壑纵横，形成众多河流汇集至白盆珠水库，是广东省第四大水库和珠江三角洲主要饮用水源之一。白盆珠水库库容达 12.2 亿 m²，水质常年保持在饮用水 II 类水质，在珠江三角洲主要城市优质供水网建设规划中划为珠江三角洲主要水源，是东江、西枝江的主要源头，也是惠州、深圳各区（县）和香港的生活生产用水主要水源地。同时，水库周边分布大量的湿地，是我国候鸟的重要分布地，为广东雁鸭类和鹭类等鸟类重要的越冬地。

白盆珠自然保护区属亚热带季风性气候，年平均气温 21.7℃，极端最高温 38.7℃，极端最低温 0.2℃，平均日照时数 2038.9h，≥ 10℃ 年积温 7947.9℃，相对湿度 80%，年平均降水量 1935.7mm，蒸发量 1875mm，常年无霜。土壤以赤红壤为主，随着海拔高度的升高，土壤类型呈明显的垂直带谱，海拔 400m 以下为赤红壤，400~800m 的山腰为山地红壤，800~1000m 为山地黄壤，海拔 1000m 以上为山地灌丛草甸土。由于海拔高度差异及人类活动影响，保护区内植被类型也随着海拔高度由低到高分布有人工针叶林、沟谷阔叶林、针阔混交林、常绿阔叶林、半落叶阔叶林及灌丛草甸。

白盆珠自然保护区处于粤东沿海的丰水区域，充沛的雨量、温暖湿润的气候，复杂多样的地形地貌，为动植物繁衍和保育提供了优越的条件，是粤东沿海地区天然的生物屏障；被誉为北回归线上的绿洲，具有独特的自然环境，生物群落地带性明显，生物区系典型，生物多样性丰富，对保护和利用特有的珍稀物种具有重要的意义，是粤东地区重要的生态屏障。

一、植物调查研究概况

白盆珠自然保护区成立时间较短，最早于 1999 年经惠东县人民政府批准建立县级自然保护区，2000 年升级为市级自然保护区，2004 年成为省级自然保护区。从中国科学院华南植物园的馆藏标本中查询，也较少发现有该保护区的标本信息。检索中国植物图像库（PPBC）数据，来自广东省惠东县的标本采集及图片信息共 259 条，而大部分集中在铁涌镇、大南山、大岭镇，巽寮湾、双月湾等地，也极少有白盆珠自然保护区的标本记录。

白盆珠自然保护区成立之初（2000－2001年），由中国林业科学研究院热带林业研究所、中山大学、华南农业大学、广东省昆虫研究所等联合进行了一次综合调查，形成了保护区动植物资源的本底资料。根据这次调查并参考有关资料，记录白盆珠保护区维管束植物195科636属1293种（含常见栽培植物121种），其中，蕨类植物33科58属113种；裸子植物5科5属9种；被子植物157科573属1171种。在这些植物种类中，有珍稀濒危植物28种，药用植物428种，具较高观赏价值的植物67种，用材树种118种，纤维植物70种，野生水果类植物103种，油脂植物107种，饲料植物60种，鞣类植物55种，野菜植物39种，农药植物39种，芳香植物16种。

白盆珠自然保护区成立后，为进一步摸清保护区内植物资源及其分布状况，2014－2015年委托华南农业大学再次对白盆珠自然保护区野生植物资源进行了一次系统调查。本次调查记录白盆珠自然保护区维管束植物195科635属1293种（包括常见栽培植物121种），其中，蕨类植物33科58属113种，裸子植物5科5属9种，双子叶植物132科433属922种，单子叶植物24科139属249种；保护区的药用植物资源非常丰富，记录药用植物742种（含变种）；记录野生兰科植物26种，并发现1个广东兰科植物新记录种——全唇盂兰，记录深圳拟兰在该地区的新分布点；记录耐阴性观赏植物107种。此次调查新增维管束植物80种，隶属35科，并发现2个新种，分别是惠州异药花、毛柄马铃苣苔。同时，选择其中510种植物，编写了《惠东莲花山白盆珠自然保护区植物图谱》（未正式出版），记录蕨类植物17科24属29种，裸子植物4科4属5种，双子叶植物109科276属400种，单子叶植物12科60属76种。

随着自然保护区监测和科研工作的进一步深入，需要更加准确地了解保护区植物资源及其生物多样性现状，2016－2017年，由广东省林业厅保护办立项，进行了广东惠东莲花山白盆珠省级自然保护区植物多样性建设，在保护区建立了马尾松林人工林、针阔叶混交林、常绿阔叶林三个1hm²的固定样地，并沿海拔梯度，分别设置了300m、600m、900m三个1hm²的固定监测样地，开展白盆珠保护区植物多样性监测和研究。

此前相关调查表明，白盆珠自然保护区种数最多的前9科分别为：禾本科69种，菊科58种，茜草科58种，莎草科46种，茶科42种，大戟科41种，樟科41种，蔷薇科30种，桑科29种，占全部植物种类的41.4%。植物种类上分布极不均匀；属的分布上也表现为分布极为不均，其中，榕属19种，冬青属19种，柃木属17种，耳草属13种，蓼属12种，悬钩子属12种，紫珠属7种，山茶属10种，杜鹃花属10种，山矾属8种，占全部植物种数的12.5%。这些优势科、属中，山茶科、樟科、桑科、茜草科等种类是本地带的代表科。榕属、柃木属、石栎属、山茶属、杜鹃花属等种类是白盆珠保护区植被中的建群种、优势种。

二、植被

白盆珠自然保护区位于北回归线以南，气候上正好处于热带北缘和亚热带的南缘，而地球上同纬度地区大多为荒漠地貌，保护区范围内温暖的气候、充足的光照、充沛的降雨量、多样化的地形，为植物的繁衍、生长提供了优越的条件。但由于长期的人类活动干扰，在保护区白盆珠水库周边及低山丘陵区，植被受到比较严重的破坏，目前保护区周边也尚存一部分荒山草坡，水库周边及低山植被破坏后主要以人工植被为主，主要树种为马尾松，也有部分大叶相思、马占相思、绢毛相思、桉树、木麻黄、木荷等。区内植被类型随海拔高度由低至高分布有人工针叶林、针阔叶混交林、常绿阔叶林及亚热带草坡等。主要植被类型有以下几种。

1. 山地草坡：面积约 222.5hm²，主要分布在自然保护区周边低山丘陵或山脊，是原生植被长期严重破坏后所形成的，其植被类型主要以鹧鸪草 + 纤毛鸭嘴草、白茅 + 鹧鸪草、芒萁 + 鹧鸪草或芒草为主。

2. 灌丛：面积约 299.3hm²，主要分布在保护区外围及沟谷地带，也是森林植被遭受严重破坏后逐渐发展起来的，主要以簕竹为主，间有亮叶猴耳环、大头茶、枫香、山乌桕等，形成簕竹 + 大头茶 + 亮叶猴耳环 + 深绿卷柏为主的群落类型。

3. 人工针叶林：面积约 3088.7hm²，主要分布于海拔 400m 以下的低山或丘陵地区，是保护区面积较大的植物类型，主要分布在环绕白盆珠水库周边，由于海拔低，早期受到破坏和干扰较大，由人工种植形成以马尾松为主的针叶林群落。道路两旁或水库周边间有一些相思类树种如马占相思、大叶相思及绢毛相思等。主要群落类型有马尾松 - 大头茶 - 芒萁或马尾松 - 岗松 - 芒萁群落。

4. 针阔叶混交林：面积约 1075.4hm²，主要分布于 400~600m 区域，以五指嶂山西南坡分布最多，是亚热带常绿阔叶林间的过渡带由于长期保护而形成的植被恢复类型。主要树种也以马尾松为主，兼有大量亚热带常绿阔叶林树种如黄杞、大头茶、木荷、山乌桕，但优势种仍然以马尾松为主。形成马尾松 - 黄杞 + 藜蒴锥 - 狗脊 - 芒萁群落。

5. 亚热带季风常绿阔叶林：面积约 4814.1hm²，主要分布于 400~1100m 地带，是保护区核心区域。主要优势种有黄杞、黄樟、阿丁枫、小叶阿丁枫、罗浮栲、鹿角锥、木莲、红苞木等。主要群落类型包括小叶阿丁枫（阿丁枫）+ 珊瑚树（红花荷）- 乌毛蕨（芒萁）群落，鹿角锥 + 黄樟 - 金毛狗群落，木莲 + 罗浮栲 - 狗脊群落，黄樟 + 红背锥（红花荷）- 乌毛蕨群落，黄杞 - 乌岗栎（多花山竹子、竹节树、短序楠）- 芒萁（乌毛蕨）等群落。

6. 高山灌丛草甸：保护区海拔 900m 以上区域存在部分高山灌丛草甸类型。

三、植物区系特征

1. 保护区植物种类丰富

白盆珠自然保护区及其周边区域有维管束植物 1293 种（不含常见栽培种 125 种），隶属 195 科 635 属，其中，蕨类植物 33 科 58 属 113 种，裸子植物 5 科 5 属 9 种，被子植物 156 科 572 属 1171 种；保存了广东省 1/5 以上的维管束植物，植物种类非常丰富，其中有众多的国家重点保护野生植物，也有极为丰富的药用植物、观赏类植物及水果类植物资源。

2. 植物区系起源古老

莲花山属粤东地块东端，中生代以来一直处于上升状态，侏罗纪末期由于燕山运动导致大规模的花岗岩侵入和构造断裂活动，形成东北一西南走向的断裂带，地质构造主要由中生代燕山期花岗岩和喷出岩构成。在漫长的上升运动过程中，大部分花岗岩体上覆盖地层已被剥蚀，花岗岩露出成为花岗岩窟窿山地，形成东北一西南走向的莲花山脉。保护区内峰峦起伏、沟壑纵横，主峰超过千米的山峰近10座，复杂的地形地貌为植物繁衍、生长发育创造了优越的自然条件，而受海洋性季风气候的影响，雨量充沛，年平均降水量达1935.7mm，优越的水热条件和复杂多样的地形地貌，为植物资源保护和生长提供保障。

四、珍稀濒危植物

白盆珠自然保护区的国家重点保护野生植物和珍稀濒危植物资源也比较丰富。国家重点保护野生植物种类计28种，其中，蕨类植物3科3属4种，裸子植物3科3属3种，被子植物8科13属21种。

五、《广东惠东白盆珠保护区植物》编写和出版

本书收录了白盆珠自然保护区及周边区域的野生维管植物共1293种（含种以下单位），隶属于195科635属。科的排列，蕨类植物按秦仁昌（1978年）系统，裸子植物按郑万钧1975年系统，被子植物采用《Flora of China》处理的中文名及拉丁学名，并按哈钦松（1934年）系统排序，少数类群按最新研究成果稍做调整；属、种按拉丁文字母顺序排列。科名前的数字为各系统科号。前面有*号的为栽培种。内容包括植物中文名、科名、拉丁学名、别名，主要形态特征、生长环境及地理分布，并附特征简介。书中配有大量彩色照片，均由编者及调查团队野外调查时所拍摄。为便于读者查对，书后附有中文名称和拉丁学名索引。

本书在编写和出版过程中，得到广东省林业局、中国科学院华南植物园、惠州市林业局、惠东县林业局、广东惠东莲花山白盆珠省级自然保护区管理处以及广州林芳生态科技有限公司等单位的支持和帮助。谨向在本书调查、编辑和出版过程中作出贡献的单位和个人表示衷心的感谢。

本书的出版获得“广东惠东莲花山白盆珠省级自然保护区植物多样性建设与森林生态系统水环境监测项目”的资助，将为我国亚热带地区植物学研究、生物多样性保护与植物资源可持续利用提供基础资料，并供植物学、林学、生态学等相关学科、大专院校师生和科研工作者以及植物保护组织和爱好植物人士参考。由于水平所限，时间仓促，疏漏和错误之处在所难免，恳请读者提出宝贵意见和建议。

编委会

2021年2月

目录

蕨类植物门 PTERIDOPHYTA

裸子植物门 GYMNOSPERMAE

被子植物门 ANGIOSPERMAE

蕨类植物门
PTERIDOPHYTA

P2 石杉科 Huperziaceae

茎直立或附生下垂。孢子叶较小。孢子囊肾形，生于全枝或枝上部叶腋形成线形孢子囊穗。

莲花山白盆珠 2 属 3 种。

1. 石杉属 *Huperzia* Bernh.

茎直立。叶小型，能育叶与不育叶同形，全缘或具锯齿；孢子叶较小。孢子囊生于全枝或枝上部孢子叶腋。

莲花山白盆珠 1 种。

1. 蛇足石杉 *Huperzia serrata* (Thunb.) Trev.

茎直立或斜生。枝二至四回二歧分枝。叶螺旋状排列，薄革质；孢子叶与不育叶同形。孢子囊肾形，黄色。

生于林下、灌丛下、路旁。

分布于我国南方各地区。俄罗斯、日本以及朝鲜半岛、东南亚、大洋洲和中美洲等也有分布。

2. 马尾杉属 *Phlegmariurus* (Herter) Holub

茎短簇生，二叉分枝。叶螺旋状排列，披针形至卵形或鳞片状，革质；孢子叶较小。孢子囊肾形；孢子球状四面形。

莲花山白盆珠 2 种。

1. 华南马尾杉 *Phlegmariurus austrosinicus* (Ching) L. B. Zhang

茎簇生。营养叶椭圆形，革质；孢子叶椭圆状披针形，排列稀疏。孢子囊穗顶生。

分布于我国华南及西南地区，为我国特有。

2. 福氏马尾杉 *Phlegmariurus fordii* (Baker) Ching

茎簇生，二至多回二叉分枝。叶螺旋状排列，不育叶椭圆形；孢子叶位于茎上部。孢子囊生于叶腋，肾形。

附生于竹林下阴处、山沟阴岩壁、灌木林下岩石上。

分布于我国东南及西南各地。日本及中南半岛也有分布。

P3 石松科 Lycopodiaceae

茎长而水平匍匐，以一定的间隔生出直立或斜升的短侧枝；常为不等位的二歧分枝，稀不分枝。孢子囊集生于枝顶成明显的囊穗。

莲花山白盆珠 2 属 2 种。

1. 藤石松属 *Lycopodiastrum* Holub ex R. D. Dixit

主茎呈攀缘状。孢子囊穗每 6 ～ 26 个一组生于多回二叉分枝的孢子枝顶端。

莲花山白盆珠 1 种。

1. 藤石松 *Lycopodiastrum casuarinoides* (Spring) Holub ex Dixit

主枝藤状，攀缘长可达 10m。茎多回二歧分枝，分化为不育部分和簇生孢子囊穗的能育部分；末回小枝线形，压扁。孢子囊穗每簇 6~12 个。

生于林缘、灌丛下或沟边。

分布于我国华东、华南、华中及西南地区。亚洲热带及亚热带地区也有分布。

2. 石松属 Lycopodium L.

多年生中型土生植物。主茎伸长匍匐地面，侧枝直立，有疏生的叶。叶螺旋状排列，纸质至革质。孢子囊穗单生或聚生于孢子枝顶端。

莲花山白盆珠 1 种。

1. 垂穗石松 *Lycopodium cernuum* L.

主茎直立。高 30~50cm，树状，淡绿色，顶端往往着地生根，长成另一新植株。叶线状钻形，全缘，质软，弯曲，长 3~4mm，向上渐变狭。

生于林下、林缘及灌丛下阴处或岩石上。

分布于我国长江以南地区。全球热带及亚热带地区广布。

P4 卷柏科 Selaginellaceae

主茎直立或匍匐。叶常异形，单叶小；不育叶常二型，主茎叶排列稀疏，孢子叶穗生茎或枝顶；孢子叶二型。孢子囊生于叶腋。

莲花山白盆珠 1 属 6 种。

1. 卷柏属 Selaginella P. Beauv.

属的形态特征与科相同。

莲花山白盆珠 6 种。

1. 二形卷柏 *Selaginella biformis* A. Braun ex Kuhn

直立或匍匐，具长的不分枝主茎。叶在不分枝的主茎上交互排列。孢子叶穗紧密，孢子叶一型。大孢子白色或深棕色；小孢子橙色。

生于林下阴湿地或岩石上。

分布于我国华南及西南地区。东亚、东南亚也有分布。

2. 深绿卷柏 *Selaginella doederleinii* Hieron

叶交互排列，边缘不为全缘，不具白边；侧叶覆瓦状排列，矩圆形，偏斜；孢子叶一型。孢子囊穗双生或单生于枝顶。

林下土生。

分布于我国华南、华东及西南地区。越南、日本也有分布。

3. 江南卷柏 *Selaginella moellendorffii* Hieron

高达 60cm。主茎直立，下部不分枝，上部三至四回分枝。分枝上叶二型，各排成 2 列；中叶疏生，斜卵圆形，侧叶斜展，密生。

生于岩石缝中。

分布于我国秦岭以南地区。越南、柬埔寨、菲律宾也有分布。

4. 黑顶卷柏 *Selaginella picta* A. Braun ex Baker

叶交互排列，二型，草质，略具白边，主茎叶略大于分枝叶；孢子叶穗四棱柱形；孢子叶一型。大孢子褐色，小孢子淡黄色。

生于密林中。

分布于我国华南、华中及西南地区。印度、越南、老挝、柬埔寨、缅甸、泰国也有分布。

5. 卷柏 *Selaginella tamariscina* (P. Beauv.) Spring

根托生于茎基部。叶二型，质厚，覆瓦状排列，边缘有细齿；孢子叶穗四棱柱形，孢子叶一型。大孢子浅黄色；小孢子橘黄色。

常见于石灰岩上

广布于我国各地区。俄罗斯、朝鲜半岛、日本、印度和菲律宾也有分布。

6. 翠云草 *Selaginella uncinata* (Desv. ex Poir.) Spring

主茎伏地蔓生。主茎纤细，褐黄色。羽叶细密，叶蓝绿色；叶卵形，2 列疏生，多回分叉，营养叶二型。孢子囊穗四棱形；孢子叶卵状三角形。

生于林下。

分布于我国华南、华东及西南地区。

P6 木贼科 Equisetaceae

根茎长而横行，节上生根。地上枝绿色，表皮常具小瘤。叶鳞片状，轮生；孢子叶轮生。孢子囊穗顶生；孢子近球形。

莲花山白盆珠 1 属 2 种。

1. 木贼属 *Equisetum* L.

茎短簇生，二叉分枝。叶螺旋状排列，披针形至卵形或鳞片状，革质；孢子叶较小。孢子囊肾形。孢子球状四面形。

1. 节节草 *Equisetum ramosissimum* Desf.

多主茎伏地蔓生。主茎纤细，褐黄色。羽叶细密，叶色蓝绿色；叶卵形，2 列疏生，多回分叉，营养叶二型；孢子叶卵状三角形，孢子囊穗四棱形。

生于林中、灌丛中或溪边或潮湿的旷野。

分布于我国华南、华东及西南地区。

2. 笔管草 *Equisetum ramosissimum* subsp. *dbile* (Roxb. ex Vauch.) Hauke

与原种的主要区别：中型植物。节间长 3~10cm。成熟主枝有分枝，但分枝常不多；主枝有脊 10~20 条，鞘齿 10~22 枚，狭三角形；侧枝有脊 8~12 条，鞘齿 6~10 个，披针形。

生于森林、森林边缘、灌木丛、草地、河流和溪流下。

分布于我国华南、华东、华中、华北及西南地区。在日本和东南亚地区也有分布。

P11 观音座莲科 Angiopteridaceae

根茎直立。托叶大，革质，宿存；叶稍呈革质或极薄，二至四回羽状复叶，小羽片线状披针形。孢子囊群近缘生；孢子囊船形。

莲花山白盆珠 1 属 1 种。

1. 观音座莲属 *Angiopteris* Hoffm.

根茎肉质，圆球形。叶大，螺旋状排列；叶片一至二回羽状。孢子囊群近叶缘，2 列着生于叶脉；孢子圆状三角形或近圆形。

莲花山白盆珠 1 种。

1. 福建观音座莲 *Angiopteris fokiensis* Hieron

根状茎直立，块状。二回羽状复叶从根状茎顶端伸出，宽卵形，大而开展；小羽片互生，排开整齐，边缘有三角形锯齿。孢子囊群长圆形。

生于林下溪沟边。

分布于我国华南、西南、华东及华中地区。日本也有分布。

P13 紫萁科 Osmundaceae

无鳞片，无毛。叶片被棕色黏质腺状绒毛；叶簇生，叶柄长而坚，基部膨大，无关节；叶片大，一至二回羽状。孢子囊大，圆球形；孢子球圆四面形。

莲花山白盆珠 1 属 2 种。

1. 紫萁属 Osmunda L.

土生。根茎直立或斜升，常具树干状主轴。叶簇生，叶片大，二型，一至二回羽片，羽片基部有关节。孢子囊群密生于能育羽片边缘；孢子球圆四面形。

莲花山白盆珠 2 种。

1. 紫萁 *Osmunda japonica* Thunb.

高 50~80cm。根状茎短树干状。叶簇生，叶片三角状卵形，二回羽状，羽片 3~5 对，对生，长圆形；能育叶与不育叶近等高，小羽片缩成线形。

生于林下或溪边酸性土上。

分布于我国秦岭以南各地区。日本、朝鲜、印度北部也有分布。

2. 华南紫萁 *Osmunda vachellii* Hook.

高达 1m。根状茎直立，圆柱形。叶簇生顶部，似苏铁；叶片长圆形，一型；羽片二型，一回羽状，15~20 对；羽片能育，生孢子囊。

生于草坡上和溪边阴处酸性土上。

分布于我国华南、华东及西南地区。中南半岛也有分布。

P14 瘤足蕨科 Plagiogyriaceae

仅土生。无鳞片。根茎直立粗壮。叶二型，叶纸质或近革质，叶片一回羽状或羽状深裂；能育叶常在植株中央。孢子囊群生叶脉顶端；孢子四面体。

莲花山白盆珠 1 属 2 种。

1. 瘤足蕨属 Plagiogyria Mett.

属的形态特征与科相同。

莲花山白盆珠 2 种。

1. 瘤足蕨 *Plagiogyria adnata* (Bl.) Bedd.

根茎短小，直立。不育叶片羽裂，顶部裂片羽裂；羽片 13~20 对，中、上部羽片基部贴生；能育叶片一回羽状，下部羽片具短柄，不缩短。

生于山地林下溪沟中。

分布于我国华南、华中及华东地区。东南亚及印度南部也有分布。

2. 镰羽瘤足蕨 *Plagiogyria falcata* Copeland

根状茎小而直立。不育叶横切面三角形，两侧有较宽的边，长圆状披针形；羽片约 20 对，互生；叶草质，光滑；能育叶细长，线形。

生于山沟和岩石下面。

分布于我国华南地区。菲律宾也有分布。

P15 里白科 Gleicheniaceae

土生。根茎长而横走。叶疏生，一型，叶片一回羽状或一至多回二叉分枝，每回分枝处腋间具 1 休眠芽，末回裂片线形。孢子囊群小；孢子囊陀螺形，孢子为椭圆形、四面形或两面形。

莲花山白盆珠 2 属 4 种。

1. 芒萁属 Dicranopteris Bernh.

根茎细长横走。叶疏生，主轴常多回二叉或假二叉分枝，每回主轴分叉处常有一对篦齿状托叶，每回叶轴分叉处有 1 个休眠小腋芽。孢子囊群圆形；孢子椭圆形。

莲花山白盆珠 1 种。

1. 芒萁 Dicranopteris pedata (Houtt.) Nakaike

根状茎细长而横走。叶远生；叶轴一至二回二歧分枝，叶纸质，有裂片 35~50 对。孢子囊群在主脉两侧各排成一行。

生于疏林下。

分布于我国长江以南各地区。日本、越南、印度也有分布。

2. 里白属 Diplopterygium (Diels) Nakai

根状茎长而横走。叶疏生，单一，分叉点腋间具休眠芽；顶生一对羽片长 1 m 以上，披针形，羽状深裂到小羽轴。孢子囊群小，圆形；孢子四面形，透明。

莲花山白盆珠 3 种。

1. 广东里白 Diplopterygium cantonense (Ching) Nakai

高约 3m。根状茎横走。一回羽片对生，长圆形，线状披针形，裂片互生，线形，叶纸质。孢子囊群中生，由 2~4 个孢子囊组成。

生于林下。

特产于广东。

2. 中华里白 Diplopterygium chinensis (Ros.) De Vol

高约 3m。根状茎横走。叶片一回羽状对生，羽片长圆形，小羽片互生，披针形；叶坚质；叶轴褐棕色，边缘有长睫毛。孢子囊群生于小脉两侧。

生于山谷溪边或林中。

分布于我国华南及西南地区。越南也有分布。

3. 光里白 Diplopterygium laevissimum (Christ) Nakai

根茎圆柱形，横走，被暗棕色鳞片。叶厚纸质，小羽片 20~30 对，互生，狭披针形；裂片 25~40 对，互生，披针形。孢子囊群圆形。

生于山谷中阴湿处。

分布于我国长江以南各地区。日本、越南北部、菲律宾也有分布。

P17 海金沙科 Lygodiaceae

根茎长而横走，被毛，无鳞片。叶疏生或近生，羽片一至二回羽状分裂，近二型；能育羽片边缘有流苏状孢子囊穗。孢子囊大；孢子四面体。

莲花山白盆珠 1 属 3 种。

1. 海金沙属 Lygodium Sw.

属的形态特征与科相同。

莲花山白盆珠 3 种。

1. 曲轴海金沙 Lygodium flexuosum (L.) Sw.

高达 7m。三回羽状，羽片长三角形；末回裂片 1~3 对，基部一对三角状卵形或阔披针形；叶草质，小羽轴两侧有狭翅和棕色短毛。孢子囊穗线形。

生于疏林中。

分布于我国华南及西南地区。东南亚、马来半岛、大洋洲等地也有分布。

2. 海金沙 Lygodium japonicum (Thunb.) Sw.

叶轴具窄边，叶对生于叶轴短距两侧；不育羽片三角形，二回羽状；能育羽片卵状三角形，二回小羽片羽状深裂。孢子囊穗排列稀疏。

生于林下。

分布于我国长江以南各地区。亚洲热带、亚热带及大洋洲地区广布。

3. 小叶海金沙 Lygodium microphyllum (Cav.) R. Br.

叶近二型，二回羽状，羽片多数；不育叶矩圆形，生于轴下部，有柄；能育叶与不育叶同形，叶缘生有条形孢子囊穗。孢子黑褐色。

生于溪边灌木丛中。

分布于我国华南、西南地区及台湾。印度、缅甸、马来西亚等也有分布。

P18 膜蕨科 Hymenophyllaceae

多附生少土生。根茎横走。叶常细小，形状多种，叶片膜质，叶脉分离，二歧分枝或羽状分枝，或具假脉。孢子囊近球形；孢子四面体形，具 3 裂缝。

莲花山白盆珠 1 属 1 种。

1. 假脉蕨属 Crepidomanes C. Presl

根茎丝状，横走，密被短毛。叶细小，多回羽裂，全缘，无毛；末回裂片有 1 脉。孢子囊群生于裂片腋间或裂片顶端。

莲花山白盆珠 1 种。

1. 翅柄假脉蕨 Crepidomanes latealatum (Bosch.) Copel.

根茎丝状，横走。叶疏生，叶片长卵形或宽披针形，二回羽裂，叶薄膜质，无毛。孢子囊群生于叶片上部，囊孢椭圆形，囊托突出。

生于山地林下阴湿的岩石上或附生于树干上。

分布于我国南部及西南部地区。东亚、东南亚等部分国家也有分布。

P19 蚌壳蕨科 Dicksoniaceae

常具粗大主干。冠状叶丛顶生；叶具粗壮长柄，叶片大型，三至四回羽状复叶，革质。孢子囊群边缘生，囊群盖形如蚌壳，孢子囊梨形。

莲花山白盆珠 1 属 1 种。

1. 金毛狗属 Cibotium Kaulf.

根状茎粗壮，密被柔软金黄色长毛。叶一型，叶片大，宽卵形，多回羽状分裂，有锯齿。孢子囊群着生于叶缘，孢子囊梨形；孢子钝三角形。

莲花山白盆珠 1 种。

1. 金毛狗 Cibotium barometz (L.) J. Sm.

高达 3m。根状茎肥大，密被金黄色长绒毛。叶丛生于茎顶端，冠状，三回羽状分裂，羽片长披针形。孢子囊群生于小脉顶端，囊群盖棕褐色。

生于山麓沟边及林下阴处酸性土上。

分布于我国华南、华东及西南地区。日本、印度、越南、缅甸及马来西亚等也有分布。国家 II 级重点保护野生植物。

P20 桫椤科 Cyatheaceae

叶大型，簇生于茎干顶端，叶片二至四回羽状，被毛或鳞片混生。孢子囊群圆形，囊群盖形状不一；孢子囊卵形；孢子四面体形或钝三角形。

莲花山白盆珠 1 属 2 种。

1. 桫椤属 Alsophila R. Br.

主茎短，顶端被鳞片。叶大型，叶片一回羽状至多回羽裂，羽轴常被柔毛，叶脉分离。孢子囊群圆形，背生于叶脉；孢子钝三角形。

莲花山白盆珠 2 种。

1. 黑桫椤 *Alsophila podophylla* Hooker

叶片一至二回羽状，羽片互生，有浅锯齿；小羽片约 20 对，互生顶端尾状渐尖。孢子囊群圆形，着生于小脉近基部，无囊群盖。

生于山坡林中、溪边灌丛。

分布于我国华南、华东及西南地区。日本、中南半岛也有分布。国家二级重点保护野生植物。

2. 桫椤 *Alsophila spinulosa* (Wall. ex Hook.) R. M. Tryon

高 3~8m。叶螺旋状排列于顶端；叶纸质，叶片长矩圆形，三回羽状深裂，羽片互生。孢子囊群着生于侧脉分叉处，囊群盖球形。

生于山地溪傍或疏林中。

分布于我国华南、西南地区及台湾。日本、中南半岛、印度、尼泊尔也有分布。国家二级重点保护野生植物。

P22 碗蕨科 Dennstaedtiaceae

根状茎横走，被灰白色刚毛。叶一型，一至多回羽状细裂，叶草质或厚纸质。孢子囊群圆形；孢子囊梨形；孢子四面形，具疣状突起。

莲花山白盆珠 3 属 5 种。

1. 碗蕨属 Dennstaedtia Bernh

根状茎横走。叶同型，基部不以关节着生；叶片为三角形至长圆形，多回羽状细裂。孢子囊群圆形；囊群盖为碗形；孢子四面形。

莲花山白盆珠 1 种。

1. 光叶碗蕨 *Dennstaedtia scabra* var. *glabrescens* (Ching) C. Chr.

根状茎长而横走。叶疏生，叶坚草质；叶片三角状披针形或长圆形，下部 3~4 回羽状深裂，中部以上三回羽状深裂。孢子囊群圆形；囊群盖碗形。

生于林下或溪边。

分布于我国广西、广东、云南地区。越南北部也有分布。

2. 栗蕨属 Histiopteris (J. Agardh) J. Sm.

土生。根状茎粗长横走，密被栗色鳞片。叶疏生，大型，无限生长；叶片三角形，二至三回羽状，羽片对生。孢子囊群沿叶边线形分布；孢子长圆形至肾形。

莲花山白盆珠 1 种。

1. 栗蕨 *Histiopteris incisa* (Thunb.) J. Sm.

高约 2m。根状茎长而横走，粗壮，密被栗褐色鳞片。叶大，疏生；叶片三角形或长圆状三角形，二至三回羽状，羽片对生。

生于林下。

分布于我国华南、西南地区及台湾。南非以及日本也有分布。

3. 鳞盖蕨属 Microlepia Presl

根状茎横走。叶片长圆形至长圆状卵形，一至四回羽状复叶，小羽片或裂片偏斜。孢子囊群圆形；囊群盖半杯形或肾圆形；孢子四面形。

莲花山白盆珠 3 种。

1. 华南鳞盖蕨 Microlepia hancei Prantl

高达 1.5m。根茎横走，密被茸毛。叶疏生，叶片卵状长圆形，三回羽状深裂，羽状深裂几达小羽轴；叶草质。孢子囊群圆形；囊群盖近肾形。

生于林中或溪边湿地。

分布于我国华南地区。日本、印度也有分布。

2. 边缘鳞盖蕨 Microlepia marginata (Panzer) C. Chr

高达 1m。根茎横走，密被锈棕色长刚毛。叶疏生，叶片三角状椭圆形，一回羽状，披针形，裂片三角形。孢子囊群生于小脉先端；囊群盖半杯状。

生于林下或溪边。

分布于我国长江以南地区。日本、印度、越南也有分布。

3. 针毛鳞盖蕨 Microlepia trapeziformis (Robx) Kuhn

根状茎横走。叶远生，叶片为阔卵状长圆形，近尾状渐尖头，三回羽状；叶脉纤细，羽状分枝，单一；叶草质。孢子囊群圆形；囊群盖小，浅杯形。

生于林下沟中。

分布于我国广东、广西、海南岛、台湾、云南东南部。越南、印度南部、缅甸、泰国及南洋群岛、菲律宾都有分布。

P23 鳞始蕨科 Lindsaeaceae

根状茎横走，被钻形鳞片。叶近生或远生，一型，有柄，羽状分裂。孢子囊群为叶缘生的汇生囊群；囊群盖 2 层；孢子多为钝三角形、椭圆形、长圆形或四面形。

莲花山白盆珠 2 属 5 种。

1．鳞始蕨属 Lindsaea Dry.

根状茎横走，被钻状鳞片。叶近生或远生，叶片一至二回羽状，不具主脉。孢子囊群沿上缘及外缘着生；囊群盖线形或圆形；孢子长圆形或四面形。

莲花山白盆珠 4 种。

1．钱氏鳞始蕨 Lindsaea chienii Ching

高约 30~45 cm。根状茎密被红棕色小鳞片。叶近生，叶片三角形，顶端渐尖一回羽状，下部二回羽状，叶薄草质。孢子囊群长圆线形；囊群盖膜质。

生于林中。

分布于我国华南地区。日本、泰国及越南也有分布。

2．剑叶鳞始蕨 Lindsaea ensifolia Sw.

高约 35cm。根状茎密被褐色鳞片。叶近生，叶片椭圆形，一回奇数羽状，羽片 4~5 对，不育羽片有锯齿，顶生羽片分离。孢子囊群线形。

生于路旁、林中

分布于我国华南、西南地区及台湾。亚洲热带、大洋洲及非洲也有分布。

3. 异叶鳞始蕨 Lindsaea heterophylla Dryand.

高约30cm。根状茎密被褐色鳞片。叶近生，叶片阔披针形，一回羽状或下部二回羽状，羽片约10对，披针形，边缘有锯齿。孢子囊群线形。

生于林下溪边湿地。

分布于我国华南、华东及西南地区。南亚及东南亚也有分布。

4. 团叶鳞始蕨 Lindsaea orbiculata (Lam.) Mett. ex Kuhn

高约30cm。根状茎短，密生褐色披针形鳞片。叶近生，叶片线状披针形，一回羽状复叶，下部常为二回羽状复叶，近圆形。孢子囊群长线形。

生于林中、林缘和灌丛中。

分布于我国华南及西南地区。亚洲热带及澳大利亚广布。

2. 乌蕨属 Sphenomeris Maxon

根状茎短而横走，密被深褐色钻状鳞片。叶近生，三至五回羽状，末回羽片楔形或线形。孢子囊群近叶缘生，近圆形；囊群盖卵形；孢子椭圆形。

莲花山白盆珠1种。

1. 乌蕨 Sphenomeris chinensis (L.) J. Sm.

种的特征与属相同。

生于林下或灌丛中阴湿地。

分布于我国长江以南各地区。日本、菲律宾、波利尼西亚及马达加斯加也有分布。

P25 姬蕨科 Hypolepidaceae

陆生直立，少为蔓性植物。叶同型，叶片一至四回羽状细裂。叶草质或厚纸质，粗糙。孢子囊群圆形；孢子囊为梨形；孢子四面形或少为两面形。

莲花山白盆珠1属1种。

1. 姬蕨属 Hypolepis Bernh.

陆生植物。根状茎长而横走，无鳞片。叶大型，叶片为多回羽状，各回羽片偏斜，有毛；叶脉分离，羽状分枝。孢子囊群圆形；孢子两面形。

莲花山白盆珠1种。

1. 姬蕨 Hypolepis punctata (Thunb.) Mett.

植根状茎长而横走。叶片长卵状三角形，三至四回羽状深裂，顶部为一回羽状；羽片8~16对。孢子囊群圆形；囊群盖由锯齿多少反卷而成。

生于溪边阴处。

长江以南部分地区。日本、印度、菲律宾、马来西亚、澳大利亚、新西兰以及夏威夷群岛、中南半岛及热带美洲均有分布。

P26 蕨科 Pteridiaceae

根状茎长而横走，密被锈黄色或栗色柔毛，无鳞片。叶一型，远生；叶片大，粗裂或细裂，革质或纸质。孢子囊群线形；囊群盖双层。

莲花山白盆珠1属1种。

1. 蕨属 Pteridium Scopoli

陆生。根状茎粗壮，黑褐色，密被浅黄色柔毛，无鳞片。叶片大，常卵形或卵状三角形，三回羽状。孢子囊群沿叶边呈线形分布；囊群盖双层。

莲花山白盆珠1种。

1. 蕨 *Pteridium aquilinum* var. *latiusculum* (Desv.) Underw. ex Heller

高达 1m 以上。根茎长而横走，密被锈黄色柔毛。叶片宽三角形或长圆状三角形，三回羽状；羽片 4~6 对，裂片 10~15 对。孢子囊群沿边缘着生。

生于山地阳坡及森林边缘阳光充足的地方。

广泛分布于全国各地。世界温带、暖温带地区广布。

P27 凤尾蕨科 Pteridaceae

土生。根状茎短。叶多一型，疏生或簇生；叶片长圆形或三角形，一回羽状或二至三回羽裂；叶脉分离，稀网状。孢子囊群线形；孢子四面形。

莲花山白盆珠 2 属 10 种。

1. 凤尾蕨属 *Pteris* L.

根茎短，被鳞片。叶簇生，基部羽片下侧常分叉，不细裂；羽轴或主脉上有纵沟，沟两侧有窄翅。孢子囊群线形；囊群盖为反卷膜质叶缘形成。

莲花山白盆珠 9 种。

1. 刺齿半边旗 *Pteris dispar* Kunze

高 30~50cm。根茎斜生，被黑褐色鳞片。叶簇生，近二型；叶片卵状长圆形，二回深羽裂，顶生羽片披针形，侧生羽片 5~8 对。

生于山谷疏林下。

分布于我国长江以南各地区。东亚、菲律宾、马来西亚及越南也有分布。

2. 剑叶凤尾蕨 *Pteris ensiformis* Burm. f.

高 30~50cm。根茎短，被黑褐色鳞片。叶密生，二型；叶柄、叶轴禾秆色；叶片长圆状卵形，奇数二回羽状，羽片 2~4 对，小羽片 1~4 对。

生于林下或溪边潮湿的酸性土壤上。

分布于我国华南、华东及西南地区。日本、中南半岛、马来西亚至印度也有分布。

3. 阔叶凤尾蕨 *Pteris esquirolii* Christ

植株强壮。根状茎短，直立。叶簇生，二型；一回羽状，羽片 3~4 (~6) 对，斜向上，近对生，羽片狭线形；侧脉单一或分叉；叶轴禾秆色，上面有狭沟。

生于密林下岩石旁。

分布于我国福建、广东、广西、贵州、云南、四川。越南北部也有分布。

4. 傅氏凤尾蕨 *Pteris fauriei* Hieron.

高达 1m。根状茎短而斜升。叶簇生，一型；叶片卵状三角形，二回羽裂；侧生羽片近对生，羽轴靠近裂片主脉处形成软刺。

生于林下沟旁的酸性土壤上。

分布于我国华南、华中、华东及西南地区。日本、越南也有分布。

5. 全缘凤尾蕨 **Pteris insignis** Mett. ex Kuhn

根状茎斜升。叶簇生，无毛；叶柄坚硬，基部疏被鳞片；一回羽状；羽片 6~14 对，全缘；叶脉明显，两面隆起。孢子囊群线形；囊群盖线形。

生于山谷中阴湿的密林下或水沟旁。

分布于我国华东、华中、华南及西南地区。越南及马来西亚也有分布。

6. 华中凤尾蕨 **Pteris kiuschiuensis** var. **centro-chinensis** Ching & S. H. Wu

高 60~80cm。根状茎短而直立，先端被褐色鳞片。叶簇生，叶片卵形，二回深羽裂，侧生羽片 4~9 对；叶干后薄草质，草绿色，无毛。

生于疏林下。

分布于我国华南、华中及西南地区。

7. 井栏边草 **Pteris multifida** Poir.

高 20~45cm。根茎短而直立，被黑褐色鳞片。叶密而簇生，二型，叶片卵状长圆形，尾状头；不育叶柄短，能育叶柄较长；羽片 4~10 对，线形。

生于墙壁、井边及石灰岩缝隙或灌丛下。

分布于我国东北、西北以外各地区。越南、菲律宾、日本也有分布。

8. 半边旗 **Pteris semipinnata** L.

高 30~80cm。根茎长而横走，被黑褐色鳞片。叶簇生，近一型，叶片长圆状披针形；不育裂片有尖锯齿，能育裂片顶端有尖刺或具 2~3 尖齿。

生于疏林下阴处、溪边或岩石旁的酸性土壤上。

分布于我国长江以南各地区。日本、越南、马来西亚、斯里兰卡、印度也有分布。

9. 蜈蚣凤尾蕨 **Pteris vittata** L.

高 30~100cm。根茎短而直立。叶簇生，一型；叶片倒披针状长圆形，一回奇数羽状；不育叶叶缘有细锯齿。孢子囊群线形；囊群盖同形。

生于钙质土或石灰岩上，也常生于石隙或墙壁上。

分布于我国秦岭以南地区。热带和亚热带地区广布。

2. 竹叶蕨属 **Taenitis** Willd.

根状茎横走，密被长针状鳞片；有管状中柱。叶为单叶或一回奇数羽状；羽片全缘，披针形，光滑；叶脉网状。孢子囊为狭长线形；孢子四面形。

莲花山白盆珠 1 属 1 种。

1. 竹叶蕨 **Taenitis blechnoides** (Willd.) Sw.

植株高达 1m。根状茎横走，密被暗栗色长针状厚鳞片。叶片长圆状卵形，一回奇数羽状；羽片 3~5 对，全缘；叶脉网状；叶近革质。孢子囊群线形。

生于林下或溪边湿石上。

分布于我国海南岛。波利尼西亚、印度尼西亚、马来西亚、中南半岛至斯里兰卡及印度等地也有分布。

P30 中国蕨科 Sinopteridaceae

根茎短，被披针形鳞片。叶簇生，叶一型；二至四回羽状，卵状三角形或长圆形；叶草质或坚纸质。孢子囊群球形；孢子球状四面体形。

莲花山白盆珠 1 属 1 种。

1. 金粉蕨属 Onychium Kaulf.

根茎细长而横走，被褐棕色麟片。叶疏生，一型或近二型；叶片卵状三角形，三至四回羽状细裂；孢子囊群圆形；孢子球状四面形。

莲花山白盆珠 1 种。

1. 野雉尾金粉蕨 *Onychium japonicum* (Thunb.) Kze.

根茎长而横走。叶散生，叶片几和柄等长，卵状三角形或卵状披针形，四回羽状细裂；末回不育裂片短而窄。孢子囊盖线形或短长圆形。

生于林下沟边或溪边石上。

分布于我国华东、华中、东南及西南地区。日本及东南亚热带地区也有分布。

P31 铁线蕨科 Adiantaceae

根茎直立或横走，被厚鳞片。叶一型，螺旋状簇生或 2 列散生；一至四回羽状复叶或一至三回二叉掌状分枝。孢子囊群生于叶脉边缘；孢子囊球圆形。

莲花山白盆珠 1 属 4 种。

1. 铁线蕨属 Adiantum L.

根茎直立或横走，被厚鳞片。叶一型，螺旋状簇生、2 列散生或聚生；一至三回羽状复叶或一至三回二叉掌状分枝。孢子囊群生于叶脉边缘；孢子囊球圆形。

莲花山白盆珠 4 种。

1. 铁线蕨 *Adiantum capillus-veneris* L.

植株高 15~40cm。根状茎细长横走，密被棕色披针形鳞片。叶远生或近生；叶片卵状三角形；羽片 3~5 对，互生。囊群盖长形、长肾形或圆肾形。

常生于流水溪旁石灰岩上或石灰岩洞底和滴水岩壁上，为钙质土的指示植物。

广布于我国台湾及华南、西南、华中、华东部分地区。非洲、美洲、欧洲、大洋洲及亚洲其他温暖地区也广布。

2. 长尾铁线蕨 *Adiantum diaphanum* Bl.

高 15~30cm。根状茎直立，被披针形鳞片。叶簇生，叶片扇形，长 10~25cm，线状披针形，一回奇数羽状；小羽片 8~16 对。囊群盖圆形。

生于林下潮湿地方或溪旁石上。

分布于我国台湾（高雄）、福建（福州、厦门、南靖）、江西、广东（梅县）、海南。越南、马来西亚、印度尼西亚、澳大利亚、新西兰等地也有分布。

3. 扇叶铁线蕨 *Adiantum flabellulatum* L.

高 20~50cm。根茎直立，密被棕色披针形鳞片。叶簇生，叶片扇形，二至三回二叉分枝；小羽片 8~15 对。囊群盖半圆形或圆形，黑褐色。

生于阳光充足的酸性红、黄壤上。

广布于我国华南、华东及西南地区。日本、马来西亚、越南、印度、斯里兰卡也有分布。

4. 假鞭叶铁线蕨 *Adiantum malesianum* J. Ghatak

高 15~40cm。根状茎短而直立。叶簇生，叶片线状披针形，向顶端渐变小，基部不变狭，一回羽状约 25 对。孢子囊群盖圆肾形，棕色，纸质。

生于山坡灌丛下岩石上或石缝中。

分布于我国华南及西南地区。亚洲热带及亚热带地区广布。

P36 蹄盖蕨科 Athyriaceae

根茎短而直立或长而横走，被鳞片。叶簇生或疏生；叶片二至三回羽状，末回小羽片或裂片有锯齿。孢子囊群圆形、线形；孢子椭圆形、肾形或豆形。

莲花山白盆珠 3 属 6 种。

1. 安蕨属 Anisocampium C. Presl

根茎短而直立。叶簇生；叶片一至三回羽状，各回羽轴有纵沟，两边刀口状隆起。孢子囊群圆形、线形或弯钩形；囊群盖棕色；孢子两面形。

莲花山白盆珠 1 种。

1. 日本安蕨 *Anisocampium niponicum* (Mett.) Yea C. Liu, W. L. Chiou & M. Kato

高 60~70cm。根茎直立或斜升。叶簇生；叶片长卵形，与叶柄等长，二回羽状；小羽片无柄，侧脉二叉，叶纸质。孢子囊群矩圆形。

生于杂木林下、溪边、阴湿山坡、灌丛或草坡上。

分布于我国华南、华中及西南地区。日本及朝鲜也有分布。

2. 对囊蕨属 Deparia Hooker & Greville

中型植物。根茎较粗壮，长匍匐状。叶片远生或近生；叶片羽状或二回羽状，叶多形；叶片草质、纸质或亚革质。孢子囊群圆形。

莲花山白盆珠 1 种。

1. 单叶对囊蕨 *Deparia lancea* (Thunb.) Fraser-Jenk.

根状茎细长，横走，被黑色或褐色披针形鳞片。叶远生；叶片披针形或线状披针形，两端渐狭。孢子囊群线形；囊群盖膜质。

通常生于溪旁林下酸性土或岩石上。

广布于我国华南、华中、华东地区。东亚、东南亚等地区也广布。

3. 双盖蕨属 Diplazium Sw.

根茎粗大，斜生或直立，稍被鳞片。叶散生或簇生；叶片宽卵形或三角形，一至四回羽状。孢子囊群线形；囊群盖长圆形；孢子椭圆形或豆形。

莲花山白盆珠 4 种。

1. 薄盖双盖蕨 *Diplazium hachijoense* Nakai

根状茎横走，先端密被鳞片。叶近生；叶片三角形，侧生羽片、小羽片约 10 对，多小腺体。孢子囊群线形或矩圆形；囊群盖膜质；孢子豆形。

生于山地阔叶林下。

分布于我国华南及华中地区。韩国及日本也有分布。

2. 阔片双盖蕨 *Diplazium matthewii* (Copel.) C. Chr.

高 0.5~1m。根状茎横走。叶近生；叶片三角形，一至二回羽状，侧生羽状约 8 对，互生，阔披针形。孢子囊群线形，单生或双生。

生于林下沟旁阴湿处。

分布于我国华南地区。越南也有分布。

3. 江南双盖蕨 *Diplazium mettenianum* (Miq.) C. Chr.

高 60~70cm。根状茎长而横走。叶疏生或近生；叶片顶端渐尖并为羽裂，一回羽状，羽片 6~10 对，互生，镰刀状披针形。孢子囊群线形。

生于山谷林下。

分布于我国长江以南地区。日本、越南和泰国也有分布。

4. 薄叶双盖蕨 *Diplazium pinfaense* Ching

高达 65cm。根茎直立或斜长，顶端密生鳞片。叶簇生；叶片卵状长圆形，一回奇数羽状，侧生羽片 2~4 对，叶脉明显。孢子囊群长线形。

生于山谷溪沟边常绿阔叶林或灌木林下，土生或生于岩石缝隙中。

分布于我国华南、华中及西南地区。日本也有分布。

P38 金星蕨科 Thelypteridaceae

根茎粗壮，顶端被鳞片。叶常一型；二回羽裂，密生灰白色针状毛，羽片基部常有瘤状气囊体；羽片小脉有橙色或橙红色腺体。孢子囊群圆形或线形。

莲花山白盆珠 7 属 14 种。

1. 毛蕨属 Cyclosorus Link

根茎细长横走。叶疏生、近生或簇生，叶片二回深羽裂；叶背常被橙黄色或红紫色腺体。孢子囊群圆形；囊群盖肾形；孢子肾形。

莲花山白盆珠 4 种。

1. 渐尖毛蕨 *Cyclosorus acuminatus* (Houtt.) Nakai

植株高 70~80cm。根状茎长而横走，密被鳞片。叶 2 列远生，坚纸质；二回羽裂；羽片 13~18 对；羽片上面被极短的糙毛。孢子囊群圆形。

生于灌丛、草地、田边、路边、沟旁湿地或山谷乱石中。

在中国较广布。日本也有分布。

2. 齿牙毛蕨 *Cyclosorus dentatus* (Forssk.) Ching

高 30~80cm。根状茎短而直立。叶柄基部被锈棕色短毛。叶簇生，叶片披针形，二回羽裂，羽片 10~13 对，开展，披针形，渐尖头，羽裂过半。

生于山谷疏林下或路旁水池边。

分布于我国华南、华东和西南地区。热带地区广布。

3. 异果毛蕨 *Cyclosorus heterocarpus* (Bl.) Ching

高 1m。根状茎粗壮直立。叶簇生，叶片草质，下面密被黄色球形腺体，二回羽裂；羽片 25~40 对，互生，小脉最下一对联结成三角形网眼。

生于山谷溪边阴处。

分布于我国华南地区。东南亚至波利尼西亚也有分布。

4. 华南毛蕨 *Cyclosorus parasiticus* (L.) Farwell.

叶近生，草质；叶片二回羽裂，羽片 12~16 对，无柄；叶下面沿叶轴、羽轴及叶脉密生针状毛，脉上有橙红色腺体。孢子囊群圆形；囊群盖小。

生于山谷密林下或溪边湿地。

分布于我国华南、华中、华东和西南地区。亚热带地区广布。

2. 圣蕨属 Dictyocline Moore

根状茎直立或斜升，疏被鳞片。叶簇生，基部疏被鳞片；叶片长圆形、三角形至截形，一回羽状、羽裂或单叶。孢子囊群线形，无囊群盖。

莲花山白盆珠 2 种。

1. 戟叶圣蕨 *Dictyocline sagittifolia* Ching

高 25~40cm。根状茎斜升，连叶柄基部密生披针形鳞片。叶簇生，单叶，戟形，下面沿叶脉有针状毛；叶边近全缘或波状，网脉的网眼内有单一或分叉小脉。

生于常绿林下及石缝中。

我国特有，分布于华南及华中地区。

2. 羽裂圣蕨 Dictyocline wilfordii (Hook.) J. Sm

高 20~50cm。根状茎粗短而斜长，密被鳞片。叶簇生；叶片长圆状三角形至截形，上密被短刚毛；一回深羽裂几达叶轴；网眼内有小脉。

生于山谷阴湿处或林下。

分布于我国长江以南各地区。日本及越南也有分布。

3. 针毛蕨属 Macrothelypteris (H. Itô) Ching

根状茎直立，被鳞片。叶簇生，叶柄光滑或被鳞片；叶三至四回羽状，叶脉分离，两面被羽轴被针状毛。孢子囊群圆形，无盖。

莲花山白盆珠 1 种。

1. 普通针毛蕨 Macrothelypteris torresiana (Gaud.) Ching

高 0.6~1.5m，根茎直立或斜生，顶端密被红棕色毛鳞片。叶簇生；叶片长 30~80cm，三角状卵形；羽片约 15 对。孢子囊群圆形；囊群盖圆肾形。

生于山谷潮湿处。

广布于我国长江以南各地区。南亚、东南亚、澳大利亚及美洲热带和亚热带地区也有分布。

4. 凸轴蕨属 Metathelypteris (H. Itô) Ching

叶近生或簇生，叶脉羽状，侧脉单一或分叉，斜上，不达叶边。孢子囊群小，圆形，生于侧脉中部以上；囊群盖圆肾形，膜质。

莲花山白盆珠 2 种。

1. 疏羽凸轴蕨 Metathelypteris laxa (Franch. & Sav.) Ching

植株高 30~60cm。根状茎长，横走或斜升。叶片先端渐尖并羽裂，二回羽状深裂；羽片 8~18 对；孢子囊群圆形；囊群盖小，圆肾形；孢子圆肾形。

生于山麓林下和山谷密林下。

广布于长江流域各地区。韩国南部和日本也有分布。

2. 乌来凸轴蕨 Metathelypteris uraiensis (Rosenst.) Ching

植株高 30~40cm。根状茎短，横卧或斜升。叶片长圆披针形，二回羽状深裂；羽片 12~15 对。孢子囊群小，圆形；囊群小，圆形；囊群盖小，圆肾形。

生于山谷溪边林下。

分布于我国台湾北部（乌来）、广东北部（乐昌）、云南西部（瑞丽）。日本南部（九州）、菲律宾（吕宋岛）也有分布。

5. 金星蕨属 Parathelypteris (H. Itô) Ching

根状茎细长横走或短而直立。叶远生、近生或簇生，常有橙黄色腺体；叶柄基部无毛或具灰白色针状毛；叶片长圆状披针形，二回深羽裂。孢子囊群圆形；囊群盖圆肾形。

莲花山白盆珠 1 种。

1. 中日金星蕨 Parathelypteris nipponica (Franch. & Sav.) Ching

高 40~60cm。根茎长而横走。叶近生，羽片长 30~40cm，二回羽状深裂，羽片 25~33 对；侧脉间密被腺体。孢子囊群圆形；囊群盖圆肾形；孢子圆肾形。

生于丘陵地区的疏林下。

分布于我国长江以南各地区。韩国、朝鲜及日本也有分布。

6. 新月蕨属 Pronephrium Presl

根状茎长而横走，略被鳞片。叶疏生或近生，叶片一回奇数羽状；羽片大，顶生羽片分离。孢子囊群圆形；孢子囊光滑或有针状毛。

莲花山白盆珠 2 种。

1. 微红新月蕨 Pronephrium megacuspe (Bak.) Holtt.

叶远生，叶片与柄近等长，长圆形，一回奇数羽状，侧生羽片 5~6 对；侧脉间基部联成一个三角形网眼，向上联成 1 列倒“V”字形网眼。孢子囊群无盖。

生于密林下。

分布于华南及西南地区。越南、泰国和日本也有分布。

2. 单叶新月蕨 Pronephrium simplex (Hook.) Holtt.

高 30~40cm。根状茎横走。叶疏生，单叶，二型；叶片长 15~20cm，椭圆状披针形；侧脉基部有一近长方形网眼。孢子囊群圆形。

生于溪边林下或山谷林下。

分布于我国华南、华东、西南地区和台湾。越南和日本也有分布。

7. 假毛蕨属 Pseudocyclosorus Ching

根状茎顶部被柔毛和鳞片。叶片二回深裂近羽轴；羽片近无柄，下部的缩短成耳形或退化成瘤状；羽轴和叶轴着生点有 1 瘤状气囊体。孢子囊群圆形。

莲花山白盆珠 2 种。

1. 溪边假毛蕨 Pseudocyclosorus ciliatus (Wall. ex Benth.) Ching

高 25~40cm。根状茎直立。叶簇生，柄与叶轴密被柔毛；叶片椭圆状披针形，一回羽状，羽片 7~10 对，无柄。孢子囊群生于小脉中部；囊群盖被毛。

生于山谷湿地或溪边石缝。

分布于我国华南及西南地区。南亚及东南亚也有分布。

2. 镰片假毛蕨 Pseudocyclosorus falcilobus (Hook.) Ching

高 25~40cm。根状茎直立。叶簇生；叶片椭圆状披针形，一回羽状，羽片 7~10 对，无柄。孢子囊群生于小脉中部；囊群盖被毛。

生于山谷水边石砾土中。

分布于我国华南及西南地区。南亚及东南亚也有分布。

P39 铁角蕨科 Aspleniaceae

根状茎被透明披针形小鳞片。叶形变异大，单一或一至四回羽状细裂。孢子囊群线形；囊群盖厚膜质或薄纸质；孢子椭圆形或肾形。

莲花山白盆珠 1 属 6 种。

1. 铁角蕨属 Asplenium L.

根状茎横走、斜卧或直立，密被披针形小鳞片。单叶或一至几回羽状或羽裂，末回小羽片变异大。孢子囊群线形；囊群盖厚膜质或纸质；孢子椭圆形。

莲花山白盆珠 6 种。

1. 华南铁角蕨 Asplenium austrochinense Ching

高 30~40cm。根状茎短而斜升，顶部与柄基部密被淡棕色披针形鳞片。叶簇生，叶片披针形；羽片 8~10 对，互生。孢子囊群线形；囊群盖线形。

生于密林下潮湿岩石上。

分布于我国华南、华东、华中及西南地区。越南也有分布。

2. 毛轴铁角蕨 *Asplenium crinicaule* Hance

高 20~40cm。根状茎直立或斜升。叶柄长 5~16cm，同叶轴有深褐色狭鳞片；叶片狭披针形，一回羽状，羽片 18~28 对，边缘有长齿。孢子囊群线形。

生于林下溪边潮湿岩石上。

分布于我国华南及西南地区。中南半岛及印度、澳大利亚也有分布。

3. 剑叶铁角蕨 *Asplenium ensiforme* Wall ex Hook. & Grev.

高 25~65cm。根茎短而直立，密被鳞片。单叶革质，簇生，基部密被鳞片；叶片披针形，长渐尖头，基部狭翅状。孢子囊群线形。

生于密林下岩石上或树干上。

分布于我国华南、西南地区及台湾。南亚、东南亚及日本也有分布。

4. 江南铁角蕨 *Asplenium holosorum* Christ

附生。根状茎直立。单叶，簇生。孢子囊群线形；囊群盖线形，黄棕色，后变深棕色，厚膜质，全缘，开向主脉，宿存。

生于林下溪边石上。

分布于我国长江以南各地区。中南半岛、东南亚也有分布。

5. 巢蕨 *Asplenium nidus* L.

高达 1.2m。根状茎木质粗短直立。鳞片蓬松，线形，边缘有卷曲长纤毛。叶簇生，叶片阔披针形，叶边全缘并有软骨质狭边。孢子囊群线形；囊群盖线形。

大丛附生于雨林中树干上或岩石上。

分布于我国华南、西南地区及台湾、西藏。东亚、东南亚等地也有分布。

6. 长叶铁角蕨 *Asplenium prolongatum* Hook.

高 15~40cm。根状茎直立。叶簇生，绿色，上面扁平有浅沟；叶片肉质，狭椭圆形或线形，二回羽状，羽片 18~24 对；叶轴顶生芽孢。孢子囊群线形。

附生于林中树干上或潮湿岩石上。

分布于我国长江以南各地区。中南半岛、东南亚也有分布。

P42 乌毛蕨科 Blechnaceae

根状茎横走或直立，被红棕色鳞片。叶一型或二型，一至二回羽裂，稀单叶。孢子囊群椭圆形；囊群盖同形，孢子囊大；孢子椭圆形。

莲花山白盆珠 4 属 4 种。

1. 乌毛蕨属 *Blechnum* L.

根状茎粗短直立，被深棕色披针形鳞片。叶簇生，一型，叶片革质，无毛，一回羽状，羽片线状披针形。孢子囊群线形；囊群盖线形；孢子椭圆形。

莲花山白盆珠 1 种。

1. 乌毛蕨 **Blechnum orientale** L.

高 1~2m。根状茎短粗直立，木质，黑褐色。叶二型，簇生；叶片卵状披针形，一回羽状，羽片互生，无柄。孢子囊群线形；囊群盖线形。

生于较阴湿的水沟旁和山坡下部，或山坡灌丛中或疏林下。

分布于我国长江以南各地区。印度、斯里兰卡、日本至波利尼西亚也有分布。

2. 苏铁蕨属 **Brainea** J. Sm.

根状茎粗短，木质。叶簇生，革质，一回羽状，有细密锯齿，叶脉沿主脉两侧各有一行三角形网眼。孢子囊群着生于小脉，无囊群盖。

莲花山白盆珠 1 种。

1. 苏铁蕨 **Brainea insignis** (Hook.) J. Sm.

种的形态特征与属相同。

生于山坡向阳地方。

分布于我国华南、华东、西南地区及台湾。东南亚热带地区广布。国家 II 级重点保护野生植物。

3. 崇澍蕨属 **Chieniopteris** Ching

根状茎长而横走，褐黑色。叶散生，有长柄，叶片较叶柄短，单叶，羽片披针形；主脉两面隆起，小脉网状。孢子囊群粗线形。

莲花山白盆珠 1 种。

1. 崇澍蕨 **Chieniopteris harlandii** (Hook.) Ching

高达 1m。根状茎长而横走，黑褐色。叶散生，叶片变化大，单叶披针形或三出；羽状深裂，侧生羽片 1~4 对，对生。孢子囊群粗线形；囊群盖同形。

生于山谷湿地。

分布于我国华南、华中、华东地区及台湾。越南、日本也有分布。

4. 狗脊属 **Woodwardia** Sm.

根状茎粗短，密被披针形鳞片。叶片椭圆形，二回深羽裂，侧生羽片多对，披针形，分离；裂片有细锯齿。孢子囊群粗线形或椭圆形。

莲花山白盆珠 1 种。

1. 狗脊 **Woodwardia japonica** (L. f.) Sm.

高 50~90cm，根状茎粗壮直立，暗褐色。叶簇生，叶片长卵形，二回羽裂，侧生羽片约 7 对；裂片边缘有细锯齿。孢子囊群陷入叶肉中，囊群线形。

分布地域广阔，为丘陵地区常见的酸性土指示植物。

分布于我国长江以南各地区。日本、朝鲜也有分布。

P45 鳞毛蕨科 **Dryopteridaceae**

根状茎粗短。叶一型，一至多回羽状或羽裂；叶柄、叶轴及羽轴被鳞片；叶常有锯齿或芒刺，叶脉网状。孢子囊群圆形；囊群盖膜质，圆肾形。

莲花山白盆珠 3 属 8 种。

1．复叶耳蕨属 Arachniodes Bl.

根状茎长而横走。叶远生或近生，叶片三角形或五角形，多回羽状，末回小羽片刺尖头，具芒齿状锯齿。孢子囊群生于小脉。

莲花山白盆珠 2 种。

1．斜方复叶耳蕨 Arachniodes amabilis (Bl.) Tindale

高 50~80cm。根状茎横卧。叶疏生，叶片长卵形或三角状卵形；三回羽状或四回羽裂，侧生羽片 5~7 对，与顶生羽片同形，互生，小羽片菱状斜方形。

生于山林下岩缝或泥土上。

分布于我国长江以南地区。印度至日本也有分布。

2．粗裂复叶耳蕨 Arachniodes grossa (Tard.-Blot & C. Chr.) Ching

高达 1m。叶片卵状三角形，顶部渐尖并羽裂，羽片 6~8 对；小羽片镰状披针形，长 8~10cm。孢子囊群生于小脉顶；囊群盖早落。

生于山地林下。

分布于我国华南地区。越南也有分布。

2. 鳞毛蕨属 Dryopteris Adanson

根状茎短而粗，直立或斜升，顶端密被鳞片。叶簇生，叶片常有鳞片，形态多样，一至四回羽状复叶，叶脉分离，羽状。囊群盖圆肾形，稀无盖。

莲花山白盆珠 5 种。

1．桫椤鳞毛蕨 Dryopteris cycadina (Franch. & Sav.) C. Chr.

高 50cm。根状茎粗壮直立。叶簇生，叶片披针形，顶端长渐尖，一回羽状半裂至深裂，羽片 20 对，镰刀状披针形。孢子囊群圆形；囊群盖圆肾形。

生于杂木林下。

分布于我国秦岭以南各地区。日本也有分布。

2．黑足鳞毛蕨 Dryopteris fuscipes C. Chr

叶簇生，基部密被披针形鳞片；叶片卵状披针形或三角状卵形，二回羽状，羽片 10~15 对，披针形。孢子囊群大；囊群盖圆肾形。

生于林下。

分布于我国长江以南各地区。日本、朝鲜和中南半岛也有分布。

3．平行鳞毛蕨 Dryopteris indusiata (Makino) Makino & Yamamoto

高 40~60cm。根状茎横卧或斜升。叶簇生，叶片卵状披针形，二回羽状，羽片羽状深裂，约 10~15 对；小羽片长圆状披针形。囊群盖圆肾形。

生于林下。

分布于我国华南、华东及西南地区。日本也有分布。

4．柄叶鳞毛蕨 Dryopteris podophylla (Hook.) Kuntze

高 40~60cm。根状茎短而直立，密被黑褐色鳞片。叶簇生，叶片卵形，一回奇数羽状，侧生羽片 4~8 对。孢子囊群小，圆形；囊群盖圆肾形。

生于林下溪沟边。

分布于我国华南、西南地区。

5. 变异鳞毛蕨 Dryopteris varia (L.) Kuntze

高 40~60cm。根状茎短而直立，密被黑褐色鳞片。叶簇生，叶片卵形，一回奇数羽状，侧生羽片 4~8 对，顶生羽片分离。孢子囊群；囊群盖圆肾形。

生于林下。

分布于我国华南、西南地区。日本、朝鲜、菲律宾和印度等地也有分布。

3. 耳蕨属 Polystichum Roth

根状茎粗短，密被鳞片。叶簇生，革质或纸质，无毛；叶片卵形或披针形，具锯齿；羽片镰刀状；小脉网状。孢子囊群圆形；囊群盖钝圆形，盾状着生。

莲花山白盆珠 1 种。

1. 巴郎耳蕨 Polystichum balansae Christ

高 30~60cm。根状茎直立，密被棕色鳞片。叶簇生，叶片披针形，一回羽状；羽片 10~15 对，纸质，背面疏生披针形小鳞片。囊群盖圆形，盾状。

生于林下。

分布于我国长江以南地区。日本、越南也有分布。

P46 三叉蕨科 Aspidiaceae

根状茎直立或斜升。叶簇生，一型，一回羽状至多回羽裂；稀单叶，叶脉分离或联结成狭长网眼。孢子囊群圆形；囊群盖圆肾形或圆盾形。

莲花山白盆珠 1 属 1 种。

1. 肋毛蕨属 Ctenitis (C. Chr.) C. Chr.

根状茎短粗，密被鳞片。叶簇生，叶片披针形、卵状三角形或五角形，二至四回羽状，叶草质或坚纸质。囊群盖细小，圆形至圆肾形；孢子卵形至椭圆形。

莲花山白盆珠 1 种。

1. 虹鳞肋毛蕨 Ctenitis rhodolepis (Hance) Ching

高 80~140cm。根状茎粗壮，直立或斜升。叶簇生；叶片三角状卵形，四回羽裂；二回小羽片 10~12 对，厚纸质，边缘疏被棕色睫毛。孢子囊群圆形。

生于常绿阔叶林下潮湿的岩石上。

分布于我国华南、华东及西南地区。亚洲、大洋洲热带及亚热带地区也有分布。

P47 实蕨科 Bolbitidaceae

根状茎横走，被阔披针形鳞片。叶簇生，二型，顶部常有胞芽，能着地生根，叶草质或坚纸质。孢子囊群布满能育叶下面，无囊群盖。

莲花山白盆珠 1 属 1 种。

1. 实蕨属 Bolbitis Schott

根状茎横走，被黑色鳞片。叶近生，叶片多一回羽状，具钝锯齿至深裂，缺刻处偶有一小脉延伸成小刺；叶脉明显，常有内藏小脉。

莲花山白盆珠 1 种。

1. 华南实蕨 Bolbitis subcordata (Cop.) Ching

高 40~80cm。根状茎粗而横走。叶近生，疏被鳞片，叶二型，不育叶椭圆形，一回羽状；羽片 4~10 对，叶缘有深波状裂片。孢子囊群满布能育叶下面。

生于山谷水边密林下石上。

分布于我国华南、华东地区。越南、日本也有分布。

P50 肾蕨科 Nephrolepidaceae

根状茎长而横走，辐射状并生出细长匍匐枝。叶簇生，一型，一回羽状，羽片多数。孢子囊群盖圆肾形或肾形；孢子囊水龙骨型。

莲花山白盆珠 1 属 1 种。

1. 肾蕨属 *Nephrolepis* Schott

根状茎短而直立，匍匐枝向四面横走。叶片一回羽状，羽片披针形或镰刀形，具圆齿或锯齿。孢子囊群圆肾形；囊群盖肾形。

莲花山白盆珠 1 种。

1. 肾蕨 *Nephrolepis cordifolia* (L.) C. Presl

高 40~70cm。根状茎直立，铁丝状匍匐茎四周横走。叶簇生，暗褐色；一回羽状，羽片多数，互生。孢子囊群肾形；囊群盖肾形。

生于溪边林下。

分布于我国华南、华东及西南地区。热带、亚热带地区广布。

P51 条蕨科 Oleandraceae

匍匐或半攀缘。根状茎长而横走，密被覆瓦状披针形鳞片。单叶，常一型，叶足螺旋状排列，叶片披针形，叶边缘有软骨质狭边。孢子囊群圆形。

莲花山白盆珠 1 属 1 种。

1. 条蕨属 *Oleandra* Cav.

属的形态特征与科相同。

莲花山白盆珠 1 种。

1. 波边条蕨 *Oleandra undulata* (Willd.) Ching

根状茎长而横走，被披针形鳞片。叶 2 列疏生或近生，叶片披针形，长 18~21cm，基部楔形，全缘并疏生棕色节状睫毛。孢子囊群圆形；囊群盖圆肾形。

生于山谷岩石。

我国广东特有。

P52 骨碎补科 Davalliaceae

根状茎多横走，常密被鳞片。叶疏生，叶片三角形，二至四回羽状分裂。孢子囊群内生或叶背生；孢子圆形或长椭圆形。

莲花山白盆珠 2 属 2 种。

1. 骨碎补属 *Davallia* Sm.

根状茎长而横走，被覆瓦状鳞片。叶疏生，叶片五角形或卵形，多回羽状细裂。孢子囊群着生于小脉顶端；孢子长椭圆形。

莲花山白盆珠 1 种。

1. 大叶骨碎补 *Davallia divaricata* Bl.

高 0.5~1.5m。根状茎粗壮横生，密被棕色鳞片。叶近生，无毛，叶片三角形，先端渐尖并为羽裂。孢子囊群生于小脉基部；囊群盖虫形。

生于低山山谷的岩石上或树干上。

分布于我国华南、华东、西南各地区及台湾。

2. 阴石蕨属 *Humata* Cav.

附生。根状茎长而横生，密被鳞片。叶远生，叶片三角形，多回羽裂；能育叶分裂较细，二型或近二型，稀单叶或羽裂。孢子囊群常近叶缘；囊群盖圆形或近圆形。

莲花山白盆珠 1 种。

1. 杯盖阴石蕨 *Humata griffithiana* (Hook.) C. Chr.

高达 20cm。根状茎长而横走。叶远生，叶片长三角状卵形，三至四回羽状深裂，羽片约 10 对。孢子囊群生于小脉顶端；囊群盖近圆形。

生于林中树干上或石上。

分布于我国华南、华东及西南地区。越南、老挝也有分布。

P54 双扇蕨科 Dipteridaceae

根状茎长匍匐，被刚毛或有节毛覆盖。单叶，叶柄长，基部不具关节；叶脉高度网状，具细脉。孢子囊群小，无盖。

莲花山白盆珠 1 属 1 种。

1. 燕尾蕨属 Cheiropleuria C. Presl

根茎细长而横走，被卵状披针形鳞片。叶疏生，二型；不育叶倒卵形或椭圆形；能育叶线形或线状倒披针形。孢子囊群线形；孢子椭圆形。

莲花山白盆珠 1 种。

1. 燕尾蕨 Cheiropleuria bicuspis (Bl.) C. Presl

高 30~40cm。根状茎粗状，密被绢丝状长毛。叶近生，二型；叶片卵圆形，厚革质，顶端通常 2 深裂。孢子囊满布于下面的网状脉上。

生于林下石灰岩上。

分布于我国广东、台湾、浙江、海南和广西。中南半岛、印度尼西亚和菲律宾及日本也有分布。

P56 水龙骨科 Polypodiaceae

根状茎长而横走，被鳞片。叶一型或二型，有柄具关节着生于根状茎上；叶脉网状，网眼有分叉内藏小脉。孢子囊群通常圆形、近圆形、椭圆形或线形；无囊群盖。

莲花山白盆珠 5 属 9 种。

1. 伏石蕨属 Lemmaphyllum C. Presl

根茎细长而横走，被卵状披针形鳞片。叶疏生，二型；不育叶倒卵形或椭圆形；能育叶线形或线状倒披针形。孢子囊群线形；孢子椭圆形。

莲花山白盆珠 4 种。

1. 披针骨牌蕨 Lemmaphyllum diversa (Rosenst.) Tagawa

高 6~10cm。根茎细长横生。叶远生，近二型；营养叶叶柄短，叶片阔披针形至椭圆状披针形，全缘；孢子叶叶片披针形或狭披针形，有长柄。

生于林缘岩石上。

分布于我国长江以南各地区。日本、朝鲜、越南也有分布。

2. 抱石莲 Lemmaphyllum drymoglossoides (Baker) Ching

植株高 4~6cm。根状茎细长横走，纤细。叶远生，二型；不育叶近圆形或倒卵形，全缘；能育叶狭披针形或舌形。孢子囊群圆形。

附生于阴湿树干和岩石上。

广布于我国长江流域各地区及福建、广东、广西、贵州、陕西和甘肃。

3. 伏石蕨 Lemmaphyllum microphyllum C. Presl

高 4~7cm。根茎细长横走，疏被鳞片。叶疏生，二型；不育叶近无柄，近圆形或卵圆形；能育叶舌状或窄披针形。孢子囊群线形。

附生于林中树干上或岩石上。

分布于我国长江以南各地区。日本、朝鲜、越南也有分布。

4. 骨牌蕨 Lemmaphyllum rostrata (Bedd.) Tagawa

高达10cm。根状茎横走。叶远生，近二型，具短柄；不育叶阔披针形，先端鸟嘴状；能育叶长而狭。孢子囊群圆形，在主脉两侧各一行。

附生于林下树干上或岩石上。

分布于我国华南、华东及西南地区。中南半岛及缅甸、印度也有分布。

2. 鳞果星蕨属 Lepidomicrosorium Ching & K. H. Shing

根中小型蕨类植物。根状茎如粗铁丝状，长而横走，攀缘树干上或岩石壁上，顶部不生叶而呈鞭状，密被鳞片；鳞片粗筛孔，披针形，边缘具细齿，棕色或红棕色。

莲花山白盆珠1种。

1. 鳞果星蕨 Lepidomicrosorium buergerianum (Miq.) Ching & K. H. Shing ex S. X. Xu

高达20cm。根状茎细长攀缘，密被深棕色披针形鳞片。叶疏生，近二型；能育叶披针形或三角状披针形；不育叶卵状三角形；主脉两面隆起，小脉不显。孢子囊群小，星散分布于主脉下面两侧，幼时被盾状隔丝覆盖。

生于林下攀缘树杆和岩石上。

分布于我国长江以南各地区。越南及日本也有分布。

3. 薄唇蕨属 Leptochilus Kaulf.

根状茎细长横走，被小鳞片。叶远生，一型或近二型；羽片基部贴着叶轴，边缘全缘或浅波状，叶脉网状。孢子囊群线形，连续或偶中断。

莲花山白盆珠1种。

1. 线蕨 Leptochilus ellipticus (Thunb.) Noot.

高25~55cm。根状茎横走。叶远生，近二型，无毛；不育叶长圆状卵圆形，一回羽裂达叶轴，羽片或裂片约6对；能育叶同形，裂片较宽。

生于林下湿地或岩石上。

分布于我国长江以南各地区。越南、日本也有分布。

4. 盾蕨属 Neolepisorus Ching

根状茎长而横走。叶疏生；叶片单一，多形，边缘往往成各种畸状羽裂，两面光滑；小脉网状，网眼内有单一或分叉的内藏小脉。孢子囊群圆形。

莲花山白盆珠1种。

1. 江南星蕨 Neolepisorus fortunei (T. Moore) L. Wang

高25~70cm。根状茎长而横走，肉质，顶端有卵状披针形鳞片。叶远生，厚纸质，一型，叶片带状披针形。孢子囊群大，橘黄色。

多生于林下溪边岩石上或树干上。

分布于我国长江以南各地区。不丹、缅甸、越南、日本也有分布。

5. 石韦属 Pyrrosia Mirbel

根状茎长而横走，密被鳞片。叶一型或二型，基部具关节与根状茎连接；叶片线形、披针形或长卵形。孢子囊群圆形，无囊群盖。

莲花山白盆珠2种。

1. 贴生石韦 *Pyrrosia adnascens* (Sw.) Ching

高 5~12cm。根状茎细长，密被鳞片。叶疏生，二型，肉质；不育叶关节连接处被鳞片；能育叶条状或窄披针形，全缘。孢子囊群圆形，无囊群盖。

附生于树干或岩石上。

分布于我国华南、西南地区及台湾。亚洲热带地区也有分布。

2. 石韦 *Pyrrosia lingua* (Thunb.) Farw.

高 10~30cm。根状茎长而横走，密被鳞片。叶远生，近二型；不育叶近长圆形，全缘；能育叶较不育叶长、窄。孢子囊群圆形。

附生于低海拔林下树干上，或稍干的岩石上。

分布于我国长江以南各地区。越南、印度、朝鲜、日本也有分布。

P57 槲蕨科 Drynariaceae

根状茎粗壮横生，肉质。叶近生或疏生，叶片坚革质，一回羽状或羽状深裂；基生不育叶槲叶状。孢子囊群生于小脉；孢子囊水龙骨型。

莲花山白盆珠 2 属 2 种。

1. 槲蕨属 *Drynaria* (Bory) J. Sm.

叶二型；不育叶短而基生，无柄，浅裂至半裂，基部心形；能育叶绿色，有柄，深羽裂或羽状，裂片披针形，叶脉网状。孢子囊群圆形，无盖。

莲花山白盆珠 1 种。

1. 槲蕨 *Drynaria fortunei* Nakaike

高 25~40cm。根状茎横走，不育叶革质，卵形，边缘浅裂；能育叶纸质，椭圆形，中部以上深羽裂。孢子囊群生于内藏小脉交叉处。

附生于树干或石上，偶生于墙缝。

分布于我国华南、华东及西南地区。越南及老挝也有分布。

2. 崖姜蕨属 *Pseudodrynaria* (C. Chr.) C. Chr.

根状茎横卧，粗壮，肉质，密被鳞片和须根。叶大，簇生呈鸟巢状，叶上部稍宽，羽状深裂。孢子囊群着生于小脉交叉处。

莲花山白盆珠 1 种。

1. 崖姜 *Pseudodrynaria coronans* (Wall. ex Mett.) Copel.

根状茎短，横生，粗壮，厚肉质，密被深褐色鳞片及须根。叶大，一型，长圆状倒披针形；裂片多数，披针形。孢子囊群生于小脉交叉处，汇成囊群线。

附生于雨林或季雨林中生树干上或石上。

分布于我国华南、西南地区及台湾。印度、越南、马来西亚也有分布。

P59 禾叶蕨科 Grammitidaceae

根状茎直立或横走，被刚毛状鳞片。叶簇生，一型，单叶或一至三回羽状，叶脉分离。孢子囊群圆形或椭圆形，生于小脉顶端或中部，无囊群盖。

莲花山白盆珠 1 属 1 种。

1. 滨禾蕨属 *Oreogrammitis* Copel.

根状茎近直立或短而横走。叶簇生，膜质至肉质，常被红褐色长毛，单叶，披针形或线形，主脉明显，小脉分离。孢子囊群圆形；孢子球形。

莲花山白盆珠 1 种。

1. 短柄滨禾蕨 *Oreogrammitis dorsipila* (Christ) Parris

根状茎短近直立，顶部密生鳞片。叶簇生，革质，近无柄，叶片条形或条状披针形圆钝头，全缘，两面及叶柄有红棕色硬毛。孢子囊群圆形；孢子球形。

附生于林下或溪边岩石上。

分布于我国华南、华中、华东及西南地区。日本及中南半岛也有分布。

裸子植物门

GYMNOSPERMAE

G4 松科 Pinaceae

叶螺旋状排列或枝顶簇生，线形、锥形或针形，2~5 针成一束。花单性，雌雄同株。球果熟时种鳞张开；种子上端具 1 膜质的翅。

莲花山白盆珠 1 属 2 种。

1. 松属 Pinus L.

枝轮生。叶二型，鳞叶（原生叶）单生，螺旋状排列；针叶常 2、3 或 5 针一束，生于鳞叶腋部顶端。花雌雄同株。球果种鳞木质；球果翌年秋季成熟。

莲花山白盆珠 2 种。

1.* 湿地松 Pinus elliottii Engl.

高达 20m。主干通直，树皮灰褐色或暗红褐色。针叶 2 或 3 针一束并存。球果圆锥形或卵圆形。种子卵圆形，黑色。

生于山地及低山丘陵地区。

分布于我国华南、华中、华东地区。原产于美国东南部地区。

2.* 马尾松 Pinus massoniana Lamb

树皮红褐色，下部灰褐色，裂成不规则鳞状块片；针叶 2 针一束，稀 3 针。球果卵圆形。种子长卵圆形。花期 3~4 月，果期翌年 10~12 月。

生于山地、低山。

分布于我国河南、陕西及长江流域以南各地区。越南也有分布。

G5 杉科 Taxodiaceae

叶螺旋状排列，披针形、锥形、鳞形或线形。花雌雄同株。球果当年或翌年成熟。种子周围或两侧有窄翅或下部具长翅。

莲花山白盆珠 1 属 1 种。

1. 杉木属 Cunninghamia R. Br.

叶螺旋状排列，披针形或线状披针形，边缘有细锯齿，两面中脉两侧有气孔线。球果近球形或卵圆形，边缘有细锯齿。种子扁平。

莲花山白盆珠 1 种。

1.* 杉木 Cunninghamia lanceolata (Lamb.) Hook.

高达 30m。叶披针形或窄，呈镰状，革质；竖硬。雄球花常多个簇生枝顶，雌球花单生或数个集生。球果卵圆形。花期 4 月，球果 10 月成熟。

生于林下、山坡和路边。

分布于我国长江流域、秦岭以南地区。中南半岛也有分布。

G7 罗汉松科 Podocarpaceae

叶螺旋状排列，近对生或交互对生。球花单性，雌雄异株，穗状，单生或簇生于叶腋或生于枝顶。种子核果状或坚果状。

莲花山白盆珠 1 属 3 种。

1. 罗汉松属 Podocarpus L'Her ex Pers

叶螺旋状排列或近对生，线形、披针形或椭圆形，具明显中脉，叶背有气孔线。花雌雄异株。种子坚果状或核果状。

莲花山白盆珠 3 种。

1.* 罗汉松 Podocarpus macrophyllus (Thunb.) Sweet

叶螺旋状着生，革质，线状披针形，被白粉。雄球花穗状，2~5 簇生；雌球花单生。种子卵圆形或球形。花期 4~5 月，种子 8~9 月成熟。

野生的树木极少，多为栽培，见于村镇屋旁。

分布于我国华南、华中、华东及西南地区。日本也有分布。

2.* 短叶罗汉松 Podocarpus macrophyllus var. **maki** Sieb. & Zucc.

与原种的主要区别：小乔木或成灌木状，枝条向上斜展。叶短而密生，长 2.5~7cm，宽 3~7mm，先端钝或圆。花期 5 月。

全国各地种植广泛，常见于庭院或作为盆景。

分布于我国华南、华中、华东及西南地区。日本也有分布。

3. 百日青 Podocarpus neriifolius D. Don

树皮灰褐色，片状纵裂。叶螺旋状着生，披针形，厚革质，先端有长尖头。雄球花穗状。种子卵圆形。花期 5 月，种子 10~11 月成熟。

常在山地与阔叶树混生成林，唯各地林木稀少。

分布于我国华南、华中、西南地区。南亚及东南亚也有分布。

G8 红豆杉科 Taxaceae

叶条形或披针形，螺旋状排列或交叉对生，叶背沿中脉两侧各有 1 条气孔带。球花单性，雌雄异株。种子核果状。

莲花山白盆珠 1 属 1 种。

1. 穗花杉属 Amentotaxus Pilger

叶交叉对生，排成 2 列，厚革质，线状披针形、披针形或椭圆状线形，下面有 2 条气孔带。花雌雄异株。种子核果状，椭圆形。

莲花山白盆珠 1 种。

1. 穗花杉 Amentotaxus argotaenia (Hance) Pilg

树皮灰褐色或淡红褐色。叶基部扭转成 2 列，条状披针形。雄球花常 2 穗集生。种子椭圆形。花期 4 月，种子 10 月成熟。

生于阴湿溪谷两旁或林内。

分布于我国华南、华中及西南地区。广东省重点保护野生植物（第一批）。

G12 买麻藤科 Gnetaceae

单叶对生，无托叶，叶片革质或半革质，平展具羽状叶脉。花单性，雌雄异株。种子核果状。

莲花山白盆珠 1 属 2 种。

1. 买麻藤属 Gnetum L.

属的形态特征与科相同。

莲花山白盆珠 2 种。

1. 罗浮买麻藤 Gnetum luofuense C. Y. Cheng

茎枝紫棕色。叶片薄或稍革质，矩圆形或矩圆状卵形；侧脉 9~11 对；小脉网状。成熟种子矩圆状椭圆形。花期 5~7 月，种子 8~10 月成熟。

生于林中，缠绕于树上。

中国特有。分布于华南、华中及西南地区。

2. 小叶买麻藤 Gnetum parvifolium (Warb.) C. Y. Cheng ex Chun

叶椭圆形或长倒卵形，侧脉细，叶背隆起。雄球花穗有 5~10 轮环状总苞。种子长椭圆形或长圆状倒卵形。花期 4~6 月，种子 7~11 月成熟。

生于干燥平地或湿润谷地的森林中，缠绕在大树上。

分布于我国华南、华中及西南地区。老挝、越南也有分布。

被子植物门

ANGIOSPERMAE

1. 木兰科 Magnoliaceae

单叶互生或集生枝顶，全缘，托叶痕环状。花大，单生枝顶或叶腋。蓇葖果为离心皮或有时为合心皮果。种子 1~12 颗。

莲花山白盆珠 2 属 4 种。

1. 木莲属 Manglietia Bl.

托叶基部贴生于叶柄，叶柄具托叶痕；叶革质，幼叶于芽内对折。花两性，单生枝顶。聚合果，蓇葖近木质，宿存。

莲花山白盆珠 1 种。

1. 木莲 *Manglietia fordiana* Oliver

叶革质，叶背疏被红褐色短毛；托叶痕半椭圆形。花单生枝顶，花被片白色。聚合果卵球形，蓇葖被粗点状凸起。花期 5 月，果期 10 月。

生于花岗岩、沙质岩山地丘陵。

分布于我国华南、华中及西南地区。

2. 含笑属 Michelia L.

叶全缘，托叶膜质，盔帽状，与叶柄贴生或离生。花单生叶腋，稀 2~3 朵成聚伞花序。聚合果心皮不发育成疏散穗状。种子 2 至数颗。

莲花山白盆珠 3 种。

1. 深山含笑 *Michelia maudiae* Dunn

全株无毛，芽、幼枝、叶背、苞片均被白粉。叶革质，宽椭圆形，无托叶痕。花单生叶腋。聚合果穗状。种子红色。花期 2~3 月，果期 9~10 月。

生于密林中。

分布于我国华南、华东、华中及西南地区。

2. 石碌含笑 *Michelia shiluensis* Chun & Y. F. Wu

树皮灰色。小枝、叶、叶柄均无毛。叶革质，稍坚硬，倒卵状长圆形。花白色。聚合果长 4~5cm；蓇葖有时仅数个发育。种子宽椭圆形。

生于山沟、山坡、路旁、水边。

产于海南。

3. 野含笑 *Michelia skinneriana* Dunn

常绿乔木。芽、嫩枝、叶柄、叶背中脉及花梗均密被褐色长柔毛。叶革质，倒卵状至倒披针形；托叶痕达叶柄顶端。花淡黄色；聚合果常被残留毛。花期 5~6 月，果期 8~9 月。

生于山谷、山坡、溪边密林中。

分布华东、华南及贵州。

3. 五味子科 Schisandraceae

叶纸质，稀革质，单叶互生，常有透明腺点，无托叶。花单性，雌雄异株，单生叶腋或数朵聚生；聚合果球形或椭圆形。

莲花山白盆珠 1 属 2 种。

1. 南五味子属 Kadsura Kaempf. ex Juss.

叶纸质，稀革质，全缘或具锯齿，具透明或不透明油腺体。花单性，雌雄同株，单生叶腋。小浆果肉质，外果皮革质；聚合果球形或椭圆形。

莲花山白盆珠 2 种。

1. 黑老虎 Kadsura coccinea (Lem.) A. C. Smith

全株无毛。叶革质，长圆形或卵状披针形，长 7~18cm。花单生叶腋，稀成对。聚合果近球形，小浆果倒卵圆形。花期 4~7 月，果期 7~11 月。

生于林中。

分布于我国华南、华东及西南地区。越南也有分布。

2. 异型南五味子 Kadsura heteroclita (Roxb.) Craib

无毛，小枝褐色，具明显深入纵条纹。叶卵状椭圆形至阔卵形，全缘或有疏离小锯齿。花单生叶腋，雌雄异株。聚合果近球形。种子圆状肾形。花期 5~8 月，果期 8~12 月。

生于山谷、溪边、密林中。

分布于我国华南、华中及西南地区。南亚、东南亚也有分布。

8. 番荔枝科 Annonaceae

常芳香。单叶互生，全缘，羽状脉。花两性，稀单性，辐射对称。少数合生成肉质聚合浆果，具果柄。种子具假种皮。

莲花山白盆珠 3 属 5 种。

1. 假鹰爪属 Desmos Lour.

叶互生，羽状脉，具柄。花单朵腋生或与叶对生，或 2~4 朵簇生，花萼裂片 3 片，镊合状排列；花瓣 6 片或 2 轮。果多数，常在种子间缢缩成念珠状，具 1~8 节。

莲花山白盆珠 1 种。

1. 假鹰爪 Desmos chinensis Lour.

除花外，余无毛。叶互生，薄纸质，长圆形或椭圆形。花黄白色，单朵与叶对生或互生。果念珠状。花期 4~10 月，果期 6~12 月。

生于丘陵山坡、林缘灌木丛中或低海拔旷地、荒野及山谷等地。

分布于我国华南及西南地区。东南亚各国也有分布。

2. 瓜馥木属 Fissistigma Griff.

单叶互生，侧脉斜升至叶缘。花两性，单生或多朵组成密伞、团伞或圆锥花序。果卵圆形、球形或长圆形，被短柔毛，具柄。

莲花山白盆珠 3 种。

1. 白叶瓜馥木 Fissistigma glaucescens (Hance) Merr.

叶近革质，长圆形或长椭圆形，两面无毛，叶背白绿色。花多朵集成聚伞总状花序。果圆球形，无毛。花期 1~9 月，果期几全年。

生于山地林中，为常见的植物。

分布于我国华南及华东地区。越南也有分布。

2. 瓜馥木 Fissistigma oldhamii (Hemsl.) Merr.

长达 8m。叶革质，长圆形或倒椭圆形，叶面无毛，叶背被短柔毛。花 1~3 朵集成密伞花序。果圆球形。花期 4~9 月，果期 7 月至翌年 2 月。

生于低海拔山谷水旁灌木丛中。

分布于我国华南、华东及西南地区。越南也有分布。

3. 香港瓜馥木 Fissistigma uonicum (Dunn) Merr.

叶背、心皮及果实被柔毛。叶纸质，长圆形，叶背淡黄色，侧脉两面凸起。花 1~2 朵聚生叶腋。果圆球状。花期 3~6 月，果期 6~12 月。

生于丘陵山地林中。

分布于我国华南及华东地区。印度尼西亚也有分布。

3. 紫玉盘属 Uvaria L.

全株常被星状毛。叶被星状毛或鳞片。花瓣 6 片，排成 2 轮，每轮 3 片。成熟心皮多数，果长圆形或近圆球形，具长柄。

莲花山白盆珠 1 种。

1. 紫玉盘 Uvaria macrophylla Roxb.

枝蔓延，幼枝、幼叶、叶柄及花等均被星状柔毛。叶革质，长倒圆形或椭圆形。花 1~2 朵与叶对生。果卵形。花期 3~8 月，果期 7 月至翌年 3 月。

生于灌木丛中或丘陵山地疏林中。

分布于我国华南地区及台湾。越南、老挝也有分布。

11. 樟科 Lauraceae

单叶，常革质，互生、近对生或轮生，全缘；无托叶。花序圆锥状、穗状、总状或小头状。核果或浆果。

莲花山白盆 8 属 41 种。

1. 琼楠属 Beilschmiedia Nees

叶革质，对生或互生，全缘，羽状脉。花小，两性，聚伞状圆锥状，稀腋生花束或近总状花序。浆果核状，花被片脱落。

莲花山白盆珠 2 种。

1. 美脉琼楠 Beilschmiedia delicata S. K. Lee & Y. T. Wei

小枝近圆形，常具皮孔。叶互生或近对生，革质。聚伞状圆锥花序腋生或顶生，序轴及各部分被短柔毛。果椭圆形或倒卵状椭圆形。

常生于山谷路旁、溪边、密林或疏林中。

分布于广东、广西、贵州西南部。

2. 广东琼楠 Beilschmiedia fordii Dunn

小枝近圆形，常具皮孔。叶互生或近对生，革质。聚伞状圆锥花序腋生或顶生，序轴及各部分被短柔毛。果椭圆形或倒卵状椭圆形。

常生于山谷路旁、溪边、密林或疏林中。

分布于广东、广西、贵州西南部。越南也有分布。

2．无根藤属 Cassytha L.

多黏质，具盘状吸根。茎线形，分枝，绿色或绿褐色。叶退化为鳞片。花小，两性；花序穗状、总状或头状。果包于花被筒内，花被片宿存。

莲花山白盆珠 1 种。

1. 无根藤 Cassytha filiformis L.

具盘状吸根。茎线形，绿色或绿褐色。叶退化为鳞片。穗状花序，密被锈色柔毛；花白色。果卵球形，包肉质花被筒内。花果期 5~12 月。

生于山坡灌木丛或疏林中。

分布于我国华南、华东及西南地区。泛热带地区广布。

3．樟属 Cinnamomum Schaeff.

树皮、小枝及叶芳香。叶互生、近对生或对生，革质。花两性，黄色或白色，聚伞花序组成圆锥花序，腋生或顶生。浆果肉质。

莲花山白盆珠 4 种。

1. 阴香 Cinnamomum burmanni (Nees & T. Nees) Bl.

叶互生或近对生，卵圆形至披针形，革质；叶面亮绿，叶背粉绿，两面无毛。花小，绿白色。果卵球形。花期 5~12 月，果期 11 月至翌年 2 月。

生于疏林、密林或灌丛中，或溪边路旁等处。

分布于我国华南、华东及西南地区。南亚、东南亚也有分布。

2．黄樟 Cinnamomum parthenoxylon (Jack) Meisner

树皮暗灰褐色，深纵裂，具樟脑气味。叶互生，椭圆状卵形，羽状脉。圆锥花序腋生或近顶生。果球形；果托狭长锥形。花期 3~5 月，果期 8~10 月。

生于常绿阔叶林或灌木丛中。

分布于我国华南、华东及西南地区。印度、越南也有分布。

3. 少花桂 Cinnamomum pauciflorum Nees

树皮黄褐色，有香气。叶卵形或卵状披针形，边缘内卷。花序具 3~5 花，花被片两面密被丝毛。果椭圆形；果托杯状。花期 3~8 月，果期 9~10 月。

生于石灰岩或砂岩上的山地或山谷疏林或密林中。

分布于我国华南、华中及西南地区。印度也有分布。

4. 粗脉桂 *Cinnamomum validinerve* Hance

小枝具棱角，无毛或枝顶被绒毛。叶硬革质，椭圆形，长 4~10 cm，下被白粉，离基三出脉。圆锥花序松散，三歧式分枝。花期 7 月。

生于林下。

分布于我国华南地区。

4. 厚壳桂属 *Cryptocarya* R. Br.

叶互生，稀近对生，羽状脉，稀离基三出脉。花两性，圆锥花序腋生或顶生。果核果状，包于肉质或稍硬化花被筒内。

莲花山白盆珠 2 种。

1. 厚壳桂 *Cryptocarya chinensis* (Hance) Hemsl.

叶革质，对生或互生，长椭圆形，离基三出脉。圆锥花序腋生及顶生，花淡黄色。果核球形或扁球形。花期 4~5 月，果期 8~12 月。

生于山谷荫蔽的常绿阔叶林中。

分布于我国华南、华东及西南地区。

2. 黄果厚壳桂 *Cryptocarya concinna* Hance

叶互生，椭圆状长圆形或长圆形，较小，叶基两侧常不对称，羽状脉。圆锥花序腋生及顶生。果长椭圆形。花期 3~5 月，果期 6~12 月。

生于谷地或缓坡常绿阔叶林中。

分布于我国广东、广西、江西及台湾。越南北部也有分布。

5. 山胡椒属 *Lindera* Thunb.

具香气。叶互生，全缘或 3 裂。花单性，雌雄异株，伞形花序单生叶腋或多数簇生短枝上。浆果或核果，圆形或椭圆形。

莲花山白盆珠 6 种。

1. 乌药 *Lindera aggregata* (Sims) Kostermans

叶互生，卵形、椭圆形至近圆形，革质。伞形花序腋生，常 6~8 花序集生短枝上。果卵形或圆形。花期 3~4 月，果期 5~11 月。

生于向阳坡地、山谷或疏林灌丛中。

分布于我国华南、华东、华中、西南地区及台湾。越南、菲律宾也有分布。

2. 香叶树 *Lindera communis* Hemsl.

叶披针形至卵形，背面被黄褐色柔毛，边缘内卷，羽状脉。伞形花序单生或两个并生于叶腋。果卵圆形。花期3~4月，果期9~10月。

常见于干燥沙质土壤，散生或混生于常绿阔叶林中。

分布于我国华南、华东、西南及西北地区。中南半岛也有分布。

3. 山胡椒 *Lindera glauca* (Sieb. & Zucc.) Bl.

叶纸质，宽椭圆形至窄倒卵形，叶背淡绿色，被白色柔毛。伞形花序腋生，有花3~8朵。果球形，黑褐色。花期3~4月，果期7~9月。

生于山坡、林缘、路旁。

分布于我国华南、华东、华中、华北、西北及西南等地区。中南半岛、朝鲜、日本也有分布。

4. 广东山胡椒 *Lindera kwangtungensis* (H. Liu) C. K. Allen

叶互生，椭圆状披针形，先端渐尖，基部楔形。伞形花序2~3生于腋生短枝枝端，花黄色。果球形。花期3~4月，果期8~9月。

生于山坡林中。

分布于我国广东、广西、福建、江西、贵州、四川等地区。

5. 滇粤山胡椒 *Lindera metcalfiana* C. K. Allen

叶互生，椭圆形，革质，羽状脉。雄伞形花序1~3个簇生于叶腋内短枝上，花黄色。果球形，熟时紫黑色。花期3~5月，果期6~10月。

生于山坡、林缘、路旁或常绿阔叶林中。

分布于我国华南、华东、及西南地区。越南北部也有分布。

6. 绒毛山胡椒 *Lindera nacusua* (D. Don) Merr.

叶互生，宽卵形、椭圆形至长圆形，革质，光亮。雄花每伞花序约有8朵花；雌花每伞形花序（2~）3~5朵。果近球形。花期3~5月，果期6~10月。

生于谷地或山坡的常绿阔叶林中。

分布于我国广东、广西、福建、江西、四川、云南及西藏东南部。尼泊尔、印度、缅甸及越南也有分布。

6．木姜子属 *Litsea* Lam.

叶互生，稀对生或轮生，羽状脉。花单性，雌雄异株，伞形、伞形聚伞或圆锥花序，先花后叶或花叶同放。浆果状核果。

莲花山白盆珠8种。

1．山鸡椒 *Litsea cubeba* (Lour.) Pers.

叶纸质，互生，披针形或长圆形，长4~11cm，两面无毛。伞形花序单生或簇生，花淡黄色。果近球形。花期2~3月，果期7~8月。生于向阳的山地、灌丛、疏林或林中路旁、水边。

分布于我国华南、华中、华东及西南地区。东南亚各国也有分布。

2．黄丹木姜子 *Litsea elongata* (Wall. ex Ness) Benth. & Hook. f.

枝、叶、花序均被褐色或黄褐色毛。叶革质，长圆形、长圆状披针形至倒披针形，羽状脉。伞形花序单生。果长圆形。花期5~11月，果期2~6月。

生于山坡路旁、溪旁、杂木林下。

分布于我国大部分地区。尼泊尔、印度也有分布。

3．潺槁木姜子 Litsea glutinosa (Lour.) C. B. Rob.

叶互生，倒卵形或椭圆状披针形，幼叶两面被毛，羽状脉。伞形花序单生或几个簇生短枝。果球形，熟时黑色。花期 5~6 月，果期 9~10 月。

生于山地林缘、溪旁、疏林或灌丛中。

分布于我国华南、华东及西南地区。菲律宾、越南、缅甸、印度也有分布。

4．华南木姜子 Litsea greenmaniana C. K. Allen

高 6~8m。叶互生，椭圆形或近倒披针形，薄革质，两面无毛，羽状脉。伞形花序 1~4 生于叶腋或枝侧的短枝上。果椭圆形。花期 7~8 月，果期 12 月至翌年 3 月。

生于山谷杂木林中。

分布于广东、广西和福建。

5．木姜子 Litsea pungens Hemsl.

顶芽圆锥形。叶互生，常聚生于枝顶，披针形或倒卵状披针形，羽状脉。伞形花序腋生，先于叶开放。果球形。花期 3~5 月，果期 7~9 月。

生于溪旁和山地阳坡杂木林中或林缘。

分布于我国华南、华中、西南、华东等部分地区。

6．圆叶豺皮樟 Litsea rotundifolia Hemsl.

叶散生，宽卵圆形至圆形，先端钝圆或短渐尖，上面绿色，下面粉绿色。伞形花序簇生叶腋。果球形。花期 8~9 月，果期 9~11 月。

生于山地下部的灌木林中或疏林中。

分布于我国华南地区。

7．豺皮樟 Litsea rotundifolia var. oblongifolia (Nees) C. K. Allen

与原种的主要区别：叶片卵状长圆形，长 2.5~5.5cm，宽 1~2.2cm，先端钝或短渐尖，基部楔形或钝。

生于山地下部的灌木林中或疏林中。

分布于我国华南及华东地区。越南也有分布。

8．轮叶木姜子 Litsea verticillata Hance

叶薄革质，披针形或倒披针状长椭圆形。伞形花序 2~10 个集生于小枝顶部。果卵形或椭圆形。花期 4~11 月，果期 11 月至翌年 1 月。

生于山谷、溪旁、灌丛中或杂木林中。

分布于广东、广西、云南南部。越南、柬埔寨也有分布。

7．润楠属 Machilus Nees

叶革质，互生，全缘，具羽状脉。圆锥花序顶生或生于新枝下部，花两性，花被片 6 枚，2 轮，常宿存。浆果状核果，外果皮肉质，球形。

莲花山白盆珠 11 种。

1. 短序润楠 *Machilus breviflora* (Benth.) Hemsl.

叶聚生于小枝先端，倒卵形至倒卵状披针形，革质，两面无毛。圆锥花序 3~5 个顶生，总梗极短。果球形。花期 7~8 月，果期 10~12 月。

生于山地或山谷阔叶混交疏林中，或生于溪边。

分布于我国广东、广西、海南。

2. 浙江润楠 *Machilus chekiangensis* S. K. Lee

叶革质或薄革质，集生枝顶，倒披针形，叶背初时有贴伏小柔毛。花黄白色。嫩果球形，绿色，干时带黑色。花期 4 月，果期 6 月。

分布于我国华南及华东地区。中南半岛也有分布。

3. 华润楠 *Machilus chinensis* (Champ. ex Benth.) Hemsl.

叶革质，倒卵状长椭圆形至长椭圆状披针形，中脉于叶背凸起，侧脉不明显。圆锥花序顶生。果球形。花期 11 月，果期翌年 2 月。

生于山坡阔叶混交疏林或矮林中。

分布于我国华南地区。越南也有分布。

4. 黄绒润楠 *Machilus grijsii* Hance

芽、小枝、叶柄、叶背被黄褐色绒毛。叶倒卵状长圆形，革质。花序短，圆锥花序多数簇生枝顶，密被黄褐色绒毛。果球形。花期 3 月，果期 4 月。

生于灌木丛中或密林中。

分布于我国华南及华东地区。

5. 宜昌润楠 *Machilus ichangensis* Rehder & E. H. Wilson

叶常集生当年生枝上，长圆状披针形至长圆状倒披针形，坚纸质。圆锥花序生于当年生枝基部脱落苞片的腋内。果近球形。花期 4 月，果期 8 月。

生于山坡或山谷的疏林内。

分布于我国长江以南各地，也见于四川、陕西南部及甘肃。

6. 广东润楠 *Machilus kwangtungensis* Yen C. Yang

高达 10 m。幼枝密被锈色柔毛。叶革质，长椭圆形或倒披针形，顶端渐尖，基部渐狭。花期 3~4 月，果期 5~7 月。

生于山地或山谷阔叶混交疏林中，或山谷水旁。

分布于我国广东、广西、湖南南部、贵州南部。

7．薄叶润楠 Machilus leptophylla Hand.-Mazz.

叶互生或在当年生枝上轮生，坚纸质，倒卵状长圆形，长14~24cm，上面深绿色，下面带灰白色。圆锥花序 6~10 个，聚生嫩枝的基部。果球形。

生于阴坡谷地混交林中。

分布于我国华南、华东及西南地区。

8．木姜润楠 Machilus litseifolia S. K. Lee

叶常集生枝梢顶，倒披针形，革质，上面深绿色，下面粉绿色。聚伞状圆锥花序，花梗纤细。果球形。花期 3~5 月，果期 6~7 月。

生于山地阔叶混交疏林或密林或灌丛中。

分布于我国华南地区。

9．柳叶润楠 Machilus salicina Hance

叶常生枝梢顶，线状披针形，革质，无毛，侧脉纤细。聚伞状圆锥花序多数，生新枝上端，花黄色或淡黄色。果球形。花期 2~3 月，果期 4~6 月。

常生于溪畔河边。

分布于我国华南及西南地区。中南半岛也有分布。

10．红楠 Machilus thunbergii Sieb. & Zucc.

树干粗短，嫩叶、嫩枝、花序等常呈紫红色。叶革质，倒卵形或倒卵状披针形。花序顶生或在新枝上腋生。果扁球形。花期 2 月，果期 7 月。

生于山地阔叶混交林中。

分布于我国华南、华中及华东地区。东亚也有分布。

11．绒毛润楠 Machilus velutina Champ. ex Benth.

枝、芽、叶背及花序密被锈色绒毛。叶窄倒卵形、椭圆形或窄卵形，革质。花序单生或 2~3 序集生枝顶。果球形。花期 10~12 月，果期翌年 2~3 月。

分布于我国华南及华东地区。中南半岛也有分布。

8. 新木姜子属 Neolitsea Merr.

叶互生或簇生，离基三出脉，稀羽状脉。花单性，雌雄异株，伞形花序单生或簇生，无梗或具短梗。浆果状核果。

莲花山白盆珠 7 种。

1. 云和新木姜子 Neolitsea aurata var. paraciculata (Nakai) Yen C. Yang & P. H. Huang

幼枝、叶柄均无毛。叶互生或聚生枝顶呈轮生状，长圆形、椭圆形。伞形花序 3~5 个簇生于枝顶或节间。果椭圆形。花期 2~3 月，果期 9~10 月。

生于山地杂木林中。

分布于我国浙江、江西、湖南、广东北部、广西。

2. 鸭公树 Neolitsea chui Merr.

叶革质，互生或聚生枝顶呈轮生状，椭圆形至卵状椭圆形。伞形花序多个腋生或侧生，花序有花 5~6 朵。果椭圆形或近球形。花期 9~10 月，果期 12 月。

生于山谷或丘陵地的疏林中。

分布于我国华南、华中及西南地区。

3. 大叶新木姜子 Neolitsea levinei Merr.

叶下、叶柄及果梗密被黄褐色柔毛。叶 4~5 片轮生，长圆状披针形至椭圆形。伞形花序簇生枝侧。果椭圆形或球形。花期 3~4 月，果期 8~10 月。

生于山地路旁、水旁及山谷密林中。

分布于我国华南、华中、华东及西南地区。

4. 卵叶新木姜子 Neolitsea ovatifolia Yen C. Yang & P. H. Huang

叶互生或聚生枝顶近轮生状，卵形，离基三出脉。伞形花序单生或 3~4 个簇生；无总梗或有极短的总梗。果球形或近球形，直径约 1cm。果期 8 月。

生于山谷疏林中。

分布于我国广东、广西。

5. 显脉新木姜子 Neolitsea phanerophlebia Merr.

小枝、顶芽、叶柄、花梗密被锈色短柔毛。叶轮生或散生，长圆形至卵形，背面密被贴伏柔毛和长柔毛。伞形花序 2~4 个丛生叶腋。果近球形。花期 10~11 月，果期 7~8 月。

生于山谷疏林中。

分布于我国华南及华东地区。

6. 美丽新木姜子 Neolitsea pulchella (Meisn.) Merr.

叶互生或聚生于枝端呈轮生状，椭圆形或长圆状椭圆形，革质。伞形花序腋生。果球形；果托浅盘状。花期 10~11 月，果期 8~9 月。

生于混交林中或山谷中。

分布于我国广东、广西及福建。

7. 新宁新木姜子 Neolitsea shingningensis Yen C. Yang & P. H. Huang

叶互生或近轮生，卵形或卵状长圆形，革质，两面无毛，离基三出脉。伞形花序 2~3 个簇生枝侧。果椭圆形。花期 3~4 月，果期 9~10 月。

生于山坡疏林中。

分布于我国华南、华中及西南地区。

13A. 青藤科 Illigeraceae

叶互生，3 小叶，具叶柄，小叶全缘。腋生聚伞花序组成圆锥花序，花 5 基数，两性，花瓣 5 片，长圆形或长椭圆形，镊合状排列。坚果纺锤状。

莲花山白盆珠 1 属 2 种。

1.. 青藤属 Illigera Bl.

复叶互生，3 小叶，具叶柄，偶卷曲攀缘，全缘，羽状脉。聚伞圆锥花序腋生，花 5 数，两性；花盘具 5 腺体。坚果纺锤状。

莲花山白盆珠 2 种。

1. 小花青藤 Illigera parviflora Dunn

茎具沟棱。复叶 3 小叶，纸质，椭圆形或椭圆状披针形。花序密被灰褐色微柔毛。坚果具 2~4 翅。花期 5~10 月，果期 11~12 月。

生于山地密林、疏林或灌丛中。

分布于我国华南、华东及西南地区。越南、马来西亚也有分布。

2. 红花青藤 Illigera rhodantha Hance

指状复叶互生，小叶纸质，卵形至倒卵状椭圆形。聚伞花序组成圆锥花序腋生。果具 4 翅。花期 6~11 月，果期 12 月至翌年 5 月。

生于山谷密林或疏林灌丛中。

分布于我国华南、华东及西南地区。东南亚也有分布。

15. 毛茛科 Ranunculaceae

叶互生或基生，掌状脉，稀羽状脉及二歧分支脉，常无托叶。花两性，稀单性，辐射对称。蓇葖果或瘦果，稀蒴果或浆果。

莲花山白盆珠 2 属 4 种。

1. 铁线莲属 Clematis L.

茎常具纵沟。叶基生或茎生，茎生叶对生，复叶，具掌状脉。花序聚伞状，花单生或簇生。瘦果卵形、镰状纺锤形、镰刀状狭卵形、椭圆形或披针形。

莲花山白盆珠 3 种。

1. 厚叶铁线莲 Clematis crassifolia Benth.

三出复叶，小叶薄革质，椭圆形、长圆形或卵形。圆锥状聚伞花序腋生或顶生，多花。瘦果镰刀状狭卵形。花期 12 月至翌年 1 月，果期 2 月。

生于山地、山谷、平地、溪边、路旁的密林或疏林中。

分布于我国华南及华东地区。日本也有分布。

2. 山木通 Clematis finetiana H. Lév. & Vaniot

茎有纵条纹，小枝有棱。三出复叶，小叶革质，窄卵形或披针形，全缘。花常单生或聚伞花序。瘦果镰状纺锤形。花期 4~6 月，果期 7~11 月。

生于山坡疏林、溪边、路旁灌丛中及山谷石缝中。

分布于我国华南、华中、华中及西南地区。

3. 毛柱铁线莲 Clematis meyeniana Walp.

老枝圆柱形，有纵条纹。三出复叶，小叶薄革质，卵形或椭圆状卵形。花序腋生并顶生。瘦果镰状披针形。花期 6~8 月，果期 8~10 月。

生于山坡疏林及路旁灌丛中或山谷、溪边。

分布于我国华南、华东及西南地区。老挝、越南、日本也有分布。

2. 毛茛属 Ranunculus L.

陆生或部分水生。叶大多基生并茎生，单叶或三出复叶。花单生或聚伞花序，两性。聚合果球形或长圆形，瘦果卵球形或两侧压扁。

莲花山白盆珠 1 种。

1. 禺毛茛 Ranunculus cantoniensis DC.

三出复叶，小叶具柄，顶生小叶菱状卵形或宽卵形，3 深裂，具小齿；侧生小叶斜宽卵形。花序顶生，4~10 花。聚合果球形。花果期 3~9 月。

生于平原或丘陵田边、沟旁水湿地。

分布于我国华南、华中、华东及西南地区。东亚也有分布。

19. 小檗科 Berberidaceae

叶互生，稀对生或基生，单叶或一至三回羽状复叶，托叶存在或缺。花序顶生或腋生。浆果、蒴果、蓇葖果或瘦果。

莲花山白盆珠 1 属 1 种。

1. 十大功劳属 Mahonia Nuttt.

奇数羽状复叶，互生，小叶边缘具粗疏或细锯齿。花序顶生，由多数簇生总状花序或圆锥花序组成。浆果深蓝色至黑色。

莲花山白盆珠 1 种。

1.* 台湾十大功劳 Mahonia japonica (Thunb.) DC.

叶倒卵形至倒卵状披针形，小叶狭披针形至狭椭圆形，最下一对小叶狭卵形，基部楔形。总状花序 4~10 个簇生。浆果球形。花期 7~9 月，果期 9~11 月。

生于林中或灌丛中。

分布于我国华南及西南地区。

21. 木通科 Lardizabalaceae

叶互生，掌状复叶，稀羽状复叶，无托叶，叶柄及小叶柄两端膨大成节状。总状花序或伞房状。浆果或蓇葖果。种子多数，三角状。

莲花山白盆珠 2 属 3 种。

1. 大血藤属 Sargentodoxa Rehd. & Wils.

叶为三出复叶，互生，无托叶。花单性异株，排成腋生、下垂的总状花序。果为聚合果，由多个近具柄的小浆果着生于花托上所组成。

莲花山白盆珠 1 属 1 种。

1. 大血藤 Sargentodoxa cuneata (Oliver) Rehder & E. H. Wilson

种的特征与属相同。

常见于山坡灌丛、疏林和林缘等地。

分布。分布于我国华南、西南、华中等部分地区。中南半岛北部（老挝、越南北部）也有分布。

2. 野木瓜属 *Stauntonia* DC.

木质藤本。叶互生，掌状复叶，具长柄，有小叶 3~9 片；小叶全缘，具不等长的小叶柄。花单性，雌雄同株，伞房花序。浆果长圆形或卵圆形。种子多数。

莲花山白盆珠 2 种。

1. 野木瓜 *Stauntonia chinensis* DC.

常绿木质藤本。掌状复叶，有小叶 5~7 片，革质，长圆形或倒卵状椭圆形。伞房花序具 3~5 花，数个腋生。果椭圆形。花期 3~4 月，果期 9~10 月。

生于山地密林、山腰灌丛或山谷溪边疏林中。

分布于我国华南、华中、华东及西南地区。越南、老挝也有

2. 斑叶野木瓜 *Stauntonia maculata* Merr.

掌状复叶，有小叶 5~7 片；小叶革质，叶下面密布淡绿色的斑点。总状花序数个簇生于叶腋。果椭圆状或长圆状。花期 3~4 月，果期 8~10 月。

生于山地疏林或山谷溪旁向阳处。

分布于广东中部、福建南部。

23. 防已科 Menispermaceae

攀缘或缠绕藤本，稀灌木或小乔木。叶螺旋状排列，无托叶，常单生，掌状脉。聚伞花序组成圆锥状或总状，雌雄异株。核果。种皮薄。

莲花山白盆珠 7 属 9 种。

1. 木防已属 *Cocculus* DC.

藤本或直立灌木。叶互生，全缘或分裂。花单性异株，排成聚伞花序、总状花序或圆锥花序。核果近球形，内果皮扁平，背和边有横脊棱。

莲花山白盆珠 1 种。

1. 木防已 *Cocculus orbiculatus* (L.) DC.

木质藤本。小枝被绒毛。叶片纸质至近革质，形状变异极大。聚伞花序少花，腋生。核果近球形，红色至紫红色。

生于灌丛、村边、林缘等处。

我国大部分地区都有分布（西北部和西藏尚未见过），以长江流域中下游及其以南各地区常见。广布于亚洲东南部和东部以及夏威夷群岛。

2. 轮环藤属 *Cyclea* Arn. ex Wight

藤本。叶盾状着生，掌状脉，叶柄长。聚伞圆锥花序，腋生、顶生或茎生，苞片小，花瓣 4~5 片，常合生。核果倒卵状球形或近球形，果核骨质。

莲花山白盆珠 2 种。

1. 毛叶轮环藤 *Cyclea barbata* Miers

草质藤本。主根稍肉质。嫩枝、叶片、叶柄、萼筒、萼片及

子房被糙硬毛。叶纸质或近膜质，三角状阔卵形。核果近圆球形。花期 5~7 月，果期 8~10 月。

绕缠于林中、林缘和村边的灌木上。

分布于我国华南、华东及西南地区。越南也有分布。

2．粉叶轮环藤 *Cyclea hypoglauca* (Schauer) Diels

叶纸质，基部近截平或圆形，两面无毛或背面被疏长白毛，叶脉掌状，5~7 条。花序腋生，雄花间断穗状花序。核果红色。花期秋季，果期冬季。

生于林缘和山地灌丛。

分布于我国华南、华东及西南地区。越南有分布。

3. 秤钩风属 *Diploclisia* Miers

叶革质，具掌状脉。聚伞花序腋生，或聚伞圆锥花序生于老枝或茎上，花瓣 6 片。核果倒卵形。种子马蹄形。

莲花山白盆珠 1 种。

1. 秤钩风 *Diploclisia affinis* (Oliv.) Diels

叶革质，三角状扁圆形或菱状扁圆形，边缘具明显或不明显的波状圆齿；掌状脉常 5 条。聚伞花序腋生。核果红色。花期 4~5 月，果期 7~9 月。

生于林缘或疏林中。

分布于我国长江以南各地区。

4．夜花藤属 *Hypserpa* Miers

叶全缘，掌状脉。聚伞或圆锥花序腋生，常短小。核果倒卵圆形或近球形，稍扁；果核被横肋状皱纹。

莲花山白盆珠 1 种。

1 夜花藤 *Hypserpa nitida* Miers

叶卵形或长椭圆形，两面无毛，掌状脉 3 条。雄花序常有花数朵，被柔毛，花瓣 4~5 片，近倒卵形。核果黄色或橙红色，球形。花果期夏季。

常生于林中或林缘。

分布于我国华南及西南地区。东南亚也有分布。

5．粉绿藤属 *Pachygone* Miers

叶常卵形，掌状脉 3~5 条，叶柄非盾状着生。总状花序或窄圆锥花序腋生，花瓣 6 片。核果倒卵圆形、扁球形或近球形；果核骨质，肾状圆形。种子弯。

莲花山白盆珠 1 种。

1. 粉绿藤 *Pachygone sinica* Diels

叶卵形，稀宽卵形或披针形，无毛，掌状脉 3~5 条。总状花序或极窄圆锥花序，花瓣 6 片。核果扁球形。花期 9~10 月，果期翌年 2 月。

生于林中。

分布于我国华南地区。

6．细圆藤属 *Pericampylus* Miers

叶具掌状脉。聚伞花序腋生、单生或 2~3 簇生，雄花萼片 9 枚 3 轮。核果扁球形；果核骨质，宽倒卵状圆形。

莲花山白盆珠 1 种。

1. 细圆藤 *Pericampylus glaucus* (Lam.) Merr.

叶纸质至薄革质，三角状卵形至三角状近圆形。掌状脉 5 条。伞房状聚伞花序，被绒毛。核果红色或紫色。花期 4~6 月，果期 9~10 月。

生于林中、林缘和灌丛中。

广布于我国长江流域以南各地区。亚洲东南部也有分布。

7. 千金藤属 Stephania Lour.

叶三角形至三角状卵形，掌状脉。花序腋生或生于短枝，少茎生，伞形聚伞花序或复伞形聚伞花序。核果近球形。种子马蹄形。

莲花山白盆珠 2 种。

1. 粪箕笃 Stephania longa Lour.

叶纸质，三角状卵形，先端钝，具凸尖，掌状脉 10~11 条。复伞形聚伞花序腋生。核果近球形，红色。花期 4~6 月，果期 8~10 月。

生于灌丛或林缘。

分布于我国华南、华东及西南地区。

2. 粉防已 Stephania tetrandra S. Moore

叶纸质，阔三角形，掌状脉 9~10 条。花序头状。核果近球形；果核背部鸡冠状隆起。花期夏季，果期秋季。

生于村边、旷野、路边等灌丛。

分布于我国华南、华东、华中地区及台湾。

24. 马兜铃科 Aristolochiaceae

根、茎和叶常有油细胞。单叶互生，具柄，无托叶，全缘或 3~5 裂，基部常心形。花两性。蒴果卵圆状、蓇葖果状、长角果状或浆果状。

莲花山白盆珠 1 属 2 种。

1. 细辛属 Asarum L.

叶基生、互生或对生，多心形，全缘，叶柄基部常具膜质芽苞叶。花单生叶腋，辐射对称。蒴果浆果状，不规则开裂。

莲花山白盆珠 2 种。

1. 尾花细辛 Asarum caudigerum Hance

叶宽卵形、三角状卵形或卵状心形，叶面深绿色，脉两旁偶有白色云斑。花被绿色，被紫红色圆点状簇生毛。果近球状。花期 4~5 月。

生于林下、溪边和路旁阴湿地。

分布于我国华南、华东、华中及西南地区。越南也有分布。

2. 慈姑叶细辛 Asarum sagittarioides C. F. Liang

叶片长卵形、阔卵形或近三角状卵形，叶面深绿色，偶有云斑。花单生，每花枝常具 2 朵花。果卵圆状。花期 11 月至翌年 3 月。

生于山坡林下或溪边阴湿地。

分布于我国广东、广西。

28. 胡椒科 Piperaceae

叶互生，稀对生或轮生，单叶，基部常不对称，具掌状脉或羽状脉。穗状花序，花小。核果或小坚果。

莲花山白盆珠 2 属 7 种。

1. 草胡椒属 Peperomia Ruiz & Pav.

叶互生、对生或轮生，全缘，无托叶。花极小，两性，常与苞片同着生花序轴凹陷处。浆果小，不开裂。

莲花山白盆珠 2 种。

1. 石蝉草 Peperomia blanda (Jacq.) Kunth

茎直立或基部匍匐。叶对生或 3~4 片轮生，有腺点，椭圆形或倒卵形。穗状花序腋生和顶生。浆果球形。花期 4~7 月或 10~12 月。

生于山谷溪边。

分布于我国华南、华东及西南地区。日本、印度也有分布。

2. * 草胡椒 Peperomia pellucida (L.) Kunth

茎直立或斜生，基部或平卧，分枝。叶互生，膜质，半透明，宽卵形或卵状三角形。穗状花序顶生或与叶对生。小坚果球形。花期 4~7 月。

生于林中湿地石缝。

分布于我国华南、华东及西南地区。亚洲、非洲热带地区广布。

2. 胡椒属 Piper L.

茎、枝具膨大节，揉有香气。维管束外面的联合成环，内面的成1或2列散生。叶互生，全缘，托叶稍贴生于叶柄。花单性，雌雄异株。浆果倒卵形、卵形或球形。

莲花山白盆珠5种。

1．华南胡椒 Piper austrosinense Y. C. Tseng

除苞片腹面中部、花序轴和柱头外其余无毛。叶厚纸质，顶端急尖或渐尖，基部心形。花单性，雌雄异株。浆果球形。花期4~6月。

生于密林或疏林中，攀缘于树上或石上。

分布于广西东南部，广东东部、西南部和南部。

2．华山蒌 Piper cathayanum M. G. Gilbert & N. H. Xia

叶纸质，卵形或长圆形，顶端钝或短尖，基部心形，两耳圆，偶重叠，叶背被短柔毛。花单性，雌雄异株。浆果球形。花期3~6月。

生于密林中或溪涧边，攀缘于树上。

分布于我国华南、西南地区。

3．山蒟 Piper hancei Maxim.

茎、枝具细纵纹，节上生根。叶近革质，卵状披针形或椭圆形，叶脉5~7条。花单性，雌雄异株。浆果球形，黄色。花期3~8月。

生于树或石上。

分布于我国华南、华东及西南地区。

4. 毛蒟 Piper hongkongense C. DC.

叶硬纸质，卵状披针形或卵形，基部浅心或半心形，两面被短柔毛，叶脉5~7条。花单性，雌雄异株。浆果球形。花期3~5月。

生于疏林或密林中，攀缘于树上或石上。

分布于我国华南、南部沿海岛屿。

5. 假蒟 Piper sarmentosum Roxb.

小枝近直立，无毛或幼时被极细的粉状短柔毛。叶近膜质，具细腺点，下部叶阔卵形或近圆形。花单性，雌雄异株。浆果近球形，具四角棱。花期4~11月。

生于林下或村旁湿地上。

分布于我国华南、华东及西南地区。南亚、东南亚也有分布。

29. 三白草科 Saururaceae

单叶互生，托叶与叶柄合生，或贴生叶柄形成托叶鞘。花两性，密集成穗状或总状花序，无花被。果为分果片或顶端开裂蒴果。

莲花山白盆珠 1 属 1 种。

1. 蕺菜属 *Houttuynia* Thunb.

叶薄纸质，密被腺点，宽卵形或卵状心形，下常带紫色。穗状花序顶生或与叶对生，花小。蒴果近球形。

莲花山白盆珠 1 种。

1. 蕺菜 *Houttuynia cordata* Thunb.

具根茎，茎下部伏地，上部直立。叶薄纸质，密被腺点。穗状花序顶生或与叶对生。蒴果近球形，顶端开裂。花期 4~8 月，果期 6~10 月。

生于林下沟谷边。

分布于我国华南、华东、华中、西南及西北地区。亚洲东部和东南部也有分布。

30. 金粟兰科 Chloranthaceae

单叶对生，羽状脉，具锯齿，叶柄基部合生，托叶小。花小，两性或单性，排成穗状、头状或圆锥花序。核果卵圆形或球形。

莲花山白盆珠 1 属 1 种。

1. 草珊瑚属 *Sarcandra* Gardn.

叶对生，椭圆形、卵状椭圆形或椭圆状披针形，具锯齿，齿尖有腺体，托叶小。穗状花序顶生花两性。核果球形或卵形。

莲花山白盆珠 1 种。

1. 草珊瑚 *Sarcandra glabra* (Thunb.) Nakai

亚灌木。叶革质，椭圆形至卵状披针形，边缘具粗锐锯齿，齿尖具 1 腺体，两面无毛。穗状花序顶生，常分枝。核果球形。花期 6~7 月，果期 8~10 月。

生于林下。

分布于我国华南、华东及西南地区。亚洲东部及东南部也有分布。

39. 十字花科 Cruciferae

单叶，全缘至羽状深裂，少为复叶。花两性，辐射对称，排成总状花序。长角果或短角果，2 裂或不裂。

莲花山白盆珠 3 属 4 种。

1. 荠菜属 *Capsella* Medic.

基生叶莲座状，茎生叶无柄，窄椭圆形或披针形，基部耳状抱茎。总状花序顶生或腋生。短角果倒三角形或倒心状三角形；果瓣龙骨状。

莲花山白盆珠 1 种。

1. 荠菜 *Capsella bursa-pastoris* (L.) Medic.

基生叶丛生莲座状，茎生叶窄披针形或披针形，边缘有锯齿。总状花序顶生及腋生。短角果倒三角形或倒心状三角形。花果期 4~6 月。

生于田边、路旁及草地。

分布几遍全国。世界温带地区广布。

2. 碎米荠属 *Cardamine* L.

单叶或羽状复叶。总状花序常无苞片，呈伞房状，萼片边缘膜质，花瓣白色、粉红色或紫色，倒卵形。长角果线形。

莲花山白盆珠 1 种。

1. 碎米荠 *Cardamine hirsuta* L.

茎密被柔毛。基生叶具柄，小叶 2~5 对；顶生小叶肾形，边缘 3~5 圆齿。总状花序生于枝顶。长角果线形。花期 2~4 月，果期 4~6 月。

生于田边、路旁及草地。

分布几遍全国。世界温带地区广布。

3. 蔊菜属 Rorippa Scop.

单叶，全缘或羽状分裂。总状花序顶生，花黄色，萼片、花瓣 4 片。圆柱状长角果或椭圆形、近球形或圆柱形短角果，2 或 4 瓣裂。

莲花山白盆珠 2 种。

1. 广州蔊菜 *Rorippa cantoniensis* (Lour.) H. Ohwi

高 10~30cm。植株无毛。基生叶具柄，基部扩大贴茎，叶片羽状深裂或浅裂。总状花序顶生，花黄色。短角果圆柱形。种子极多数。

生于田边、路旁及草地。

分布于我国华南、华东、华中、西南及西北地区。日本、菲律宾、印度也有分布。

2. 无瓣蔊菜 *Rorippa dubia* (Pers.) Hara

一年生草本。基生叶及下部叶常大头羽状分裂；上部叶披针形或长圆形。总状花序无苞片，花绿色。长角果线形。花期 4~6 月，果期 8~9 月。

生于田边、路旁及草地。

分布于我国华南、华东、华中、西南及西北地区。日本、菲律宾、印度、印度尼西亚及美国也有分布。

40. 堇菜科 Violaceae

单叶互生，稀对生，全缘、具齿或分裂，托叶小或叶状。花两性或单性，萼片、花瓣 5 片，覆瓦状。蒴果室背弹裂或浆果状。

莲花山白盆珠 1 属 6 种。

1. 堇菜属 Viola L.

单叶，互生或基生，全缘、具齿或分裂，具托叶，离生或与叶柄合生。花两性，两侧对称。蒴果 3 瓣裂。种子具坚硬种皮。

莲花山白盆珠 6 种。

1. 鸡腿堇菜 *Viola acuminata* Ledeb.

多年生草本。叶片心形、卵状心形或卵形。花淡紫色或近白色，具长梗；花梗细，被细柔毛，通常均超出于叶。蒴果长圆形。花果期较长。

生于杂木林林下、林缘、灌丛、山坡草地或溪谷湿地等处。

分布于我国广东、云南、台湾等地区。日本、韩国也有分布。

2. 堇菜 *Viola arcuata* Bl.

根茎横走，褐色，密生多数纤维状根，地上茎常数条丛生；匍匐枝蔓生，节上生不定根。花淡紫色或白色。蒴果长圆形。花果期较长。

生于湿草地、山坡草丛、灌丛、杂木林林缘、田野、宅旁等处。

分布于我国广东、云南、台湾等地区。蒙古、缅甸也有分布。

3. 七星莲 *Viola diffusa* Ging.

全株被白色柔毛。莲座状叶丛生，叶片卵形或卵状长圆形，边缘具钝齿及缘毛。花小。蒴果长圆形。花期 3~5 月，果期 5~8 月。

生于林缘、草坡及溪边石上。

分布于我国长江以南及华北地区。东亚、南亚、东南亚也有分布。

4. 柔毛堇菜 Viola fargesii H. Boissieu

全株被白色柔毛。叶近基生或互生于匍匐枝，叶片卵形或宽卵形。花白色，花瓣长圆状倒卵形。蒴果长圆形。花期 3~6 月，果期 6~9 月。

生于山地林下、林缘、草地、溪谷、沟边及路旁等处。

分布于长江以南地区。

5. 长萼堇菜 Viola inconspicua Bl.

叶基生，莲座状，基部宽心形，弯缺呈宽半圆形，具圆齿。花淡紫色，有暗紫色条纹。蒴果长圆形。花果期 3~11 月。

生于草地、灌丛、林缘。

分布于我国秦岭以南各地区。缅甸、菲律宾、马来西亚也有分布。

6. 黄花堇 Viola moupinensis Franch.

无地上茎，有时具长达 30cm 的上升的匍匐枝。叶基生，心形或肾状心形，花后增大呈肾形。花较大，淡紫色或白色，具紫色条纹。种子大，倒卵状。花期 4~6 月，果期 5~7 月。

生于林缘或灌丛中、溪旁及草坡。

分布于我国秦岭以南至华东各地区。

42. 远志科 Polygalaceae

单叶互生、对生或轮生，全缘，羽状脉，无托叶。花两性，总状、穗状或圆锥花序。蒴果、翅果或坚果。

莲花山白盆珠 3 属 5 种。

1. 远志属 Polygala L.

单叶互生，稀对生或轮生；叶纸质或近革质，全缘。总状花序顶生、腋生或腋外生；花两性。蒴果，两侧压扁，具翅或无，有种子 2 颗。种子黑色。

莲花山白盆珠 3 种。

1. 华南远志 Polygala chinensis Lour.

叶互生，纸质，椭圆形或线状长椭圆形至长圆状披针形。总状花序腋生。蒴果圆形，具狭翅和缘毛。花期 4~10 月，果期 5~11 月。

生于草地或灌丛。

分布于我国华南及华东地区。南亚、东南亚也有分布。

2. 黄花倒水莲 Polygala fallax Hemsl.

叶披针形或椭圆状披针形，两面被柔毛。总状花序，花瓣黄色。蒴果宽倒心形或球形。种子密被白色柔毛。花期 5~8 月，果期 8~10 月。

生于灌丛或林缘。

分布于我国长江以南各地区。

3. 大叶金牛 Polygala saxicola Dunn

叶倒卵形或椭圆形，叶面被白色刚毛。总状花序顶生；萼片外面中间 1 片小舟状。蒴果球形。种子卵形。花期 3~4 月，果期 4~5 月。

生于林中岩石或山中草地。

分布于我国华南、西南地区。越南也有分布。

2. 齿果草属 Salomonia Lour.

单叶互生，膜质或褐色鳞片状。花极小，顶生穗状花序，具小苞片。蒴果肾形、宽圆形或倒心形。种子 2 颗，卵形。

莲花山白盆珠 1 种。

1. 齿果草 Salomonia cantoniensis Lour.

单叶互生，叶片膜质，卵状心形或心形，绿色，3 基出脉。穗状花序顶生。果片具蜂窝状网纹。种子卵形。花期 7~8 月，果期 8~10 月。

生于林中、灌丛或草地。

分布于我国华南、华东、华中及西南地区。印度、缅甸、泰国、越南、菲律宾及澳大利亚也有分布。

3. 黄叶树属 Xanthophyllum Roxb.

单叶互生，叶片革质，全缘，托叶缺。花两性，两侧对称，排成腋生或顶生总状或圆锥花序。核果球形。种子具膜质种皮。

莲花山白盆珠 1 种。

1. 黄叶树 Xanthophyllum hainanense Hu

乔木。叶片革质，卵状椭圆形或长圆状披针形，先端长渐尖。总状或圆锥花序，密被柔毛。核果球形，淡黄色。花期 3~5 月，果期 4~7 月。

生于林中。

分布于我国华南地区。越南也有分布。

45. 景天科 Crassulaceae

叶互生、对生或轮生，单叶，全缘或略缺刻。花单生，聚伞或伞房状、穗状、总状、圆锥状花序，两性或单性，花瓣分离。蓇葖果。

莲花山白盆珠 1 属 1 种。

1. 落地生根属 Bryophyllum Salisb.

茎常直立。叶对生或 3 叶轮生，单叶，有浅裂或羽状分裂或羽状复叶。花大，常下垂，4 基数，花冠与花萼等长，花柱较长。蓇葖果。

莲花山白盆珠 1 种。

1.* 落地生根 Bryophyllum pinnatum (L. f.) Oken

羽状复叶长 10~30cm，小叶长圆形或椭圆形，有圆齿，圆齿基部易生芽，落地成新植株。圆锥花序顶生，花下垂。种子小。花期 1~3 月。

生于村边屋旁。

分布于我国华南地区。非洲也有分布。

47. 虎耳草科 Saxifraga

单叶或复叶，互生，稀对生。聚伞状、圆锥状或总状花序，稀单花，花两性，稀单性，花被片 4~5 基数。蒴果或蓇葖果。

莲花山白盆珠 1 属 1 种。

1. 虎耳草属 Saxifraga Tourn. ex L.

茎丛生或单一。单叶基生兼茎生，全缘，茎生叶常互生。聚伞花序或花单生，具苞片，蒴果，稀蓇葖果。种子多数。

莲花山白盆珠 1 种。

1. 虎耳草 Saxifraga stolonifera Curtis

基生叶近心形、肾形或扁圆形，茎生叶 1~4 片，披针形。聚伞花序圆锥状，两侧对称。花果期 4~11 月。

生于林下阴湿处。

几乎分布于全国各地。日本、韩国也有分布。

48. 茅膏菜科 Droseraceae

叶互生，基生呈莲座状排列，稀轮生，常被头状黏腺毛，托叶干膜质或无。聚伞花序顶生或腋生，稀单花腋生，花两性。蒴果，室背开裂。

莲花山白盆珠 1 属 2 种。

1. 茅膏菜属 Drosera L.

根状茎短，具不定根。叶互生，或基生莲座状排列，被头状黏腺毛。聚伞花序顶生或腋生。蒴果。种子多数，具网纹。

莲花山白盆珠 2 种。

1. 锦地罗 *Drosera burmanni* Vahl

茎短，不具球茎。叶莲座状密集，楔形或倒卵状匙形，叶缘头状黏腺毛长而粗，叶面腺毛较细短。蒴果 5 或 6 片裂。种子多数。花果期全年。

生于山谷、林中阴湿处。

分布于我国华南、华东及西南地区。广布亚洲、非洲、大洋洲热带和亚热带地区。

2. 匙叶茅膏菜 *Drosera spathulata* Labill.

叶基生，莲座状，匙形或倒卵形，叶柄扁平，叶缘与叶面具头状黏腺毛。花序蝎尾状，红色或紫红色。蒴果 3~4 片裂，倒三角形。花果期 3~9 月。

生于山坡阴湿处。

分布于我国华南、华中及华东地区。

53. 石竹科 Caryophyllaceae

单叶对生或轮生，全缘，托叶膜质。花两性，稀单性，辐射对称，聚伞或聚伞圆锥花序。蒴果顶端齿裂或瓣裂，稀浆果状不规则开裂或瘦果。

莲花山白盆珠 3 属 3 种。

1. 荷莲豆属 Drymaria Willd. ex Schult.

茎匍匐或直立。叶对生，宽卵形或卵状心形，叶柄短，托叶短刚毛状，常早落。聚伞花序顶生。蒴果 2~3 瓣裂。种子小。

莲花山白盆珠 1 种。

1. 荷莲豆草 *Drymaria cordata* (L.) Willd. ex Schult.

叶片卵状心形， 基出脉 3~5，托叶数片，白色，刚毛状。聚伞花序顶生，苞片针状披针形。蒴果卵形。花期 4~10 月，果期 6~12 月。

生于潮湿草丛。

分布于我国东南至西南各地区。亚洲、美洲和非洲广布。

2. 鹅肠菜属 Myosoton Moench

茎下部匍匐，被腺毛。叶对生。花两性，白色，排成顶生二歧聚伞花序，萼片、花瓣 5 片。蒴果卵形。种子肾状圆形。

莲花山白盆珠 1 种。

1. 鹅肠菜 *Myosoton aquaticum* (L.) Moench

叶对生，卵形，长 2.5~5.5cm，边缘波状。花白色，二歧聚伞花序顶生或腋生，边缘具腺毛。蒴果卵圆形。花期 5~6 月，果期 6~8 月。

生于水边、林缘等。

分布于我国各地。温带、亚热带广布。

3. 繁缕属 Stellaria L.

叶卵形、披针形或线形。花小，聚伞花序，稀单花，萼片4~5片，花瓣4~5片。蒴果球形或卵圆形。种子多数。

莲花山白盆珠1种。

1. 雀舌草 *Stellaria alsine* Grimm

茎丛生，具细棱，无毛。叶披针形至长圆状披针形。聚伞花序顶生或单生叶腋，花瓣5片。蒴果卵圆形。花期5~6月，果期7~8月。

生于林间、溪边及潮湿草地。

几乎分布于全国各地。北温带及东南亚广泛分布。

54. 粟米草科 Molluginaceae

叶对生、互生或近轮生。花两性，辐射对称，单生或簇生，排成伞形或聚伞花序。蒴果，常为宿萼包围。

莲花山白盆珠1属1种。

1. 粟米草属 Mollugo L.

茎铺散、斜升或直立，多分枝。密被星状柔毛或无毛。单叶互生、对生、近轮生或基生。花簇生，排成腋生或顶生聚伞花序。蒴果球形。种子多数。

莲花山白盆珠1种。

1. 粟米草 *Mollugo stricta* L.

叶3~5片，近轮生或对生，基生叶长圆状披针形或匙形；茎生叶披针形或线状披针形。聚伞花序。蒴果近球形。花期6~8月，果期8~10月。

生于旷野、田边。

分布于我国黄河以南各地区。全球热带、亚热带地区广布。

56. 马齿苋科 Portulacaceae

单叶互生或对生，全缘，常肉质，托叶干膜质或刚毛状。花两性，腋生或顶生；单生或簇生，或成聚伞花序、总状花序、圆锥花序。蒴果近膜质。种子肾形或球形。

莲花山白盆珠2属2种。

1. 马齿苋属 Portulaca L.

叶互生、对生或茎上轮生，茎铺散，平卧或斜升。叶片圆柱状或扁平，托叶膜质鳞片状或毛状附属物。花顶生、单生或簇生。蒴果盖裂。种子小，光亮，具疣状凸起。

莲花山白盆珠1种。

1. 马齿苋 *Portulaca oleracea* L.

茎平卧或斜倚，伏地铺散，多分枝，圆柱形。叶互生或近对生，扁平肥厚，倒卵形。花无梗，3~5朵簇生枝顶；花瓣5片。蒴果卵圆形，盖裂。花期5~8月，果期6~9月。

生于菜园、农田、路旁，为田间常见杂草。

分布于我国各地。广布全球温带及热带地区。

2. 土人参属 Talinum Adans.

茎直立，肉质，无毛。叶互生或兼对生，扁平，全缘，无柄或具短柄，无托叶。花小，总状或圆锥花序顶生。蒴果。种子近球形或扁球形。

莲花山白盆珠1种。

1.* 土人参 *Talinum paniculatum* (Jacq.) Gaertn.

全株无毛。高30-100cm。茎肉质，基部近木质。叶互生或对生，倒卵形或倒卵状长椭圆形。圆锥花序顶生或腋生。蒴果近球形。花期6~8月，果期9~11月。

生于路旁、田边潮湿地带。

分布于我国华南及华中地区。原产热带非洲。

57. 蓼科 Polygonaceae

单叶，互生，全缘，稀具齿或分裂。花两性，辐射对称。瘦果卵形或椭圆形，3 棱，或扁平双凸或凹。

莲花山白盆珠 3 属 14 种。

1. 何首乌属 Fallopia Adans.

叶互生，卵形或心形，具叶柄。花序总状或圆锥状，顶生或腋生。瘦果卵形，包于宿存花被内。

莲花山白盆珠 1 种。

1. 何首乌 *Fallopia multiflora* (Thunb.) Haraldson

根茎块状。叶卵形或长卵形，长 3~7cm，两面粗糙，全缘。花序圆锥状，顶生或腋生。瘦果卵形。花期 8~9 月，果期 9~10 月。

生于山地灌丛。

分布于我国华南、华东、华中、西南及西北地区。东亚、中南半岛也有分布。

2. 蓼属 Polygonum L.

茎被毛或倒生钩刺，常节部膨大。叶互生，托叶鞘膜质或草质、筒状。花两性，花浅黄色或白色。瘦果卵形、球形或椭圆形。

莲花山白盆珠 12 种。

1. 毛蓼 *Polygonum barbatum* L.

叶被毛，托叶鞘长 2~3cm，密被长粗伏毛。穗状花序长 7~15cm，花被 5 裂。与华南蓼相似，但叶鞘顶被长粗毛。

生于沟边湿地、水边。

分布于长江以南部分地区。印度、缅甸、菲律宾也有分布。

2. 头花蓼 *Polygonum capitatum* Buch.-Ham. ex D. Don

叶卵形或椭圆形，全缘，叶面偶具黑褐色新月形斑点。头状花序单生或成对，顶生。瘦果长卵形。花期 6~9 月，果期 8~10 月。

生于河滩、溪边及沟边湿处。

分布于我国华南、华东及西南地区。印度、越南、缅甸、泰国、菲律宾、非洲及美洲也有分布。

3. 火炭母 *Polygonum chinense* L.

叶卵形或长卵形，长 5~10cm，边缘常有小齿，具紫蓝色色斑。头状花序数个组成圆锥状。瘦果宽卵形。花期 7~9 月，果期 8~10 月。

生于溪边、旷野。

分布于我国华南、华东及华中地区。东亚、南亚、东南亚及马来半岛也有分布。

4．光蓼 Polygonum glabrum Will.

茎直立，高 70-100cm，少分枝，无毛，节部膨大。叶披针形或长圆状披针形，长 8~18cm，叶柄粗，托叶鞘膜质。穗状花序数个组成圆锥状。瘦果卵形。花期 6~8 月，果期 7~9 月。

生于河滩、溪边及阴湿处。

分布于我国华南、华东及华中地区。南亚及中南半岛也有分布。

5．水蓼 Polygonum hydropiper L.

茎具明显腺点，节部膨大。叶披针形或椭圆状披针形，托叶鞘具缘毛。穗状花序顶生或腋生。瘦果卵形。花期 5~9 月，果期 6~10 月。

生于河滩、溪边及阴湿处。

分布于全国各地。印度、印度尼西亚及东亚、欧洲、北美洲也有分布。

6. 长戟叶蓼 Polygonum maackianum Regel

叶戟形，两面疏被刺毛，被倒生皮刺，托叶鞘膜质，具叶状翅。花序头状顶生或腋生。瘦果宽卵形。花期 7~9 月，果期 8~10 月。

生于山谷水边、山坡湿地。

分布几遍全国各地。朝鲜、日本、俄罗斯也有分布。

7. 小蓼花 Polygonum muricatum Meisner

叶卵形或长圆状卵形，基部宽楔形，叶背疏被星状毛及柔毛。短穗状圆锥花序。瘦果，包宿存花被内。花期 7~8 月，果期 9~10 月。

生于水边或田边。

几乎分布于全国各地。朝鲜、日本、印度、泰国及尼泊尔也有分布。

8. 尼泊尔蓼 Polygonum nepalense Meisn.

叶卵形或三角状卵形，顶端尖，基部宽楔形。花序头状，顶生或腋生。瘦果宽卵形，黑色。花期 5~8 月，果期 7~10 月。

生于山坡草地、路旁。

除新疆外，遍布全国。亚洲及非洲也有分布。

9．杠板归 Polygonum perfoliatum L.

茎具纵棱，沿棱疏生倒刺。叶三角形，背面沿叶脉疏生皮刺。花序短穗状，顶生或腋生。瘦果球形。花期 6~8 月，果期 7~10 月。

生于路旁、水边。

分布于全国各地。亚洲东南、俄罗斯也有分布。

10. 习见蓼 Polygonum plebeium R. Br.

叶窄椭圆形或倒披针形，托叶鞘白色，顶端撕裂。花 3~6 朵簇生叶腋。瘦果宽卵形，黑褐色。花期 5~8 月，果期 6~9 月。

生于旷野、路旁。

除西藏外，分布几遍全国。日本、印度及大洋洲、欧洲、非洲也有分布。

11. 丛枝蓼 Polygonum posumbu Bach.-Ham. ex D. Don

叶卵状披针形或卵形，先端尾尖，基部宽楔形，托叶鞘缘毛粗。穗状花序。瘦果卵形，具 3 棱。花期 6~9 月，果期 7~10 月。

生于山坡林下、山谷水边。

分布于我国华南、华东、华中、西南、西北及东北各地。朝鲜、日本、印度尼西亚及印度也有分布。

12. 伏毛蓼 Polygonum pubescens Bl.

茎直立。高 60~90cm。疏生短硬伏毛，带红色。叶卵状披针形或宽披针形，基部宽楔形，两面密被平伏硬毛。穗状花序，苞片漏斗状。瘦果卵形，黑色。花期 8~9 月，果期 9~10 月。

生于山谷疏林。

分布于我国华南、华东及华中各地。全球温带和亚热带广布。

3. 虎杖属 Reynoutria Houtt.

根状茎横走，茎直立，中空。叶互生，卵形或卵状椭圆形，全缘，具叶柄。花序圆锥状，腋生。花单性，雌雄异株。瘦果卵形或椭圆形，具 3 棱。

莲花山白盆珠 1 种。

1. 虎杖 Reynoutria japonica Houtt.

叶宽卵形或卵状椭圆形，托叶鞘膜质，褐色。花单性，雌雄异株，腋生圆锥状花序。瘦果椭圆形，黑褐色。花期 9~10 月。

生于山坡、路旁及田边。

分布于我国华南、华东、华中、西南及西北地区。朝鲜、日本也有分布。

61. 藜科 Chenopodiaceae

叶互生或对生，无托叶。单被花，两性或单性。胞果，稀盖果；果皮膜质、革质或肉质。

莲花山白盆珠 1 属 2 种。

1. 藜属 Chenopodium L.

叶扁平，互生，具柄，全缘或具锯齿。花两性或兼雌性，常数花聚集成团伞花序。胞果，卵形。

莲花山白盆珠 2 种。

1. 藜 Chenopodium album L.

叶片菱状卵形至宽披针形，长 3~6cm，边缘具锯齿。花两性，穗状或圆锥状花序。果皮与种子贴生。种子横生。花果期 5~10 月。

生于路旁、旷野。

分布于我国南北各地。世界各地广泛分布。

2. 小藜 Chenopodium ficifolium Sm.

茎具条棱及绿色色条。叶片卵状长圆形，长 2.5~5cm，通常 3 浅裂。花两性，顶生圆锥状花序。胞果包在花被内。花期 4~5 月。

普通田间杂草，有时也生于荒地、道旁等处。

我国除西藏未见标本外各地区都有分布。亚洲、欧洲及北美洲也有分布。

63．苋科 Amaranthaceae

叶互生或对生，全缘，具微齿，无托叶。花两性、单性或杂性。胞果或小坚果，稀浆果。种子卵形、近球形或肾形。

莲花山白盆珠 6 属 10 种。

1．牛膝属 Achyranthes L.

节膨大。叶对生，具柄。穗状花序顶生或腋生，花两性。胞果卵状长圆形、卵形或近球形。种子矩圆形，凸镜状。

莲花山白盆珠 1 种。

1. 土牛膝 Achyranthes aspera L.

高 20~120cm，茎四棱形，被柔毛。叶椭圆形或长圆形，长 1.5~7cm，全缘或波状，两面被柔毛。穗状花序顶生。胞果卵形。花期 6~8 月，果期 10 月。

生于村边、低山灌丛。

分布于我国华南、华中及华东地区。亚洲南部也有分布。

2．莲子草属 Alternanthera Forsk.

茎多分枝。叶对生，全缘。花两性，头状花序，单生苞片腋部，苞片及小苞片干膜质，花被片 5 片，干膜质。胞果球形、倒心形或卵形，不裂，边缘翅状。种子凸镜状。

莲花山白盆珠 2 种。

1. * 喜旱莲子草 Alternanthera philoxeroides (Mart.) Griseb.

茎匍匐，中空。叶长圆形至倒卵状披针形，长 2.5~5cm，两面无毛或正面贴生毛。头状花序具花序梗。胞果不能成熟。花期 4~12 月。

生于沟边、路旁湿地。

原产巴西，我国引种后逸为野生。分布于我国华南、华中、华东及华北地区。

2. 莲子草 Alternanthera sessilis (L.) R. Br. ex DC.

叶条状披针形至卵状长圆形，全缘或略具锯齿。头状花序1~4个，腋生。胞果倒心形。种子卵球形。花期5~7月，果期7~9月。

生于沟边、湿地。

分布于我国华南及华东地区。柬埔寨、印度、越南也有分布。

3. 苋属 Amaranthus L.

茎直立或伏卧。叶互生，全缘，有叶柄。花单性，雌雄同株或异株。胞果球形或卵形。种子近球形或环形，凸镜状，黑色或褐色。

莲花山白盆珠4种。

1. * 凹头苋 Amaranthus blitum L.

茎直立。叶片卵形或菱状卵形，长1.5~4.5 cm，顶端凹缺，有1芒尖。花呈腋生花簇。胞果扁卵形。种子环形。花期7~8月，果期8~9月。

生于路旁、草地。

除内蒙古、宁夏、青海、西藏外，全国广布。日本及欧洲、非洲北部、南美洲也有分布。

2.* 尾穗苋 Amaranthus caudatus L.

叶菱状卵形或菱状披针形，具凸尖，全缘。穗状圆锥花序顶生，中央花穗尾状。胞果近球形。种子近球形。花期7~8月，果期9~10月。

生于田边及路埂。

全国各地栽培，或逸为野生。原产热带，世界各地均有栽培。

3. * 刺苋 Amaranthus spinosus L.

高30-100cm，茎直立。叶片菱状卵形或卵状披针形，长3~12cm，全缘。圆锥花序腋生及顶生。胞果椭圆形。种子近球形。花果期7~11月。

生于旷地、园圃。

分布于我国华南、华中、华东及西北地区。亚洲、美洲也有分布。

4. * 皱果苋 Amaranthus viridis L.

叶卵形或卵状椭圆形，长3~9cm，具1芒尖，叶面具“V”字形白斑。穗状圆锥花序顶生。胞果扁球形。种子近球形。花期6~8月，果期8~10月。

生于旷野、村旁。

分布于我国东部、南部地区。世界温带和热带地区广布。

4. 青葙属 Celosia L.

叶互生，卵形至条形，全缘，有叶柄。花两性，顶生或腋生。胞果卵形或球形。种子凸镜状肾形，黑色。

莲花山白盆珠1种。

1. 青葙 Celosia argentea L.

叶长圆状披针形至披针状条形，长 5~8cm，具小芒尖。塔状或圆柱状穗状花序不分枝。胞果卵形。种子肾形。花期 5~8 月，果期 6~10 月。

生于村边旷野。

分布于我国南北各地。亚洲、欧洲及非洲广布。

5. 杯苋属 Cyathula Bl.

草本或亚灌木。叶对生，全缘，有叶柄。花簇生成丛，排成总状或头状花序。胞果球形、椭圆形或倒卵形。种子矩圆形或椭圆形，凸镜状。

莲花山白盆珠 1 种。

1. * 杯苋 Cyathula prostrata (L.) Bl.

叶菱状倒卵形或菱状长圆形，长 1.5~6cm，具缘毛。总状花序，顶生及腋生。胞果球形。花果期 6~11 月。

生于旷野。

分布于我国华南、华东及西南地区。亚洲、非洲及大洋洲热带地区也有分布。

6. 刺藜属 Dysphania R. Br.

草本。常芳香。茎直立、上升或匍匐。单叶互生。花序顶生及腋生，简单或复合聚伞花序。无苞叶。花两性。胞果 1 颗。果皮膜质。

莲花山白盆珠 1 种。

1. 土荆芥 Dysphania ambrosioides (L.) Mosyakin & Clemants

揉有强烈气味。叶互生，披针形或狭披针形；下部叶大，边缘具钝齿；上部叶小，近全缘。花绿色，两性或雌性。胞果扁球形。种子肾形。

生于路旁、村边。

分布于我国华南、华东、华中及西南地区。广布世界热带及温带地区。

64. 落葵科 Basellaceae

单叶互生，全缘，稍肉质，无托叶。花小，两性，稀单性。胞果，干燥或肉质。种子球形。

莲花山白盆珠 1 属 1 种。

1. 落葵薯属 Anredera Juss.

叶稍肉质。总状花序腋生，花被片基部联合，开花时伸展，宿存包果。果球形，外果皮肉质或厚纸质。种子双凸镜状。

莲花山白盆珠 1 种。

1. 落葵薯 Anredera cordifolia (Ten.) Steenis

叶卵形或近圆形，稍肉质，腋生珠芽。总状花序多花，苞片宿存，花托杯状，花被片白色，渐变黑，卵形至椭圆形。花期 6~10 月。

分布于我国华南及西南地区。原产南美热带地区，我国有引种栽培。

69. 酢浆草科 Oxalidaceae

叶互生，掌状或羽状复叶或单叶，小叶晚上常下垂。花两性，辐射对称。蒴果或肉质浆果。种子常肉质。

莲花山白盆珠 1 属 2 种。

1. 酢浆草属 Oxalis L.

叶互生或基生，掌状复叶，具 3 小叶。花基生或聚伞花序。蒴果室背开裂。种子具 2 瓣状假种皮。

莲花山白盆珠 2 种。

1. 酢浆草 Oxalis corniculata L.

全株疏被柔毛。茎直立或匍匐。叶基生或茎上互生，掌状复叶，倒心形。花单生或数朵组成伞形花序状。蒴果长圆柱形。花果期 2~9 月。

生于山坡草池、河谷沿岸、路边、田边、荒地或林下阴湿处等。

全国广布。亚洲温带和亚热带、欧洲、地中海和北美也有分布。

2. * 红花酢浆草 Oxalis corymbosa de Candolle

叶基生，小叶 3 片，扁圆状倒心形，两面有暗红色小腺体。伞房花序，总花梗与叶柄等长，被毛。蒴果角果状。花果期 3~12 月。

生于低海拔的山地、路旁、荒地或水田中。

分布于全国各地。中国长江以北各地作为观赏植物引入，南方各地已逸为野生。原产热带非洲。

71. 凤仙花科 Balsaminaceae

单叶，螺旋状排列，羽状脉，边缘具圆齿或锯齿。花两性，排成腋生或近顶生总状或假伞形花序。假浆果或蒴果。

莲花山白盆珠 1 属 1 种。

1. 凤仙花属 Impatiens L.

茎常肉质。单叶互生、对生或轮生。花两性，两侧对称，单生或数朵聚生，或排成总状或假伞形花序。蒴果。

莲花山白盆珠 1 种。

1. 华凤仙 Impatiens chinensis L.

叶对生，叶片线形或线状披针形，有托叶状腺体，边缘疏生刺状锯齿。花单生或 2~3 朵簇生叶腋。蒴果椭圆形。花期 3~12 月，果期 3~12 月。

生于水边、田边及沼泽地。

分布于我国华南地区。越南、缅甸、印度也有分布。

72. 千屈菜科 Lythraceae

叶对生，稀轮生或互生，全缘，叶背偶具黑色腺点。花两性，单生或簇生。蒴果，熟时开裂。

莲花山白盆珠 3 属 5 种。

1. 萼距花属 Adans. ex P. Br.

叶对生或轮生，稀互生。花左右对称，单生或总状花序，生于叶柄，基部有距，花瓣 8 片。蒴果长椭圆形。

莲花山白盆珠 1 种。

1. 香膏萼距花 Cuphea carthagenensis (Jacq.) J. F. Macbr.

叶对生，薄革质，卵状披针形或披针状矩圆形。花单生或腋生，带叶总状花序。蒴果长圆形。花期 11 月至翌年 4 月。

生于沟边、湿地。

我国华南地区有栽培或逸为野生。原产巴西及墨西哥。

2. 紫薇属 Lagerstroemia L.

叶对生、对生或聚生小枝上部，全缘，圆锥状。花两性，辐射对称，顶生或腋生圆锥花序。蒴果木质，花萼宿存。种子有翅。

莲花山白盆珠 2 种。

1.* 广东紫薇 Lagerstroemia fordii Oliv & Koehne

枝圆柱形。叶互生，纸质，长圆状披针形。圆锥花序被灰白色绒毛。蒴果椭圆形。花期 5~6 月，果期 8~10 月。

生于路旁。

分布于我国华南地区。

2. 南紫薇 Lagerstroemia subcostata Koehne

高可达 14m。叶膜质，长圆形或长圆状披针形，长 2~11cm。花密，白色或玫瑰色，顶生圆锥花序。蒴果椭圆形。种子有翅。花期 6~8 月，果期 7~10 月。

生于路旁。

分布于我国华南、华中、华东、西南及西北地区。日本、菲律宾也有分布。

3．节节菜属 Rotala L.

叶对生或轮生，无柄或近无柄。花细小，辐射对称。蒴果不完全为宿存萼筒所包。种子细小，倒卵形或近圆形。

莲花山白盆珠 2 种。

1. 节节菜 *Rotala indica* (Willd.) Koehne

叶对生，倒卵形，边缘软骨质，无柄或近无柄。花小，穗状花序腋生，稀单生。蒴果椭圆形。花期 12 月至翌年 4 月。

水库周边及村旁，生于田边、路旁及湿地。

分布于我国华南、华中、华东及西南地区。南亚、东南亚也有分布。

2. 圆叶节节菜 *Rotala rotundifolia* (Buch.-Ham. ex Roxb.) Koehne

各部无毛。茎细长，带紫红色。叶有对生，圆形至椭圆形，长 5~20cm。花单生苞片内，呈顶生稠密穗状花序，苞片叶状。蒴果椭圆形。花果期 12 月至翌年 6 月。

生于水田或潮湿的地方。

分布于我国长江流域以南地区，华南地区极为常见。东南亚及日本也有分布。

77．柳叶菜科 Onagraceae

叶互生或对生。花两性，稀单性，辐射对称或两侧对称；花常 4 基数，花瓣 2~5 片。蒴果、浆果或坚果。

莲花山白盆珠 1 属 5 种。

1. 丁香蓼属 Ludwigia L.

叶互生或对生，全缘，有托叶。花单生叶腋或呈顶生穗状或总状花序。蒴果室间或室背开裂。种子多数。

莲花山白盆珠 5 种。

1．水龙 *Ludwigia adscendens* (L.) Hara

叶倒卵形至倒卵状披针形。花单生叶腋，花瓣乳白色。蒴果淡褐色。花期 5~8 月，果期 8~11 月。

生于沟边、池塘。

分布于我国华南和西南地区。东南亚及大洋洲也有分布。

2．草龙 *Ludwigia hyssopifolia* (G. Don) Exell.

高达 2m。叶披针形或线形，长 2~10cm，背面脉疏被短毛。花腋生，花瓣 4 片，黄色，倒卵形或近椭圆形。蒴果近无柄。花果期四季。

生于水沟、河滩。

分布于我国华南、华东及西南地区。东南亚、大洋洲、非洲也有分布。

3．毛草龙 *Ludwigia octovalvis* (Jacq.) Raven

高 50-200cm，多分枝。叶披针形或线状披针形，长 4~12cm，两面被黄褐色粗毛。花单生叶腋，花瓣黄色。蒴果圆柱状。花期 6~8 月，果期 8~11 月。

生于沟边、湿地。

分布于我国华南、华东及西南地区。广布热带、亚热带地区。

4．丁香蓼 *Ludwigia prostrata* Roxb.

高 25~60cm。叶狭椭圆形，长 3~9cm，先端锐尖或稍钝，基部狭楔形。花瓣黄色，匙形。蒴果四棱形。种子卵状。花期 6~7 月，果期 8~9 月。

生于稻田、河滩、溪谷旁湿处。

分布于我国华南与云南地区。世界热带地区广布。

5．台湾水龙 *Ludwigia × taiwanensis* C. I. Peng

具匍匐或浮水茎；浮水茎节常簇生白色纺锤状浮器。叶狭椭圆形至匙状长圆形。花单生顶部叶腋，花瓣 5 片。蒴果不发育。花期 4~12 月。

生于池塘、江河、水田、水沟湿地，成片生长。

分布于我国华南、华东、华中、西南地区及台湾。越南也有分布。

78．小二仙草科 Haloragidaceae

叶互生、对生或轮生，水生叶常篦齿状分裂，托叶缺。花小，两性或单性。坚果或核果状，小型，具翅，不开裂或少瓣裂。

莲花山白盆珠 1 属 2 种。

1. 小二仙草属 *Gonocarpus* Thunb.

叶小，下部及幼枝叶常对生，上部叶多互生。花小，单生或簇生于部叶腋成假二歧聚伞花序。果小，坚果状。

莲花山白盆珠 2 种。

1．黄花小二仙草 *Gonocarpus chinensis* (Lour.) Orchard

叶对生，条状披针形至长圆形，长 1~3cm，边缘有小锯齿。圆锥花序顶生，由细瘦总状及穗状花序组成。核果极小。花期 6~7 月，果期 9~10 月。

生于荒山草丛。

分布于我国东部至西南部地区。东南亚及大洋洲也有分布。

2．小二仙草 *Gonocarpus micranthus* Thunb.

茎直立或下部平卧，具纵槽，多分枝。叶对生，卵形或卵圆形，淡绿色。顶生圆锥花序，花两性。坚果近球形。花期 4~8 月，果期 5~10 月。

生于荒山草丛。

分布于我国华南、华东、华中及华北地区。东亚、东南亚、大洋洲也有分布。

81．瑞香科 Thymelaeaceae

小枝有毛或无毛。冬芽小，具数枚鳞片。单叶互生或对生，全缘，基部具关节，羽状脉。花两性或单性，雌雄同株或异株。浆果、核果或坚果，稀蒴果。

莲花山白盆珠 2 属 4 种。

1．沉香属 Aquilaria Lam.

单叶互生，革质，有光泽，卵形或长椭圆形，无毛，全缘。花两性，黄绿色。蒴果木质，卵状球形或扁倒卵圆形。

莲花山白盆珠 1 种。

1. 土沉香 Aquilaria sinensis (Lour.) Spreng.

叶互生，近革质，卵形至椭圆形，长 5~10cm。花黄绿色，芳香，多朵组成伞形花序。蒴果卵球形。花期 4 月，果期 7 月。

生于林中。

分布于我国华南及华东地区。国家 II 级重点保护野生植物。

2．荛花属 Wikstroemia Endl.

单叶对生，稀互生或轮生。总状或穗状花序，组成圆锥花序。核果球形、椭圆形或近球形，肉质或干燥，包于萼筒基部。

莲花山白盆珠 3 种。

1．了哥王 Wikstroemia indica (L.) C. A. Meyer

叶对生，纸质或近革质，长椭圆形至倒卵形，两面黄绿色。花黄绿色，数朵组成顶生总状花序。核果椭圆形。花期 3~4 月，果期 8~9 月。

生于山坡灌丛及路旁。

分布于我国华南、华中、华东及西南地区。东南亚也有分布。

2．北江荛花 Wikstroemia monnula Hance

高达 3m。叶对生，稀互生，纸质，卵形至椭圆形，长 3~6cm。花 3~8 朵组成顶生总状或伞形花序。核果卵圆形，白色。花果期 4~8 月。

生于山坡灌丛及路旁。

分布于我国华南、华中及西南地区。

3．细轴荛花 Wikstroemia nutans Champ. ex Benth.

叶对生，纸质或膜质，卵形、卵状椭圆形或卵状披针形，背面具白粉。顶生或腋生短总状花序。果椭圆形或近球形。花期春季至初夏，果期夏秋季。

生于山坡灌丛及路旁。

分布于我国华南、华中及华东地区。越南也有分布。

83. 紫茉莉科 Nyctaginaceae

单叶，对生、互生或近轮生，全缘，具柄，无托叶。花辐射对称，两性。瘦果包于宿存花被，有棱或槽，有时具翅，常具腺。种子有胚乳；胚直生或弯生。

莲花山白盆珠 1 属 1 种。

1. 紫茉莉属 Mirabilis L.

单叶对生，具柄或上部叶无柄。花两性，一至数朵簇生枝顶或腋生。瘦果球形或倒卵状球形，总苞宿存。

莲花山白盆珠 1 种。

1. * 紫茉莉 *Mirabilis jalapa* L.

叶卵形或卵状三角形。花常数朵簇生枝顶，总苞钟形，5 裂。瘦果球形，黑色，革质，具皱纹。花期 6~10 月，果期 8~11 月。

生于路旁边。

我国南北各地常栽培。原产热带美洲。

84. 山龙眼科 Proteaceae

叶互生，稀对生或轮生，全缘或齿裂。花两性，稀单性。蓇葖果、坚果、核果或蒴果。种子 1 或多颗。

莲花山白盆珠 1 属 3 种。

1. 山龙眼属 *Helicia* Lour.

叶互生，稀对生或轮生，全缘或具齿。总状花序腋生或生枝上，花两性，辐射对称。坚果不开裂或不规则开裂，果皮革质或树皮质。种子近球形或半球形。

莲花山白盆珠 3 种。

1. 小果山龙眼 *Helicia cochinchinensis* Lour.

树皮暗褐色。叶互生，薄革质或纸质，长圆形至椭圆形。总状花序腋生。果椭圆形。花期 6~10 月，果期 11 月至翌年 3 月。

生于林中。

分布于我国华南、华东、华中及西南地区。东亚、东南亚也有分布。

2. 广东山龙眼 *Helicia kwangtungensis* W. T. Wang

树皮褐色或灰褐色；幼枝和叶被锈色短毛，小枝和成长叶均无毛。叶坚纸质或革质，长圆形、倒卵形或椭圆形。总状花序生于叶腋。坚果近球形。

生于山地湿润常绿阔叶林中。

分布于广西西南部、广东、湖南南部、江西南部和福建西部。

3. 网脉山龙眼 *Helicia reticulata* W. T. Wang

树皮褐色。嫩枝和嫩叶被锈色短毛。叶互生，革质，倒卵状矩圆形或倒披针形。总状花序腋生。坚果椭圆状球形。花期 5~7 月，果期 10~12 月。

生于林中。

分布于我国华南、华东及华中地区。

85. 第伦桃科 Dilleniaceae

叶互生，全缘或具锯齿，羽裂或 3 裂。总状、聚伞或圆锥花序。蓇葖果、蒴果或浆果状。种子具假种皮。

莲花山白盆珠 1 属 1 种。

1. 锡叶藤属 *Tetracera* L.

单叶互生，粗糙，侧脉平行凸起。花两性，辐射对称，顶生或侧生圆锥花序。蓇葖果革质。种子 1 至数颗，假种皮杯状或流苏状。

莲花山白盆珠 1 种。

1. 锡叶藤 *Tetracera sarmentosa* (L.) Vahl

叶革质，粗糙，长 4~12cm，叶柄粗糙，有毛。花两性，侧生或顶生圆锥花序。果实熟时黄红色。种子 1 颗。花期 4~5 月。

生于林中。

分布于我国华南地区。南亚、东南亚也有分布。

88. 海桐花科 Pittosporaceae

单叶互生，革质，全缘，无托叶。花两性，稀单性或杂性，常辐射对称。蒴果或浆果。种子多数，有黏质或油质包被。

莲花山白盆珠 1 属 2 种。

1. 海桐花属 *Pittosporum* Banks

叶互生，常簇生枝顶。花两性，稀杂性，单生、簇生或圆锥花序。蒴果 2~5 瓣裂，果瓣革质或木质。种子具柄，有黏质或油质包被。

莲花山白盆珠 2 种。

1. 聚花海桐 *Pittosporum balansae* A. DC.

叶簇生于枝顶，呈对生或轮生状，两年生，薄革质，矩圆形。伞形花序单独或 2~3 枝簇生于枝顶叶腋内；花白色或淡黄色。蒴果扁椭圆形。

分布于广东、海南岛、广西西南部。越南也有分布。

2. 光叶海桐 *Pittosporum glabratum* Lindl.

叶聚生枝顶，薄革质，长圆形或倒披针形。伞形花序 1~4 枝簇生枝顶叶腋，多花。蒴果椭圆形。种子近圆形，红色。花期 4 月，果期 9 月。

生于林中。

分布于我国华南、华中及西南地区。

93. 大风子科 Flacourtiaceae

单叶互生或枝顶簇生。花两性或单性，辐射对称，花序顶生或腋生。蒴果、核果或浆果。种子常具假种皮或外部肉质，有时具翅。

莲花山白盆珠 1 属 1 种。

1. 柞木属 *Xylosma* G. Forst.

枝干有刺。叶互生，革质或薄革质，具钝圆状锯齿，稀全缘，羽状脉。花单性；总状、聚伞或圆锥花序。浆果，肉质。种子倒卵形。

莲花山白盆珠 1 种。

1. 柞木 *Xylosma congesta* (L.) Merr.

常有刺，高 4~15m。叶互生，叶形变异大，无托叶，长 4~8cm。花单性，雌雄异株，总状花序腋生。浆果黑色，球形。种子少数，倒卵形。花期春季，果期冬季。

生于林中。

分布于我国长江以南地区。朝鲜、日本也有分布。

94. 天料木科 Samydaceae

单叶互生，常具透明腺点或腺条（照于阳光下始见），托叶小或缺。花两性，辐射对称，花瓣与萼片同数或更多或缺。果蒴果状，不开裂。

莲花山白盆珠 2 属 2 种。

1. 嘉赐树属 Casearia Jacq.

叶互生，常有圆形或长形的腺点。花小，腋生。蒴果肉质至革质或坚硬。种子有槽纹，被假种皮包围。

莲花山白盆珠 1 种。

1. 爪哇脚骨脆 *Casearia velutina* Bl.

小枝棕黄色，密生短柔毛。叶纸质，卵状长圆形，边缘具微波状小齿。花小，两性，淡紫色。果椭圆形。种子多数。花期 12 月，果期翌年春季。

生于林中。

分布于我国华南、华东及西南地区。越南也有分布。

2. 天料木属 Homalium Jacq.

叶互生，边缘有具腺体的钝齿，少全缘。花两性，排成腋生或顶生总状或圆锥花序。蒴果略扩大，中部为宿存萼片和花瓣包围。种子有棱。

莲花山白盆珠 1 种。

1. 天料木 *Homalium cochinchinense* (Lour.) Druce

树皮灰褐色或紫褐色。叶纸质，阔椭圆形或倒卵状长圆形。总状花序腋生。蒴果倒圆锥形。花期 2~11 月，果期 9~12 月。

生于山地阔叶林中。

分布于我国华南、华东及华中地区。越南也有分布。

103. 葫芦科 Cucurbitaceae

一至多年生草本或藤本，匍匐或攀缘。叶互生，无托叶，卷须侧生叶柄基部，掌状脉。花单性，雌雄同株或异株。肉质浆果状或果皮木质。

莲花山白盆珠 5 属 5 种。

1. 红瓜属 Coccinia Wight & Arn.

有卷须。花通常单性异株，单生或组成总状花序或聚伞花序；花冠钟形，裂片分裂至中部；雄蕊合生。果为浆果，长椭圆形。

莲花山白盆珠 1 种。

1.* 红瓜 *Coccinia grandis* (L.) Voigt

茎纤细，多分枝，有棱角。叶片阔心形，常有 5 个角或稀近 5 中裂，两面布有颗粒状小凸点。花冠白色或稍带黄色。果实纺锤形。种子黄色。

常生于山坡灌丛及林中。

分布于广东、广西（涠洲岛）和云南。非洲热带、亚洲和马来西亚也有分布。

2. 绞股蓝属 Gynostemma Bl.

叶互生，鸟足状，具 3~9 小叶，稀单叶，小叶卵状披针形，具锯齿。花单性，雌雄异株，组成腋生或顶生圆锥花序，花梗具关节，基部具小苞片。浆果球形或蒴果顶端 3 裂。种子阔卵形或卵状心形。

莲花山白盆珠 1 种。

1. 绞股蓝 *Gynostemma pentaphyllum* (Thunb.) Makino

鸟足状复叶，具 5~7 小叶，膜质或纸质，卵状长圆形或披针形。圆锥花序，雌雄异株。果球形。种子卵状心形。花期 3~11 月，果期 4~12 月。

生于林中、灌丛。

分布于我国长江以南各地区。南亚、东南亚及东亚也有分布。

3. 赤瓟属 Thladiantha Bunge

卷须单一或2歧。单叶，心形。花雌雄异株，花冠钟状，黄色，5深裂。果中等大，浆质，不裂，平滑或具多数瘤状突起。种子多数。

莲花山白盆珠1种。

1. 大苞赤瓟 Thladiantha cordifolia (Bl.) Cogn.

全株被长柔毛。叶卵状心形，长8~15cm，叶面被长柔毛和短刚毛。雄花密集短总状花序，雌花单生。果长圆形。种子宽卵形。花果期5~11月。

生于林中、溪旁。

分布于我国华南及西南地区。越南、印度、老挝也有分布。

4. 栝楼属 Trichosanthes L.

单叶互生，全缘或3~9裂，具细齿，卷须3~5歧。花雌雄异株或同株，雄花总状花序或单花。果肉质，球形、卵形或纺锤形。

莲花山白盆珠1种。

1. 中华栝楼 Trichosanthes rosthornii Harms

块根条状，肥厚，淡灰黄色，具横瘤状突起。茎具纵棱及槽，疏被短柔毛，有时具鳞片状白色斑点。叶纸质，宽卵形或近圆形，长8~12cm，具细齿，卷须2~3歧。花雌雄异株，雄花单生或总状。果球形或椭圆形。花期6~8月，果期8~10月。

生于林中。

分布于我国长江以南地区。

5. 马瓟儿属 Zehneria Endl.

叶片膜质或纸质，形状多变，卷须细不分枝。雌雄同株或异株。果圆球形、长圆形或纺锤形。种子多数，卵形。

莲花山白盆珠1种。

1. 马瓟儿 Zehneria japonica (Thunb.) H. Y. Liu

茎、枝纤细，疏散，有棱沟，无毛。雌雄同株。果长圆形或狭卵形。种子灰白色。花期4~7月，果期7~10月。

生于林缘。

分布于我国华南、华东、华中及西南地区。日本、韩国、越南也有分布。

104. 秋海棠科 Begoniaceae

茎直立、匍匐，稀攀缘状。单叶互生，稀复叶，具长柄。花单性，雌雄同株，聚伞花序，花被片花瓣状。蒴果或浆果。

莲花山白盆珠1属2种。

1. 秋海棠属 Begonia L.

单叶，互生或基生，叶柄长，托叶膜质。花单性，雌雄同株，少异株。蒴果或浆果。种子小，多数。

莲花山白盆珠2种。

1. 粗喙秋海棠 Begonia longifolia Bl.

叶片矩圆形，长11~27cm，外侧有一大耳片，边缘疏生小齿。聚伞花序生叶腋间，花4~6朵。蒴果近球形，顶端有长约3mm的粗喙。

生于林下阴湿处。

分布于我国华南及西南地区。不丹、印度及东南亚也有分布。

2. 裂叶秋海棠 Begonia palmata D. Don

茎生叶斜卵形或偏圆形，长12~20cm，疏生三角形浅齿。花玫瑰色、白色至粉红色，密被褐色绒毛。蒴果倒卵球形。花期夏季。

生于林下或山谷阴湿处。

分布于我国华南地区。尼泊尔、泰国、越南也有分布。

108. 茶科 Theaceae

叶革质，互生，羽状脉，具柄，无托叶。花两性稀雌雄异株，花瓣5至多片，基部连生。蒴果、核果或浆果状。种子圆形。

莲花山白盆珠9属42种。

1. 杨桐属 Adinandra Jack

单叶互生，2列，常具腺点，具叶柄。花两性，单朵腋生，偶双生，基部稍合生。浆果。种子细小，深色，有光泽。

莲花山白盆珠7种。

1. 尖叶川杨桐 Adinandra bockiana var. acutifolia (Hand.-Mazz.) Kobuski

叶互生，革质，基部楔形，全缘，上面亮绿色，背面淡绿色。花单朵腋生，花瓣5片。果圆球形。种子多数。花期6~8月，果期9~11月。

生于路旁、沟谷林缘。

分布于我国华南、华东及华中地区。

2. 两广杨桐 Adinandra glischroloma Hand.-Mazz.

嫩枝连同顶芽密被长刚毛。叶互生，革质，长圆状椭圆形，全缘。花稀单朵生于叶腋。浆果圆球形。花期5~6月，果期9~10月。

生于山地林中阴湿地。

分布于江西南部、湖南南部、广东北部、广西东部等地。

3. 长毛杨桐 Adinandra glischroloma var. jubata (Li) Kobuski.

与原种的主要区别：顶芽、嫩枝、叶片下面，尤其是叶缘均密被特长的锈褐色长刚毛。花期7月，果期11月。

生于山坡溪谷林缘及近山顶疏林。

分布于我国华南地区。日本也有分布。

4. 大萼杨桐 Adinandra glischroloma var. macrosepala (F. P. Metcalf) Kobuski

与原种的主要区别：花缘较大；雄蕊约30枚，花药长4~4.5mm，宿存萼片长达15mm，果实成熟时直径可达13mm等。花期5~7月，果期7~9月。

多生于山坡沟谷林下阴地或路旁溪边灌丛中。

分布于浙江南部、江西东部和南部、福建、广东、广西东部等地。

5. 粗毛杨桐 *Adinandra hirta* Gagnep.

树皮灰褐色。叶互生，革质，长圆状椭圆形。花单朵腋生，疏被短柔毛或无毛。果球圆形。种子多数。花期 5~7 月，果期 8~10 月。

多生于山坡路旁或沟谷溪边的杂木林中。

分布于我国华南及西南南部地区。越南也有分布。

6. 杨桐 *Adinandra millettii* (Hook. & Arn.) Benth. & Hook. f. ex Hance

叶互生，革质，长圆状椭圆形，常全缘，几无毛。花单朵腋生。果圆球形。花期 5~7 月，果期 8~10 月。

生于山坡路旁灌丛中或山地阳坡的疏林中或密林中，也见于沟谷林缘等。

分布于我国安徽、浙江、江西、福建、湖南、广东、广西、贵州。越南也有分布。

7. 亮叶杨桐 *Adinandra nitida* Merr. ex H. L. Li

叶互生，厚革质，卵状长圆形至长圆状椭圆形。花单朵腋生，花瓣 5 片。果球形或卵球形。种子多数。花期 6~7 月，果期 9~10 月。

生于沟谷溪边、林缘、林中或石岩边。

分布于我国华南地区。

2．山茶属 *Camellia* L.

叶革质，羽状脉，有锯齿。花两性，顶生或腋生，花瓣 5~12 片。蒴果，3~5 片上部裂，果片木质或栓质。种子圆球形或半圆形。

莲花山白盆珠 10 种。

1. 长尾毛蕊茶 *Camellia caudata* Wall.

叶革质或薄质，长圆形，披针形或椭圆形。花腋生及顶生，花冠白色。蒴果圆球形，果片薄，被毛。种子 1 颗。花期 10 月至翌年 3 月。

生于常绿阔叶林，灌木丛中；

分布于我国广东、广西、海南、台湾及浙江。越南、缅甸、印度、不丹及尼泊尔也有分布。

2. 心叶毛蕊茶 *Camellia cordifolia*. (F. P. Metcalf) Nakai

叶革质，长圆状披针形，长 6~10cm，顶端尾状渐尖，基部圆形或微心形。花瓣 5 片，近圆形。蒴果近球形。花期 10~12 月。

生于山坡路旁灌木丛中。

分布于我国广东、广西、江西及台湾。

3. 尖连蕊茶 *Camellia cuspidata* (Kochs) H. J. Veitch

叶革质，卵状披针形或椭圆形，长 5~8cm，边缘密具细锯齿。花单独顶生，苞片卵形。蒴果圆球形。种子 1 颗，圆球形。花期 4~7 月。

生于林下。

分布于我国华南、华东、华中及西南地区。

4. 长尖连蕊茶 *Camellia cuspidata* var. *grandiflora*. Sealy

与原变种的主要区别：花柄长 7mm，萼片长 6mm，花长 3.5~4cm。花期 5 月。

生于山谷疏林中。

分布于我国广东、广西、湖南及江西。

5. 糙果茶 *Camellia furfuracea*. (Merr.) Cohen-Stuart

嫩枝无毛。叶革质，长圆形至披针形，长 8~15cm，边缘有细锯齿。花 1~2 朵顶生及腋生，无柄，白色。蒴果球形，3 片裂开。

生于林下。

分布于我国华南地区。越南、老挝也有分布。

6. 落瓣短柱茶 *Camellia kissii* Wall.

叶革质，长椭圆形或卵状椭圆，凹下，密生锐齿。花白色，顶生或腋生。蒴果梨形或近球形。花期 11~12 月。

分布于华南及西南地区。中南半岛及不丹、尼泊尔、印度也有分布。

7. 广东毛蕊茶 *Camellia melliana* Hand.-Mazz.

多分枝，嫩枝有褐色茸毛。叶长圆披针形，薄革质，长 3~5cm，宽 1~1.3cm。花白色，花瓣 5~6 片。蒴果近球形，1 室。种子 1 颗。

生于路边灌木丛中。

分布于我国广东。

8. 油茶 *Camellia oleifera* C. Abel

叶革质，椭圆形或倒卵形，长 5~7cm，边缘有细锯齿。花顶生；花瓣白色，5~7 片，倒卵形。蒴果球形或卵圆形。花期冬春间。

生于路边灌木丛中。

从我国长江流域到华南各地广泛栽培，是主要木本油料作物。老挝、越南、缅甸也有分布。

9. 柳叶毛蕊茶 Camellia salicifolia Champ. ex Benth.

叶薄纸质，披针形，长 6~10cm，边缘密生细锯齿。花顶生及腋生，花瓣 5~6 片。蒴果圆球形或卵圆形。种子 1 颗。花期 8~11 月。

生于林中。

分布于我国华南及华东地区。

10. *茶 Camellia sinensis (L.) Kuntze

叶革质，长圆形或椭圆形，长 4~12cm，先端钝或尖锐，基部楔形。花 1~3 朵腋生，白色。蒴果 3 球形或 1~2 球形。花期 10 月至翌年 2 月。

多栽培，也有野生，生于丘陵山地灌丛、林内、沟边等。

野生种遍见于我国长江以南各地的山区。缅甸、越南、泰国也有分布。

3. 红淡比属 Cleyera Thunb.

嫩枝和顶芽均无毛，常具棱。叶互生，常 2 列，叶形种种，全缘或有时有锯齿。花两性，白色。果为浆果状。

莲花山白盆珠 1 种。

1. 厚叶红淡比 Cleyera pachyphylla Chun ex H. T. Chang

全株无毛。叶互生，厚革质，长圆形，顶端钝或短钝尖，边缘疏生细齿，稍反卷。花 1~3 朵腋生。果圆球形。花期 6~7 月，果期 10~11 月。

生于山地或山顶林中及疏林中。

分布于我国华东、华南部分地区。

4. 柃木属 Eurya Thunb.

叶革质至膜质，互生，排成 2 列，边缘具齿，稀全缘，常具柄。花单性，雌雄异株。浆果圆球形至卵形。种子黑褐色。

莲花山白盆珠 17 种。

1. 尖叶毛柃 Eurya acuminatissima Merr. & Chun

叶坚纸质或薄革质，卵状椭圆形，长 5~9cm，两面无毛。花 1~3 朵腋生；花瓣 5 片，白色。果疏被毛。花期 9~11 月，果期翌年 7~8 月。

多生于山地、溪边沟谷密林或疏林中，也常见于山坡林缘阴湿处。

分布于我国广东、广西、湖南及贵州。

2. 耳叶柃 Eurya auriformis H. T. Chang

叶革质，卵状披针形，长 1.5~2.5cm，宽 6~10mm，顶端钝或圆，基部耳形抱茎。花 1~2 朵生于叶腋。果实圆球形。花期 10~11 月，果期翌年 5 月。

多生于沟谷林中或林缘。

分布于我国华南等地。

3．米碎花 Eurya chinensis R. Br.

叶薄革质，倒卵形或倒卵状椭圆形，长 2~6cm，边缘密生细锯齿。花 1~4 朵簇生叶腋。果实圆球形。种子肾形。花期 11~12 月，果期翌年 6~7 月。

生于林下。

分布于我国华南、华东、华中及西南地区。

4. 华南毛柃 Eurya ciliata Merr.

叶坚纸质，披针形或长圆状披针形，全缘。花 1~3 朵簇生叶腋。果圆球形。种子圆肾形。花期 10~11 月，果期翌年 4~5 月。

生于山谷、林下。

分布于我国华南地区。越南也有分布。

5．二列叶柃 Eurya distichophylla Hemsl.

叶坚纸质，卵状披针形或卵状长圆形，边缘有细齿，叶背被毛。花 1~3 朵簇生于叶腋。浆果小。花期 10~12 月，果期翌年 6~7 月。

多生于低山丘陵的山坡路旁或沟谷溪边阴湿地的疏林、密林和灌丛中。

分布于我国华南地区。越南也有分布。

6．楔基腺柃 Eurya glandulosa var. cuneiformis H. T. Chang

叶革质或近革质，长圆形或椭圆形，顶端钝或近圆形，基部楔形，有明显的叶柄。花 1-2 朵腋生。果球形，直径 3~4mm。花期 10~11 月。

生于山坡沟谷林中或林缘路旁。

产于我国广东饶平凤凰山至惠阳莲花山一带。

7．粗枝腺柃 Eurya glandulosa var. dasyclados (Kobuski) H. T. Chang

叶柄 1~3mm，基部圆形，两侧为略不整齐或微心形，上面常具金黄色腺点。花 1~2 朵腋生。果圆球形。花期 10~11 月。

生于山坡沟谷林中或林缘路旁。

产于我国广东饶平凤凰山至惠阳莲花山一带。

8. 岗柃 *Eurya groffi* Merr.

高 2-7m。叶薄革质，披针形或披针状长圆形，长 2.5~10cm，密生细齿。花 1~9 朵簇生叶腋。果球形，黑色。花期 9~11 月，果期翌年 4~6 月。

生于山坡灌丛。

分布于我国华南地区。越南也有分布。

9. 微毛柃 *Eurya hebeclados* Ling

叶革质，长圆状椭圆形至倒卵形，顶端窄缩呈短尖。花 4~7 朵簇生叶腋。果圆球形。种子肾形。花期 12 月至翌年 1 月，果期 8~10 月。

生于山坡灌丛。

分布于我国华南、华东、华中及西南地区。

10. 细枝柃 *Eurya loquaiana* Dunn

叶薄革质，窄椭圆形或椭圆状披针形，先端长渐尖，基部楔形。花 1~4 朵簇生叶腋。果球形，黑色。花期 10~12 月，果期翌年 7~9 月。

生于疏林、山坡灌丛。

分布于我国华南、华中、华东及西南地区。

11. 金叶细枝柃 *Eurya loquaiana* var. *aureopunctata* H. T. Chang

与原种的主要区别：叶片明显变小，长 2~4cm，宽 1~2cm，上面通常具金黄色腺点。雄蕊约 10 枚，花柱较短。

生于疏林、山坡灌丛。

分布于我国浙江南部和中部、江西、福建、湖南、广东中部和北部、广西、贵州及云南东南部等地。

12. 黑柃 *Eurya macartneyi* Champ.

叶革质，长圆状椭圆形或椭圆形，边缘几全缘，两面无毛。花 1~4 朵簇生于叶腋。浆果圆球形。花期 11 月至翌年 1 月，果期 6~8 月。

多生于低山丘陵沟谷密林或疏林中。

分布于我国华南地区。

13. 格药柃 *Eurya muricata* Dunn

叶革质，稍厚，长圆状椭圆形或椭圆形，基部楔形。花 1~5 朵簇生叶腋。果实圆球形。花期 9~11 月，果期翌年 6~8 月。

多生于丘陵山地山坡林中或林缘灌丛中。

分布于我国南方地区。

14. 细齿叶柃 *Eurya nitida* Korth.

全株无毛。叶薄革质，边缘具疏齿。花 1~4 朵簇生于叶腋。浆果圆球形。花期 11 月至翌年 1 月，果期翌年 7~9 月。

多生于山地林中、沟谷溪边林缘以及山坡路旁灌丛中。

分布于我国南方地区。东南亚和南亚也有分布。

15．红褐柃 *Eurya rubiginosa* H. T. Chang

叶革质，卵状披针形，长 8~12cm，基部圆形或微心形。花 1~3 朵簇生于叶腋。果实圆球形或近卵圆形。花期 10~11 月，果期翌年 4~5 月。

多生于山地山坡疏林中或林缘沟谷路旁。

我国广东特产。

16．窄叶柃 *Eurya stenophylla* Merr.

叶革质或薄革质，窄披针形，先端渐尖或钝，基部楔形或宽楔形，具钝齿。花 1~3 朵簇生叶腋。果长卵形。花期 10~12 月，果期翌年 7~8 月。

生于疏林、山坡灌丛。

分布于我国华南、西南及湖北西部地区。越南北部也有分布。

17. 微心叶毛柃 *Eurya subcordata* Hu & L. K. Ling

叶革质，长圆形或卵状长圆形至卵状披针形。花 1~3 朵生于叶腋。果实圆球形或近卵圆形。花期 10~11 月，果期翌年 4~5 月。

生于阴湿林下或溪谷林中。

分布于我国云南南部等地。

5．大头茶属 *Gordonia* Ellis

叶革质，长圆形，羽状脉，全缘或具齿突。花大，白色，腋生，有短柄，苞片 2~7 片，萼片 5 片。蒴果长筒形。种子扁平，有长翅。

莲花山白盆珠 1 种。

1. 大头茶 *Gordonia axillaris* (Roxb. ex K. Gawl.) Sweet

叶厚革质，倒披针形，长 6~14cm，嫩叶红褐色。花生于枝顶叶腋，白色。蒴果长，5 片裂。花期 10 至翌年 1 月，果期 11~12 月。

生于低山丘陵地区。

分布于我国华南地区。越南也有分布。

6．核果茶属 *Pyrenaria* Bl.

叶革质，长圆形，羽状脉，具锯齿及叶柄。花白色或黄色，单生于枝顶叶腋。核果，内果皮骨质。种子长圆形。

莲花山白盆珠 2 种。

1. 小果石笔木 *Pyrenaria microcarpa* (Dunn) H. Keng

叶革质，椭圆形至长圆形，长4.5~12cm，先端尖锐，基部楔形，边缘有细锯齿。花细小，白色。蒴果三角球形，两端略尖。花期6~7月。

分布于我国华南、华中及华东地区。日本、越南也有分布。

2. 短果石笔木 Pyrenaria spectabilis (Champ.) C. Y. Wu & S. X. Yang

叶薄革质，椭圆形，长11~17cm，边缘有锯齿。花单生枝顶叶腋，白色，苞片2片，阔卵形，花瓣5片，倒卵圆形。蒴果近圆形。花期8~9月。

生于疏林、山坡灌丛。

分布于我国华南及华中地区。

7. 木荷属 Schima Reinw. ex Bl.

叶全缘或具锯齿。花白色或红色，单生于枝顶叶腋，多朵组成总状花序。蒴果球形，木质，室背开裂。种子扁平。

莲花山白盆珠1种。

1. 木荷 Schima superba Gardn. & Champ.

嫩枝常无毛。叶革质或薄革质，长7~12cm，边缘具钝齿。花生枝顶叶腋，多朵排成总状花序。蒴果近球形。种子有翅。花期6~8月，果期10~12月。

生于疏林及低山荒坡。

分布于我国华南、华东至西南地区及台湾。日本也有分布。

8. 紫茎属 Stewartia L.

叶薄革质，半常绿，有锯齿，叶柄无翅，不对折。花单生于叶腋，有短柄。蒴果室背裂开为5片。种子扁平。

莲花山白盆珠2种。

1. 短萼紫茎 Stewartia sinensis var. brevicalyx (S. Z. Yan) T. L. Ming & J. Li

叶纸质，卵形或长卵形，先端锐尖，基部楔形，边缘有锯齿。花腋生；花瓣倒卵形，外侧被丝毛。

分布于我国浙江等地。

2. 毛折柄茶 Stewartia villosa Merr.

嫩枝、叶柄及叶下面中肋均有披散柔毛。叶片长圆形或长圆状披针形，革质，边缘有疏锯齿。花单生于叶腋。蒴果与萼片等长或稍短。花期6~7月。

分布于我国华南部分地区。

9. 厚皮香属 Ternstroemia Mutis ex L. f.

叶革质，单叶，螺旋状互生，常聚生枝顶，全缘或有腺齿刻。花常单生叶腋或侧生。常为浆果。

莲花山白盆珠1种。

1. 厚皮香 Ternstroemia gymnanthera (Wight & Arn..) Bedd.

叶革质或薄革质，常聚生枝顶，椭圆状至长圆状，全缘。花两性或单性。浆果圆球形。花期5~7月，果期8~10月。

多生于山地林中、林缘路边或近山顶疏林中。

广泛分布于我国长江以南地区。东南亚也有分布。

108A. 五列木科 Pentaphylacaceae

单叶，全缘，螺旋状排列，无托叶。花小，两性，腋生假穗状或总状花序。蒴果椭圆形。种子长圆形。

莲花山白盆珠1属1种。

1. 五列木属 Pentaphylax Gardn. & Champ.

单叶互生，托叶宿存。花辐射对称，花萼、花瓣5片，子房5室。蒴果椭圆形。

莲花山白盆珠1种。

1. 五列木 Pentaphylax euryoides Gardn. & Champ.

单叶互生，革质，卵状长圆形或长圆状披针形。总状花序腋生或顶生。蒴果椭圆形。种子长圆形。花期4~6月，果期10~11月。

生于林中。

分布于我国华南及西南地区。东南亚也有分布。

112. 猕猴桃科 Actinidiaceae

单叶互生，被粗毛或星状毛，无托叶。花两性或单性，雌雄异株，聚伞花序、总状花序或单花腋生。浆果或蒴果。种子1至极多颗。

莲花山白盆珠1属1种。

1. 猕猴桃属 *Actinidia* Lindl.

单叶互生，膜质、纸质或革质，具长柄，有锯齿。花白色、红色、黄色或绿色。浆果，球形、卵形至柱状长圆形。种子小。

莲花山白盆珠1种。

1. 阔叶猕猴桃 *Actinidia latifolia* (Gardn. & Champ.) Merr.

叶坚纸质，宽卵形至长卵形，具细齿，叶面无毛，叶背密被星状绒毛。二至四歧聚伞花序。浆果卵形。花期5~6月，果期11月。

生于林缘、路旁。

分布于我国长江以南地区。东南亚也有分布。

113. 水东哥科 Saurauiaceae

单叶互生，具锯齿，无托叶。花两性，聚伞或圆锥花序，单生或簇生，被鳞片。浆果球形或扁球形，常具棱。种子多数，褐色。

莲花山白盆珠1属1种。

1. 水东哥属 *Saurauia* Willd.

属的形态特征与科相同。

莲花山白盆珠1种。

1. 水东哥 *Saurauia tristyla* DC.

小枝被爪甲状鳞片。叶纸质或薄革质，倒卵状椭圆形，具刺状锯齿。花序聚伞式。浆果近球形。花期6~7月，果期9~11月。

生于林下或灌丛。

分布于我国华南及西南地区。东南亚也有分布。

118. 桃金娘科 Myrtaceae

单叶对生或互生，羽状脉或基出脉，全缘，有油点，无托叶。花两性或杂性，花瓣4~5片。蒴果、浆果、核果或坚果。种子1至多颗。种皮坚硬或薄膜质。

莲花山白盆珠3属12种。

1. 岗松属 *Baeckea* L.

叶对生，全缘，有腺点。花小，花单生叶腋或数花排成聚伞花序，花瓣5片，圆形。蒴果开裂为2~3瓣。种子肾形，有角。胚直，无胚乳，子叶短小

莲花山白盆珠1种。

1. 岗松 *Baeckea frutescens* L.

嫩枝纤细，分枝多。叶小，对生，狭带形或线形，有透明油腺点。花小，白色，单生叶腋。蒴果小。种子扁平，有角。花期夏秋季。

生于荒山草坡。

分布于我国华南、华东地区。东南亚及澳大利亚也有分布。

2. 桃金娘属 Rhodomyrtus (DC.) Reich.

叶对生，离基 3~5 出脉。花较大，1~3 朵腋生，萼管卵形或近球形。萼齿 4~5 枚，花瓣 4~5 片。浆果卵状、壶状或球形。种子多数，压扁，种皮坚硬。

莲花山白盆珠 1 种。

1. 桃金娘 Rhodomyrtus tomentosa (Ait.) Hassk.

小枝密被灰色柔毛。叶革质，对生，长圆形至椭圆形，叶背被灰色茸毛。花单生，花萼筒钟形。浆果卵状壶形。种子多数。花期 4~5 月，果期 7~11 月。

生于荒山、路旁。

分布于我国华南及西南地区。东南亚、南亚也有分布。

3. 蒲桃属 Syzygium Gaertn.

叶对生，革质，羽状脉，有透明腺点。聚伞花序排成圆锥花序，顶生或腋生，萼片分离花瓣 4~5 片。浆果或核果状。

莲花山白盆珠 10 种。

1. 华南蒲桃 Syzygium austrosinense (Merr. & L. M. Perry) H. T. Chang & R. H. Miao

叶片革质，椭圆形，宽 2~3cm，有腺点。聚伞花序顶生，或近顶生。核果球形，径 6mm。花期 6~8 月。

生于中海拔常绿林中。

分布于我国长江以南地区。

2. 赤楠 Syzygium buxifolium Hook. &. Arn.

叶对生，革质，阔椭圆形至椭圆形，长 1.5~3cm，侧脉多而密。聚伞花序顶生，有花数朵。浆果球形。花期 6~8 月，果期 9~10 月。

生于疏林或灌丛。

分布于我国华南、华中及华东地区。越南及日本也有分布。

3. 子凌蒲桃 Syzygium championii (Benth.) Merr. & L. M. Perry

幼枝有 4 棱，灰白色。叶窄长圆形或椭圆形，长 3~6cm，侧脉多而密。聚伞花序顶生，稀腋生。果长椭圆形。种子 1~2 颗。花期 8~11 月。

生于林中。

分布于我国华南地区。越南也有分布。

4. 卫矛叶蒲桃 Syzygium euonymifolium (F. P. Metcalf) Merr. & L. M. Perry

幼枝圆柱形或扁，被微毛。叶宽椭圆形，长 5~9cm，基部楔形，两面多腺点，侧脉多而密。聚伞花序腋生，有 6~11 朵花。果球形。花期 5~8 月。

生于林中。

分布于我国华南地区。

5. 轮叶蒲桃 **Syzygium grijsii** (Hance) Merr. & L. M. Perry

叶片革质，细小，常 3 叶轮生，狭窄长圆形或狭披针形，长 1.5~2cm，多腺点，侧脉密。聚伞花序顶生，少花，白色。果实球形。花期 5~6 月。

生于林中。

分布于我国华南、华东地区。

6. 红鳞蒲桃 **Syzygium hancei** Merr. & L. M. Perry

嫩枝圆柱形，干后黑褐色。叶革质，椭圆形至狭长圆形或倒卵形，长 3~7cm。圆锥花序腋生。果球形。花期 7~9 月，果期至翌年春季。

生于林中。

分布于我国华南地区。

7. * 蒲桃 **Syzygium jambos** (L.) Alston

叶革质，多透明小腺点，披针形或长椭圆形，长 12~25cm。花数朵呈顶生聚伞花序。浆果球形或壶形。种子 1~2 颗。花期 3~4 月，果期 5~6 月。

生于路旁、水边湿地。

分布于我华南、华东及西南地区。东南亚也有分布。

8. 山蒲桃 **Syzygium levinei** (Merr.) Merr. & L. M. Perry

叶革质，椭圆形或卵状椭圆形，长 4~8cm，两面具腺点。圆锥花序顶生或小枝上部腋生。果近球形。种子 1 颗。花期 8~9 月。

生于疏林中。

分布于我国华南地区。越南也有分布。

9. 水翁 **Syzygium nervosum** DC.

叶片薄革质，长圆形至椭圆形，长 11~17cm，两面多透明腺点，网脉明显。圆锥花序生于无叶老枝，2~3 朵簇生。浆果阔卵圆形。花期 5~6 月。

生于山谷沟边及路旁。

分布于我国华南及西南地区。印度、越南、马来西亚、印度尼西亚及澳大利亚也有分布。

10. 红枝蒲桃 Syzygium rehderianum Merr. & L. M. Perry

叶革质，椭圆形或长圆形，两面腺点明显。聚伞花序腋生或生枝顶叶腋，花无梗，花白色。果椭圆状卵圆形。花期 6~8 月。

分布于我国华南地区。

120. 野牡丹科 Melastomataceae

直立或攀缘。单叶对生或轮生，基出脉 3~5 条，少羽状脉，无托叶。花两性，辐射对称。蒴果。种子极小。

莲花山白盆珠 7 属 16 种。

1. 棱果花属 Barthea Hook. f.

叶对生，椭圆形至卵状披针形，全缘或具细锯齿。聚伞花序顶生，具 3 花，花瓣白色、粉红色或紫红色，长圆状椭圆形或近倒卵形。蒴果长圆形。

莲花山白盆珠 1 种。

1. 棱果花 Barthea barthei (Hance ex Benth.) Krasser

高 70-150cm，有时达 3m。叶对生，椭圆形至卵状披针形，叶背密被鳞秕。聚伞花序顶生。蒴果长圆形。花期 1~4 月或 10~12 月，果期 10~12 月或 1~5 月。

生于林下。

分布于我华南地区。

2. 柏拉木属 Blastus Lour.

茎常圆柱形，被小腺毛。叶薄，全缘或具细齿，基出脉 3~5（~7）条，基出脉平。花瓣卵形或长圆形。蒴果椭圆形、椭圆状卵圆形或倒卵圆形。种子多数。

莲花山白盆珠 3 种。

1. 线萼金花树 Blastus apricus (Hand.-Mazz.) H. L. Li

单叶，对生，纸质，披针形至卵状披针形，基部圆形或微心形，全缘或具波状齿。聚伞花序组成圆锥花序。蒴果。花期 6~7 月，果期 10~11 月。

生于山谷、山坡疏、密林下，以及湿润的地方或水旁。

分布于我国湖南、广东、江西、福建。

2. 柏拉木 Blastus cochinchinensis Lour.

叶革质，椭圆形或长圆形，两面腺点明显。聚伞花序腋生或生于枝顶叶腋，花无梗，花白色。蒴果椭圆状卵圆形。花期 6~8 月。果期 10~12 月。

生于混交林下。

分布于我国云南、广东、广西。印度及越南均有分布。

3. 少花柏拉木 *Blastus pauciflorus* (Benth.) Guillaum.

全株被黄色小腺点。茎圆柱形。叶纸质，卵状披针形至卵形，长 3.5~6cm。聚伞花序组成小圆锥花序，顶生。蒴果椭圆形。花期 7 月，果期 10 月。

生于山谷、溪边。

分布于我国广东、湖南及香港。

3. 异药花属 *Fordiophyton* Stapf

叶片薄，膜质或纸质，具细齿或细锯齿。伞形花序组成圆锥花序，顶生。蒴果倒圆锥形。种子多，长三棱形。

莲花山白盆珠 3 种。

1. 短茎异药花 *Fordiophyton brevicaule* C. Chen

茎四棱形，无毛，节上具刺毛。叶片纸质，椭圆形至卵状椭圆形，边缘具疏浅细齿，齿尖有刺毛。圆锥花序顶生。蒴果倒圆锥形或杯形。花期 6 月。

生于林下阴湿处。

分布于广东南部沿海地区。

2. 异药花 *Fordiophyton faberi* (Oliv) Krass.

叶片膜质，倒卵形至稀披针形。聚伞花序或伞形花序顶生。蒴果倒圆锥形。花期 6~9 月，果期 8~11 月。

生于山谷、溪边等阴湿处。

分布于我国华南及华东地区。

3. 惠州异药花 *Fordiophyton huizhouense* S. J. Zeng & X. Y. Zhuang

匍匐茎短，1~4cm，节间不明显。叶莲座状，单叶对生，基出脉 7 条，叶卵圆形至卵状椭圆形。聚伞圆锥花序。蒴果漏斗状。花果期 3~5 月。

莲花山白盆珠首次发现的新种。

4. 野牡丹属 *Melastoma* L.

叶对生，被毛，全缘。花单生或组成圆锥花序顶生或生于分枝顶端，花瓣淡红色、红色或紫红色，倒卵形。蒴果卵圆形。种子小，近马蹄形。

莲花山白盆珠 6 种。

1. 多花野牡丹 *Melastoma affine* D. Don

茎密被鳞片状糙伏毛。叶片坚纸质，披针形至近圆形，全缘。伞房花序生于分枝顶端，近头状。蒴果坛状球形。花期 2~5 月，果期 8~12 月。

生于林下、路旁疏林。

分布于我国华南地区。中南半岛及澳大利亚也有分布。

2. 地稔 *Melastoma dodecandrum* Lour.

茎匍匐上升，逐节生根。叶片坚纸质，卵形或椭圆形，长 1~4cm，全缘或具浅锯齿。聚伞花序顶生。果坛状球形。花期 5~7 月，果期 7~9 月。

生于山坡、草丛。

分布于我国华南及西南地区。

3. 细叶野牡丹 *Melastoma intermedium* Dunn

叶椭圆形或长圆状椭圆形，全缘，具缘毛。伞房花序顶生，具 1~5 花。果坛状球形，肉质，密被糙伏毛。花期 7~9 月，果期 10~12 月。

生于山坡或田边草丛。

分布于我国华南、华东、西南地区及台湾。

4. 野牡丹 *Melastoma malabathricum* L.

全株几被鳞片状糙伏毛。叶厚纸质，卵形或宽卵形。花 3~5 朵排成顶生头状花序或聚伞花序。蒴果卵球形。花期 5~7 月，果期 10~12 月。

生于林下、路旁疏林。

分布于我国华南、华东及西南地区。印度、越南、日本也有分布。

5. 展毛野牡丹 *Melastoma normale* D. Don

叶坚纸质，卵形至卵状披针形，长 4~10cm。伞房花序生分枝顶端，花瓣紫粉红色。蒴果坛状球形，包于花萼筒。花期 3~6 月，果期 9~11 月。

生于山坡或路旁疏林。

分布于我国华南、四川及西藏地区。尼泊尔、印度、缅甸也有分布。

6. 毛稔 *Melastoma sanguineum* Sims

高 1.5~3m，被平展长粗毛。叶厚纸质，卵状披针形至披针形，被糙伏毛。伞房花序顶生。果近球形，外被红色长硬毛。花果期全年。

生于山坡、灌丛及路旁。

分布于我国华南地区。印度、马来西亚至印度尼西亚也有分布。

5. 谷木属 *Memecylon* L.

植株通常无毛。小枝圆柱形或四棱形。叶全缘，羽状脉，具短柄或无柄。聚伞或伞形花序，顶生或生于叶腋。浆果状核果，球形。种子 1 颗。

莲花山白盆珠 1 种。

1. 谷木 *Memecylon ligustrifolium* Champ.

叶革质，对生，椭圆形至卵形，两面无毛。聚伞花序腋生或生于叶腋。核果浆果状。花期 5~8 月，果期 12 月至翌年 2 月。

生于林下。

分布于我国华南及西南地区。

6. 锦香草属 *Phyllagathis* Bl.

叶全缘或具细锯齿，基出脉 5~9 条。圆锥花序顶生或腋生，花 4 数，花瓣卵形或宽倒卵形。蒴果杯形或球状坛形。种子小，楔形或短楔形。

莲花山白盆珠 1 种。

1. 红敷地发 *Phyllagathis elattandra* Diels

茎极短。叶椭圆形，先端钝或微凹，基部心形或钝，长 10~22cm，全缘。圆锥花序顶生。蒴果杯形。花期 9~11 月，果期翌年 1~3 月。

生于山坡、山谷疏林或岩石湿土林下。

分布于我国广东、广西。

7. 蜂斗草属 *Sonerila* Roxb.

茎常四棱形。叶薄具细锯齿，羽状脉或掌状脉，基部偏斜。蝎尾状聚伞花序，顶生、腋生或生于分枝顶端。花小、蒴果倒圆锥形或柱状圆锥形、种子小。

莲花山白盆珠 1 种。

1. 蜂斗草 *Sonerila cantonensis* Stapf

叶纸质，卵形或椭圆状卵形，长 3~9cm，具细锯齿。蝎尾状聚伞花序或二歧聚伞花序顶生。蒴果倒圆锥形。花期 9~10 月，果期 12 月至翌年 2 月。

生于山谷、林下。

分布于我国华南及西南地区。越南也有分布。

122．红树科 Rhizophoraceae

小枝常有膨大的节。单叶，交互对生，具托叶，稀互生无托叶。花两性，单生或簇生叶腋或排成聚伞花序。果革质或肉质，少蒴果开裂。

莲花山白盆珠 1 属 1 种。

1. 竹节树属 *Carallia* Roxb.

叶交互对生，纸质，叶背常有黑或紫色小点。聚伞花序腋生，二歧或三歧分枝，花两性。果肉质。种子椭圆形或肾形。

莲花山白盆珠 1 种。

1. 竹节树 *Carallia brachiata* (Lour.) Merr.

高 7~10m。叶薄革质，叶背散生明显紫红色小点。花序腋生，花瓣白色。果近球形。种子肾形或长圆形。花期冬春季，果期翌年春夏季。

生于灌丛或山谷林中。

分布于我国华南地区。东南亚、大洋洲也有分布。

123. 金丝桃科 Hypericaceae

常具腺点。单叶，无托叶。单花或聚伞花序，顶生或腋生，花两性，辐射对称。蒴果或浆果，稀核果。种子无胚芽。

莲花山白盆珠 2 属 3 种。

1. 黄牛木属 Cratoxylum Bl.

叶对生，全缘，叶背被白粉或蜡质，具透明油腺点。聚伞状花序，花两性。蒴果坚硬，室背开裂。种子具翅。

莲花山白盆珠 1 种。

1. 黄牛木 *Cratoxylum cochinchinense* (Lour.) Bl.

叶对生，椭圆状长圆形至卵状长圆形，叶背有透明腺点及黑点。聚伞花序腋生。蒴果椭圆形。种子一侧具翅。花期 4~5 月，果期 6 月。

生于熟林或灌丛。

分布于我国华南及西南地区。东南亚也有分布。

2. 金丝桃属 Hypericum L.

草本或灌木。叶对生，全缘。聚伞花序，顶生或腋生，常呈伞房状，花两性，花瓣 4~5 片。蒴果，果片常具条纹或囊状腺体。种子小。

莲花山白盆珠 2 种。

1. 赶山鞭 *Hypericum attenuatum* Choisy

叶无柄，微抱茎，全缘，卵状长圆形至长圆状倒卵形。伞房或圆锥花序顶生。蒴果卵球形或长圆状卵球形。花期 7~8 月，果期 8~9 月。

生于林下。

遍布我国南北各地。俄罗斯、东亚也有分布。

2. 地耳草 *Hypericum japonicum* Thunb. ex Murr.

叶小，卵形、卵状三角形至椭圆形，叶背有黑色小斑点。聚伞花序生于小枝顶端，花黄色。蒴果短圆柱形或球形。花期 3~8 月，果期 6~10 月。

生于旷野草地。

分布于我国华南、华中及华东地区。东亚、东南亚也有分布。

126. 藤黄科 Clusiaceae

具黄色或白色胶液。单叶，全缘，对生或轮生，无托叶。花序聚伞状、圆锥状、伞状或单花。蒴果、浆果或核果。种子常具假种皮，无胚乳。

莲花山白盆珠 2 属 3 种。

1. 红厚壳属 Calophyllum L.

叶对生，全缘，侧脉多数平行，与中脉近垂直。花两性或单性，总状或圆锥花序顶生或腋生。核果球形或卵球形。种子大，无假种皮。

莲花山白盆珠 1 种。

1. 薄叶红厚壳 *Calophyllum membranaceum* Gardn. & Champ.

高 1~5m。叶薄革质，长圆形或长圆状披针形，长 6~12cm。聚伞花序腋生，被柔毛。核果卵状长圆球形。花期 3~5 月，果期 8~10 月。

生于灌丛或林中。

分布于我国华南地区。越南也有分布。

2. 藤黄属 Garcinia L.

具黄色树脂。叶革质，对生，全缘，常无毛，侧脉少数。花杂性，稀单性或两性。浆果，外果皮革质。种子具多汁瓢状假种皮。

1. 木竹子 Garcinia multiflora Champ. ex Benth.

叶革质，长圆状卵形或长圆状倒卵形，全缘，叶背侧脉明显，纤细。花杂性，同株。浆果卵圆形或倒卵圆形。花期 4~6 月，果期 8~11 月。

生于林中。

分布于我国华南、华中及西南地区。越南也有分布。

2. 岭南山竹子 Garcinia oblongifolia Champ. ex Benth.

叶薄革质或纸质，倒卵状长圆形，长 5~10cm，侧脉 10~18 对。花单性，单生或呈伞房状聚伞花序。浆果卵圆形或球形。花期 4~5 月，果期 10~12 月。

生于平地、丘陵、沟谷密林或疏林中。

分布于我国华南地区。越南也有分布。

128. 椴树科 Tiliaceae

常被星状毛或盾状鳞片，皮富含纤维。单叶互生，稀对生。花两性，稀单性或雌雄异株，辐射对称。核果、蒴果、浆果或翅果。种子无假种皮。

莲花山白盆珠 3 属 5 种。

1. 黄麻属 Corchorus L.

叶纸质，基三出脉，两侧具线状小裂片，边缘有锯齿。花两性，单生或数朵排成腋生或腋外生聚伞花序。蒴果长筒形或球形。种子多数。

莲花山白盆珠 2 种。

1. 甜麻 Corchorus aestuans L.

叶卵形，长 4.5~6.5cm，两面疏被长毛，边缘有锯齿。花单生或数朵组成聚伞花序。蒴果长筒形。种子多数。花期 5~7 月，果期 8~11 月。

生于旷野、荒地。

分布于我国长江以南地区。中美洲及非洲也有分布。

2. * 黄麻 Corchorus capsularis L.

叶纸质，卵状披针形至狭窄披针形，长 5~12cm，边缘有粗锯齿，托叶线形。聚伞花序腋生。蒴果球形。花期 7~8 月，果期 9~10 月。

生于路旁、荒地。

分布于我国长江以各地。世界热带地区广布。

2. 破布叶属 Microcos L.

叶革质，互生，基三出脉，全缘或先端有浅裂。花两性，聚伞花序组成圆锥花序。核果三球形或梨形，无沟裂。

莲花山白盆珠 1 种。

1. 破布叶 Microcos paniculata L.

叶纸质，卵形或卵状长圆形，长 8~18cm，边缘有小锯齿。花序顶生或生于上部叶腋。核果近球形或倒卵形。花期 4~9 月，果期 11~12 月。

生于山谷沟边或路旁。

分布于我国华南及西南地区。东南亚也有分布。

3. 刺蒴麻属 Triumfetta L.

叶互生，偶掌状 3 裂，具基出脉，边缘有锯齿。花两性，单生或组成腋生或腋外生聚伞花序。萼片 5 片，离生。花瓣与萼片同数。蒴果近球形。

莲花山白盆珠 2 种。

1. 毛刺蒴麻 Triumfetta cana Bl.

叶纸质，卵形或长卵形，长 3~8cm，边缘有不规则粗锯齿。聚伞花序数个簇生叶腋。蒴果近球形。种子 2~6 颗。花期秋季，果期冬季。

生于山坡旷野。

分布于我国华南及西南地区。全球热带地区均有分布。

2. 刺蒴麻 Triumfetta rhomboidea Jacq.

叶纸质，茎下部叶常 3 浅裂，茎上部或枝条叶较小，长圆形至卵状披针形。聚伞花序腋生。蒴果近球形。种子 2~6 颗。花果期夏秋季。

生于山坡旷野。

分布于我国华南及西南地区。全球热带地区均有分布。

128A. 杜英科 Elaeocarpaceae

单叶互生或对生，具柄，具托叶或缺。花单生或排成总状花序，花两性或杂性。核果或蒴果，偶果皮有针刺。种子椭圆形。

莲花山白盆珠 2 属 7 种。

1. 杜英属 Elaeocarpus L.

叶互生，全缘或有锯齿，下面常有黑色腺点，有叶柄，托叶线形，稀叶状，或缺。总状花序腋生。核果 1~5 室，内果皮骨质。

莲花山白盆珠 6 种。

1. 中华杜英 Elaeocarpus chinensis (Gardn. & Champ.) Hook. f. ex Benth.

叶薄革质，多聚生小枝顶端，卵状披针形或披针形，叶背具黑色腺点。花两性或单性，白色。核果椭圆形。花期 5~6 月，果期 9~12 月。

生于林中。

分布于我国华南、华东及华中地区。越南也有分布。

2. 冬桃杜英 Elaeocarpus duclouxii Gagnep.

叶聚生枝顶，革质，长圆形，宽 3~6cm，基部楔形，叶背被毛总状花序常生于无叶的去年枝条上。核果椭圆形。花期 6~7 月。

生于山地常绿阔叶林中。

分布于华南、西南地区及江西。

3. 日本杜英 Elaeocarpus japonicus Sieb. & Zucc.

叶革质，卵形、倒卵形或披针形，长 6~12cm。花瓣全缘或有数个浅齿。核果椭圆形，果核有 3 条直沟。花期 4~5 月，果期 9 月。

生于林中。

分布于我国长江以南地区。日本、越南也有分布。

4. 绢毛杜英 Elaeocarpus nitentifolius Merr. & Chun

幼枝被银灰色绢毛。叶革质，椭圆形，长 8~15cm，初时两面有绢毛，老叶无毛。总状花序腋生，花杂性。核果椭圆形。花期 4~5 月，果期 9 月。

生于林中。

分布于我国华南地区。越南也有分布。

5. 长芒杜英 Elaeocarpus rugosus Roxb.

叶聚生枝顶，革质，倒卵状披针形，长 11~20cm。总状花序生于枝顶叶腋内，有花 5~14 朵。核果椭圆形，有褐色茸毛。花期 8~9 月，果期冬季。

生于林中、村镇及路旁。

分布于我国华南、西南地区。中南半岛及马来西亚也有分布。

6. 山杜英 Elaeocarpus sylvestris (Lour.) Poir.

小枝红褐色，枝条圆柱形，无毛或被微毛。叶纸质，狭倒卵形，长 4~8cm，边缘有钝齿。总状花序无毛。核果椭圆形。花期 4~5 月，果期 9~12 月。

生于林中。

分布于我国长江以南地区。越南也有分布。

2. 猴欢喜属 Sloanea L.

叶互生，全缘或有锯齿，羽状脉，无托叶。花单生或总状花序，两性，花瓣 4~5 片，倒卵形。蒴果球形，种子 1 至数颗。

莲花山白盆珠 1 种。

1. 猴欢喜 Sloanea sinensis (Hance) Hemsl.

叶薄革质，长圆形或狭倒卵形，长 6~12cm，全缘或上半部有钝齿。花数朵聚生枝顶或小枝上部叶腋。蒴果木质。种子椭圆形。花期 8~10 月，果期翌年夏季。

生于林中。

分布于我国华南及华东地区。越南也有分布。

130. 梧桐科 Sterculiaceae

叶互生，单叶，稀掌状复叶，有托叶。圆锥、聚伞、总状或伞房花序腋生或顶生。蒴果或蓇葖果，少浆果或核果。

莲花山白盆珠 6 属 6 种。

1. 刺果藤属 Byttneria Loefl.

叶圆形或卵圆形。聚伞花序顶生或腋生，花小，花瓣 5 片，具爪，花丝合生成筒状。蒴果球形，有刺，熟时分裂成 5 个果瓣。

1. 刺果藤 Byttneria aspera Colebr.

小枝的幼嫩部分略被短柔毛。叶广卵形、心形或近圆形，长 7~23cm，叶背被白色星状柔毛。花小，内略带紫红色。蒴果圆球形或卵状圆球形。种子长圆形。花期春夏季。

生于林中溪边。

分布于我国华南及西南地区。越南、老挝、泰国及印度也有分布。

2. 山芝麻属 Helicteres L.

单叶，全缘或具锯齿。花两性，单生或排成聚伞花序，腋生，稀顶生，小苞片小。蒴果密被毛。种子有瘤状突起。

莲花山白盆珠 1 种。

1. 山芝麻 Helicteres angustifolia L.

叶窄长圆形或线状披针形，长 4~5cm，叶背被灰白色或淡黄色星状茸毛。聚伞花序有花 2 至数朵。蒴果卵状长圆形，密被毛。花果期几乎全年。

生于荒山草坡。

分布于我国华南及华中地区。东亚、东南亚也有分布。

3. 马松子属 Melochia L.

植株略被星状柔毛。叶卵形或宽心形，有锯齿。花小，两性，聚伞花序或团伞花序。蒴果室背 5 瓣裂。种子倒卵形或卵圆形。

莲花山白盆珠 1 种。

1. 马松子 Melochia corchorifolia L.

叶薄纸质，卵形、长圆状卵形或披针形，长 3~7cm，有锯齿。花瓣白色，后淡红色。蒴果球形。种子卵圆形。花期夏秋季。

生于荒山草坡。

分布于我国华南及华中地区。广布世界热带地区。

4. 翅子树属 Pterospermum Schreber

被星状茸毛或鳞秕。叶革质，单叶，全裂或不裂，全缘或有锯齿。花单生或数朵排成聚伞花序，两性。蒴果木质或革质。种子有长翅。

莲花山白盆珠 1 种。

1. 翻白叶树 Pterospermum heterophyllum Hance

叶革质，二型，幼树或萌蘖枝上的叶盾形，掌状 3~5 裂。花单生或 2~4 朵组成腋生聚伞花序。蒴果木质，圆状卵形。花期 6~7 月，果期 8~12 月。

生于山地。

分布于我国华南地区。

5. 梭罗树属 Reevesia Lindl.

单叶，常全缘。花两性，多花密集，聚伞状伞房花序或圆锥花序，花瓣 5 片，具爪。蒴果木质，熟后裂为 5 果瓣。果瓣室背开裂，有种子 1~2 颗，具膜质翅。

莲花山白盆珠 1 种。

1. 两广梭罗 Reevesia thyrsoidea Lindl.

叶革质，长圆形、椭圆形或长圆状椭圆形，长 5~7cm。聚伞状伞房花序顶生，被毛。蒴果长圆状梨形，被柔毛。花期 3~4 月。

生于山谷密林或溪边。

分布于我国华南地区。越南、柬埔寨也有分布。

6. 苹婆属 Sterculia L.

单叶，全缘、具齿或掌状深裂，稀掌状复叶。圆锥花序腋生，花单性或杂性，无花瓣。蓇葖果多革质或木质，内有 1 或多颗种子。

莲花山白盆珠 1 种。

1. 假苹婆 Sterculia lanceolata Cav.

叶薄革质，椭圆形、披针形或椭圆状披针形，近叶缘处连接。花淡红色。蓇葖果红色。种子黑褐色，椭圆状卵形。花期 4~6 月，果期 8~9 月。

生于山谷溪边。

分布于我国华南、华中及西南地区。缅甸、泰国、越南、老挝也有分布。

131. 木棉科 Bombacaceae

常具板状根。叶互生，掌状复叶或单叶，常具鳞秕，托叶早落。花两性，辐射对称，腋生或近顶生。蒴果。种子被内果皮的丝状绵毛包围。

莲花山白盆珠 1 属 1 种。

1. 木棉属 Bombax L.

掌状复叶。花单生或簇生叶腋或近顶生，花大，先于叶开放，花瓣倒卵形或倒卵状披针形。蒴果，室背开裂。种子小，黑色，藏于绵毛内。

莲花山白盆珠 1 种。

1.* 长果木棉 Bombax insigne Wall.

树干下部膨大，呈酒瓶状，树皮密生圆锥状皮刺。叶互生，掌状复叶，小叶 3~7 片，椭圆形。花单生，花瓣 5 片，反卷。花期 10~12 月。

生于石灰岩山林内。

我国广东、福建、广西、海南、云南、四川等地广泛栽培。原产南美洲，热带地区多有栽培。

132. 锦葵科 Malvaceae

茎皮纤维发达，具黏液腔。单叶互生，叶脉掌状，具托叶。花单生、簇生，花两性。分果或蒴果，稀浆果状。种子肾形或倒卵形。

莲花山白盆珠 5 属 10 种。

1. 黄葵属 Abelmoschus Medicus

叶片常掌状分裂或呈戟形、箭形，稀全缘。花单朵腋生或排成顶生总状花序，花冠 5 枚，花大而美丽。蒴果，室背开裂。种子肾形。

莲花山白盆珠 2 种。

1. * 咖啡黄葵 Abelmoschus esculentus (L.) Moench

叶掌状 3~7 裂，直径 10~30cm，裂片边缘具粗齿及凹缺，两面均被疏硬毛。花单生叶腋。蒴果筒状尖塔形。花期 5~9 月。

生于林下。

我国河北、山东、江苏、浙江、湖南、湖北、云南和广东等地引入栽培。印度也有分布。

2. 黄葵 Abelmoschus moschatus (L.) Medicus.

茎、小枝、叶柄及叶片疏被硬毛。叶掌状5~7裂，裂片椭圆状披针形或三角形。花单生叶腋。蒴果长圆状卵形。种子肾形。花期6~10月。

生于溪涧旁或山坡灌丛中。

分布于我国南方各地。原产亚热带地区，现热带地区广泛栽培或逸为野生。

2. 木槿属 Hibiscus L.

叶掌状分裂或不裂，叶脉掌状，常具蜜腺，具托叶。花两性，常单生叶腋。蒴果圆形或球形，室背开裂。种子肾形，被毛或腺状乳突。

莲花山白盆珠1种。

1. * 玫瑰茄 Hibiscus sabdariffa L.

高1.5~2m。茎淡紫色。叶互生。花萼杯状，紫红色至紫黑色，5裂，裂片披针形；花冠黄棕色，外表面有线状条纹，内表面基部黄褐色。

生于林源。

分布于我国福建、台湾、广东、海南、广西和云南。热带地区均有分布。

3. 赛葵属 Malvastrum A. Gray

叶卵形，掌状分裂或具缺齿。花单生叶腋或呈顶生总状花序，花冠黄色，花瓣5片。分果，成熟时各分果片脱离。种子肾形，1颗。

莲花山白盆珠1种。

1. * 赛葵 Malvastrum coromandelianum (L.) Gurcke

高达1m，疏被星状粗毛。叶卵形或卵状披针形，具粗齿。花单生叶腋。果扁球形。种子肾形。花果期几乎全年。

生于房前屋后。

分布于我国华南地区。广布全球热带地区。

4. 黄花稔属 Sida L.

叶互生，叶缘具锯齿，无蜜腺。花梗具关节，花冠辐状，黄色或橙黄色。分果球形至扁球形。种子平滑，或近种皮处具毛。

莲花山白盆珠3种。

1. 黄花稔 Sida acuta Burm. f.

叶长圆状披针形至线状披针形，长1.5~7cm。花单朵或2~3朵簇生叶腋。分果扁球形，分果片5~9。种子卵状三角形。花期4~12月。

生于水库、溪流岸边及村庄水旁。

分布于我国华南地区。广布全球热带地区。

2. 心叶黄花稔 Sida cordifolia L.

全株密被浅黄色短星状毛。叶卵形，叶缘具钝齿或不规则锯齿。花单朵腋生或于小枝顶部排成总状花序。种子肾形。花期几乎全年。

生于水库、溪流岸边及村庄水旁。

分布于我国华南地区。广布全球热带地区。

3. 白背黄花稔 Sida rhombifolia L.

叶菱形或长圆状披针形，边缘具锯齿，两面被毛。花单生于叶腋。蒴果。分果片 8~10。花期秋冬季。

常生于山坡灌丛间、旷野和沟谷两岸。

分布于我国长江以南各地区。东南亚和印度也有分布。

5．梵天花属 Urena L.

叶互生，圆形或卵形，掌状分裂或深波状。花单生、簇生或集生小枝顶端。分果近球形。种子倒卵状三棱形或肾形，无毛。

莲花山白盆珠 3 种。

1．* 地桃花 Urena lobata L.

小枝、叶柄、花梗均被星状柔毛。叶形多样，中脉常具线状蜜腺。花腋生、单生或稍丛生。果扁球形，熟时分离为 5 个分果。花期 7~12 月。

生于水库周边及路旁。

分布于我国西南至东南部各地区。广布全球热带地区。

2．粗叶地桃花 Urena lobata var. glauca (Bl.) Borssum Waalkes

与原种的主要区别：叶密被粗短绒毛和绵毛，下部叶较宽而少分裂，先端 3 浅裂，基部近心形，上部叶卵形或近圆形，具锯齿。小苞片线形，密被绵毛，略长于萼片；花瓣长 10~13mm。

生于草坡、山边灌丛和路旁。

分布于我国福建、广东、四川、贵州和云南等地。

3．梵天花 Urena procumbens L.

叶纸质，叶形多样，长 1.5~3.5cm，中上部叶浅裂呈葫芦形，叶背疏生星状毛，叶缘具浅锯齿。花单生或簇生。果近球形。花期 7~11 月。

生于水库周边、溪边及道路、村庄路旁。

分布于我国东南部各地区。

133. 金虎尾科 Malpighiaceae

植物体通常被分枝的单细胞毛。单叶对生，叶背及叶柄常有腺体，全缘。花两性，辐射对称或左右对称， 花瓣 5 片，旋转状排列。果蒴果状或为翅果。

莲花山白盆珠 1 属 1 种。

1. 风车藤属 Hiptage Gaertn.

木质藤本或藤状灌木。有时被“丁”字毛。叶革质，对生，全缘。总状花序腋生或顶生，花两性。果有 3 翅。种子近球形。

莲花山白盆珠 1 种。

1 风筝果 Hiptage benghalensis (L.) Kurz

幼枝、叶背后和花序被“丁”字毛。叶对生，革质，椭圆状长圆形或卵状披针形。总状腋生，花白色至粉红色。果有 3 翅。花期初春，果期 4~5 月。

生于山坡灌丛。

分布于我国东南至西南地区。南亚、东南亚也有分布。

135A. 粘木科 Ixonanthaceae

叶互生，全缘或具齿，羽状脉。花两性，排成聚伞、总状或圆锥花序，花瓣 5 片，分离。蒴果。种子具假种皮或翅。

莲花山白盆珠 1 属 1 种。

1. 粘木属 Ixonanthes Jack.

叶互生，全缘或有钝齿。花小，白色，二歧或三歧聚伞花序腋生，花瓣 5 片，旋转排列。蒴果革质或木质。种子有翅或顶部冠以僧帽状假种皮。

莲花山白盆珠 1 种。

1. 粘木 Ixonanthes chinensis Champ.

单叶互生，椭圆形或长圆形，长 4~16cm。二歧或三歧聚伞花序，生枝顶叶腋。蒴果卵状圆锥形或长圆形。种子长圆形。花期 5~6 月，果期 6~10 月。

生于山地林中。

分布于我国华南、华中及西南地区。越南也有分布。

136. 大戟科 Euphorbiaceae

木质根，稀为肉质块根。通常无刺常有乳汁。叶互生，单叶，基部或顶端具 1~2 枚腺体。花单性，雌雄同株或异株。蒴果、浆果或核果。种子常有种阜。

莲花山白盆珠 19 属 41 种。

1. 铁苋菜属 Acalypha L.

叶互生，基出脉 3~5 条或羽状脉。花雌雄同株，无花瓣和花盘，穗状或总状花序。蒴果具 3 个分果片，被毛或具软刺。

莲花山白盆珠 1 种。

1. * 铁苋菜 Acalypha australis L.

叶互生，通常为膜质，长卵形至宽披针形，长 3~9cm，具圆齿，基出脉 3 条。花序腋生或顶生。蒴果绿色。花果期 4~12 月。

生于旷野及湿润耕地。

分布于我国大部分地区。东南亚各国也有分布。

2. 山麻杆属 Alchornea Sw.

叶互生，纸质，有腺齿，基部具斑状腺体，羽状脉或掌状脉，托叶 2 片。花雌雄同株或异株，无花瓣。蒴果具 3 个分果片。

莲花山白盆珠 1 种。

1. 红背山麻杆 Alchornea trewioides (Benth.) Muell. Arg.

叶互生，纸质，阔卵形，长 7~13cm，下面浅红色，具腺齿，基三出脉。花雌雄异株。蒴果球形，具 3 圆棱。花期 3~5 月，果期 6~8 月。

生于内陆山地矮灌丛中或疏林下。

分布于我国华南、华东、华中及西南地区。老挝、泰国、越南、日本也有分布。

3. 五月茶属 Antidesma L.

单叶互生，全缘，羽状脉，叶柄短，托叶 2 片。花小，雌雄异株。核果卵形，内果皮具网状小孔穴。

莲花山白盆珠 3 种。

1. 黄毛五月茶 Antidesma fordii Hemsl.

小枝密被黄色绒毛。叶纸质，长圆形或椭圆形，背面凸出。雄花序穗状，雌花序总状。核果纺锤形。花期 3~4 月，果期 7~12 月。

生于林中。

分布于我国华南及西南地区。老挝、越南也有分布。

2. 日本五月茶 Antidesma japonicum Sieb. & Zucc.

叶纸质至近表质，椭圆形至长圆状披针形，长 3.5~13cm，顶端有小尖头。总状花序顶生，花盘环状。核果椭圆形。花期 4~6 月，果期 7~9 月。

生于山谷疏林。

分布于我国长江以南地区。日本、老挝、泰国及马来西亚也有分布。

3. 小叶五月茶 Antidesma montanum var. microphyllum (Hemsl.) Petra Hoffm.

小枝圆柱形，幼枝、叶、花序被柔毛。叶革质，狭披针形或狭长圆状椭圆形。总状花序单个或 2~3 个聚生枝顶或叶腋。核果卵圆状。花期 5~6 月，果期 6~11 月。

生于疏林中。

分布于我国华南及西南地区。中南半岛和非洲也有分布。

4. 银柴属 Aporosa Bl.

单叶互生，叶柄顶端具 2 小枚腺体，托叶常偏斜，早落。花单性，雌雄异株。蒴果核状，熟时不规则开裂。

莲花山白盆珠 1 种。

1. 银柴 Aporosa dioica (Roxb.) Muell. Arg.

叶互生，革质，椭圆至长圆状披针形，长 6~12cm，叶柄顶端具 2 枚小腺体。雄花序穗状，雌花序穗状。蒴果椭圆形，具种子 2 颗。花果期几乎全年。

生于林中。

分布于我国华南及西南地区。印度、缅甸及亚洲东南部各国也有分布。

5. 秋枫属 Bischofia Bl.

汁液红色或淡红色。叶互生，三出复叶，小叶具细齿。花单性，雌雄异株。浆果球形，外果皮肉质。种子长圆形，无种阜。

莲花山白盆珠 1 种。

1. * 秋枫 *Bischofia javanica* Bl.

乔木。三出复叶，小叶纸质，卵形，长 7~15cm，边缘具浅锯齿。花雌雄异株，圆锥花序腋生，无花瓣或花盘。浆果近球形。花期 4~5 月，果期 8~10 月。

生于林中。

分布于我国长江以南各地。日本、亚洲东南部各国也有分布。

6. 黑面神属 Breynia J. R. Forst. & G. Forst.

单叶互生，干后常黑色。花雌雄同株，单生或数朵簇生叶腋，无花瓣和花盘。蒴果浆果状。种子三棱状，无种阜。

莲花山白盆珠 1 种。

1. 黑面神 *Breynia fruticosa* (L.) Hook. f.

叶革质，菱状卵形至阔卵形，叶背粉绿色，托叶三角形。花小，2~4 朵簇生叶腋。蒴果圆球形，绿色。种子三棱状。花期 4~9 月，果期 5~12 月。

生于灌丛。

分布于我国华南、华东及西南地区。老挝、越南、泰国也有分布。

7. 土密树属 Bridelia Willd.

单叶互生，全缘，羽状脉，具叶柄和托叶。花小，单性同株或异株，多朵集成腋生花束或团伞花序。核果或蒴果。

莲花山白盆珠 4 种。

1. 禾串树 *Bridelia balansae* Hance

高达 17m。树干具枝刺。叶近革质，椭圆形至长椭圆形，长 5~25cm，边缘反卷。花雌雄同株，仅萼片及花瓣被黄色柔毛。核果长卵形。花期 6~7 月，果期 9~12 月。

生于林中。

分布于我国华南及西南地区。越南、老挝、日本也有分布。

2. 膜叶土密树 *Bridelia glauca* Bl.

高达 15m。除小枝、叶背、托叶、花梗和萼片被柔毛或短柔毛外，其余均无毛。叶片膜质或近膜质；花白色，雌雄同株。核果椭圆状。

生于山地疏林中。

分布于我国台湾、广东、广西和云南等地。印度、尼泊尔、缅甸等也有分布。

3. 大叶土密树 *Bridelia retusa* (L.) A. Juss.

树皮灰褐色。叶片纸质，倒卵形，有时长圆形。花小，黄绿色，雌雄异株。核果卵形，黑色，2 室。花期 4~9 月，果期 8 月至翌年 1 月。

生于山地疏林中。

分布于我国湖南、广东、海南、广西、贵州和云南等地区。不丹、柬埔寨、印度也有分布。

4. 土密树 Bridelia tomentosa Bl.

小枝被黄褐色柔毛。叶薄革质，长圆形至卵状长圆形，背面有毛。花雌雄同株。核果近球形。种子褐红色。花果期几乎全年。

生于林中。

分布于我国华南及西南地区。东南亚及澳大利亚也有分布。

8. 巴豆属 Croton L.

叶互生，叶柄顶端或叶近基部常有2枚腺体，托叶早落。花单性，雌雄同株，花序总状或穗状。蒴果具3个分果片。

莲花山白盆珠2种。

1. 毛果巴豆 Croton lachnocarpus Benth.

叶纸质，椭圆形或卵状椭圆形，长4~12cm，叶柄顶端或叶片基部具2枚浅杯状腺体。总状花序顶生。蒴果近球形。花期4~6月，果期7~9月。

生于疏林或灌丛。

分布于我国华南、华中及西南地区。老挝、缅甸、泰国、越南也有分布。

2. 巴豆 Croton tiglium L.

叶纸质，卵形，长7~12cm，基出脉3~5条，基部两侧叶缘各具1枚盘状腺体。总状花序顶生。蒴果椭圆形。花期4~6月，果期7~12月。

生于村旁或山地疏林。

分布于我国长江以南地区。南亚、东南亚也有分布。

9. 黄桐属 Endospermum Benth.

叶互生，叶基部与叶柄连接处有腺体。花雌雄异株，无花瓣，花萼杯状，3~5浅裂，花盘环状。果核果状。种子无种阜。

莲花山白盆珠1种。

1. 黄桐 Endospermum chinense Benth.

叶薄革质，近圆形、阔卵形至椭圆形，长8~20cm，近叶柄处具2枚球形腺体。蒴果近球形，果皮肉质。种子浅褐色。花期5~8月，果期8~11月。

生于林中。

分布于我国华南、华东及西南地区。印度、缅甸、泰国、越南也有分布。

10. 大戟属 Euphorbia L.

植株具乳液。叶互生或对生，常全缘，无叶柄和托叶。杯状聚伞花序，单生或组成复花序。蒴果，熟后裂为3个2裂分果片。种皮革质。

莲花山白盆珠4种。

1. * 飞扬草 Euphorbia hirta L.

叶对生，披针状长圆形至卵状披针形，叶背灰绿色，具紫色斑。花序密集呈头状，总苞钟状。蒴果三棱状。种子近圆形。花果期6~12月。

生于路旁、灌草丛及山坡。

分布于我国华南、华东及西南地区。热带、亚热带地区广布。

2. 地锦 *Euphorbia humifusa* Willd.

叶对生，长圆形或椭圆形，基部偏斜，边缘常于中部以上具细锯齿。总苞陀螺状，边缘4裂。蒴果三棱状卵球形。花果期5~10月。

生于原野荒地、路旁、田间、沙丘、海滩、山坡等地，较常见。

除海南外，分布于全国，特别是长江以北地区。广布于欧亚大陆温带。

3. 匍匐大戟 *Euphorbia prostrata* Ait

茎匍匐状，自基部多分枝。花序常单生于叶腋，少为数个簇生于小枝顶端。蒴果三棱状卵圆形。种子卵状四棱形，无种阜。花果期4~10月。

生于路旁，和荒地灌丛。

分布于我国江苏、湖北、福建、台湾、广东、海南和云南。原产美洲热带和亚热带，归化于旧大陆的热带和亚热带。

4. 千根草 *Euphorbia thymifolia* L.

叶对生，椭圆形、长圆形或倒卵形，有细齿，绿色或淡红色。花序单生或数序簇生叶腋。蒴果卵状三棱形。种子长卵状四棱形。花果期6~11月。

生于路旁，村边及灌草丛。

分布于我国华南、华东及西南地区。热带、亚热带也有分布。

11. 白饭树属 *Flueggea* Comm. ex Juss.

单叶互生，2列，羽状脉，叶柄短，具托叶。花小，雌雄异株，无花瓣。蒴果，果皮革质或肉质。种子三棱形。

莲花山白盆珠1种。

1. 白饭树 *Flueggea virosa* (Willd.) Baill.

叶互生，纸质，椭圆形、倒卵形或近圆形，长2~5cm。雌雄异株，多朵簇生叶腋。蒴果浆果状。种子栗褐色。花期3~8月，果期7~12月。

生于山地灌丛。

分布于我国华东、华南及西南地区。非洲、大洋州和东南亚也有分布。

12. 算盘子属 *Glochidion* J. R. Forst. & G. Forst.

单叶互生，叶全缘，羽状脉，具短柄。花单性，雌雄同株，聚伞花序或簇生成花束，覆瓦状排列。蒴果球形或扁球形，具纵沟。

莲花山白盆珠7种。

1. 毛果算盘子 *Glochidion eriocarpum* Champ. ex Benth.

小枝密被淡黄色长柔毛。叶纸质，卵形、狭卵形或宽卵形，两面均被长柔毛。花单生或 2~4 朵簇生叶腋内。蒴果扁球状。花果期几乎全年。

生于山坡、林缘及灌丛。

分布于我国华南、华东及西南地区。越南、泰国也有分布。

2. 厚叶算盘子 *Glochidion hirsutum* (Roxb.) Voigt

叶卵形、长卵形或长圆形，长 7~15cm。聚伞花序腋生。蒴果扁球状。花果期 3~12 月。

生于林下或灌丛。

分布于我国华南、华东及西南地区。印度也有分布。

3. 艾胶算盘子 *Glochidion lanceolarium* (Roxb.) Voigt

叶革质，椭圆形、长圆形或长圆状披针形。花簇生叶腋，雌雄花着生于不同小枝或雌花 1~3 朵生于雄花束内。蒴果近球状。花果期几乎全年。

生于疏林或溪边灌丛。

分布于我国华南地区。越南、泰国等地也有分布。

4. 算盘子 *Glochidion puberum* (L.) Hutch.

叶纸质或近革质，长圆形、长卵形或倒卵状长圆形。花小，雌雄同株或异株，簇生叶腋。蒴果扁球状。种子近肾形。花期 4~8 月，果期 7~11 月。

生于路旁及荒山灌丛。

分布于我国长江以南各地区。越南也有分布。

5. 里白算盘子 *Glochidion triandrum* (Blanco) C. B. Rob.

叶纸质或近革质，长圆形、长卵形或倒卵状长圆形。花小，雌雄同株或异株，簇生叶腋。蒴果扁球状。种子近肾形。花期 4~8 月，果期 7~11 月。

生于路旁及荒山灌丛。

分布于我国长江以南各地区。越南也有分布。

6. 白背算盘子 *Glochidion wrightii* Benth.

叶纸质，长圆形或长圆状披针形，常呈镰刀状弯斜，长2.5~5.5cm，两侧不相等。雌花或雌雄花同簇生于叶腋。蒴果扁球状。花果期几全年。

生于山地疏林或灌丛。

分布于我国华南及西南地区。越南也有分布。

7. 香港算盘子 Glochidion zeylanicum (Gaertn.) A. Juss.

叶革质，长圆形、卵状长圆形或卵形，长6~18cm，两侧稍偏斜，侧脉明显。聚伞花序腋外生，具花多朵。蒴果扁球状。花果期4~10月。

生于灌丛。

分布于我国华南、华东及西南地区。越南、泰国也有分布。

13. 粗毛野桐属 Hancea Seem.

叶互生对生，基部不具腺，边缘全缘，3脉花序顶生或腋生。雄花1~3片苞片，雌花1片苞片。果为蒴果，多刺。

莲花山白盆珠1种。

1. 粗毛野桐 Hancea hookeriana Seem.

灌木或小乔木。叶对生，小型叶退化成托叶状，大型叶近革质，长圆状披针形。花雌雄异株。蒴果三棱状球形。种子球形。花期3~5月，果期8~10月。

生于山地林中。

分布于我国华南地区。越南也有分布。

14. 血桐属 Macaranga Thou.

叶互生，盾状着生，叶背具颗粒状腺体，基部具斑状腺体，托叶2片。花雌雄异株。蒴果，具软刺或瘤体，常被颗粒状腺体。种子近球形。

莲花山白盆珠2种。

1. * 中平树 Macaranga denticulata (Bl.) Mull. Arg.

高3~10（~15）m。叶纸质或近革质，三角状卵形或卵圆形，长12~30cm，两侧具斑状腺体1~2枚。蒴果双球形，具颗粒状腺体。花期4~6月，果期5~8月。

生于路旁。

分布于我国华南及西南地区。南亚及东南亚也有分布。

2. 鼎湖血桐 Macaranga sampsoni Hance

高2~7m。叶薄革质，三角状卵形或卵圆形，长12~17cm。苞片卵状披针形。蒴果双球形，具颗粒状腺体。花期5~6月，果期7~8月。

生于坡地或山谷林中。

分布于我国华南地区。越南也有分布。

15. 野桐属 Mallotus Lour.

叶互生或对生，全缘或有锯齿，有时具裂片，基部常有颗粒状腺体。总状、穗状或圆锥花序，花雌雄同株或异株。蒴果具2~4个分果片，具软刺或颗粒状腺体。

莲花山白盆珠2种。

1. 白背叶 Mallotus apelta (Lour.) Muell. Arg.

小枝、叶柄和花序密被淡黄色星状柔毛和散生橙黄色粒状腺体。叶互生，卵形或阔卵形。花雌雄异株。蒴果近球形。种子近球形。花期 6~9 月，果期 8~11 月。

生于山坡灌丛。

分布于我国华南、华中及西南地区。越南也有分布。

2. 白楸 Mallotus paniculatus (Lam.) Muell. Arg.

叶互生，卵形、卵状三角形或菱形，长 5~15cm。花雌雄异株，总状花序或圆锥花序顶生。蒴果扁球形。种子近球形。花期 7~10 月，果期 11~12 月。

生于林缘或灌丛。

分布于我国华南、华东及西南地区。东南亚也有分布。

16. 叶下珠属 Phyllanthus L.

单叶互生，常在侧枝排成 2 列呈羽状复叶状，全缘。花单性，雌雄同株或异株。蒴果，常开裂为 2 裂分果片。种子三棱形。

莲花山白盆珠 4 种。

1. 余甘子 Phyllanthus emblica L.

叶纸质至革质，2 列，线状长圆形，托叶三角形，褐红色。腋生聚伞花序。蒴果核果状，圆球形。种子带红色。花期 4~6 月，果期 7~9 月。

生于疏林。

分布于我国华南、华东及西南地区。南亚、东南亚及南美洲也有分布。

2. 青灰叶下珠 Phyllanthus glaucus Wall. ex Mull. Arg.

全株无毛。叶片膜质，椭圆形或长圆形。雌花通常 1 朵与数朵雄花同生于叶腋；雄花数朵簇生于叶腋。蒴果浆果状。

生于山地灌木丛中或稀疏林下。

分布于我国西南、华南等部分地区。印度、不丹、尼泊尔等地也有分布。

3. 叶下珠 Phyllanthus urinaria L.

枝具翅状纵棱。叶纸质，因叶柄扭转而呈羽状排列，长圆形或倒卵形。花雌雄同株。蒴果圆球形。种子橙黄色。花期 4~6 月，果期 7~11 月。

生于旷野、路旁及林缘。

分布于我国秦岭以南地区。南亚、东南亚及南美洲也有分布。

4. 黄珠子草 Phyllanthus virgatus Forst. f.

叶互生，2 列，线状长圆形，托叶 2 片，卵状披针形。花单性同株，单生或簇生叶腋。蒴果球形。种子褐棕色。花期 9~10 月，果期 10~11 月。

生于旷野、路旁湿润处。

分布于我国广东、广西。

17. 守宫木属 Sauropus Bl.

单叶互生，叶全缘，羽状脉，托叶 2 片。花小，无花瓣，花萼裂片覆瓦状排列。蒴果扁球形或卵状，熟时裂为 3 个 2 裂分果片。种子无种阜。

莲花山白盆珠 1 种。

1. 方枝守宫木 Sauropus quadrangularis (Willd.) Muell. Arg..

叶卵形、椭圆形或近圆形，托叶长三角形。花雌雄同株，1~2 朵腋生。蒴果扁球形，星状开裂。

生于山地疏林。

分布于我国华南及西南地区。印度、泰国、越南和柬埔寨也有分布。

18. 乌桕属 Triadica Lour.

具白色乳汁。单叶互生，全缘，羽状脉，叶柄顶端具 2 枚腺体。花单性同序，组成顶生复总状花序。蒴果，3 裂。种子常有膜质假种皮。

莲花山白盆珠 2 种。

1. 山乌桕 Triadica cochinchinensis Lour.

叶互生，纸质，椭圆形或长卵形，长 4~10cm。花单性，雌雄同株，顶生总状花序。蒴果黑色，球形。种子近球形。花期 4~6 月，果期 8~9 月。

生于山坡疏林。

分布于我国长江以南各地区。东南亚也有分布。

2. 乌桕 Triadica sebifera (L.) Small

全株无毛，具乳状汁液。叶互生，纸质，菱形、菱状卵形，有托叶。花单性，雌雄同株。蒴果梨状球形。种子扁球形。花期 4~6 月，果期 9~10 月。

生于旷野及疏林中。

分布于我国黄河以南各地区。日本、越南、印度及欧洲、美洲也有分布。

19. 油桐属 Vernicia Lour.

单叶互生，全缘或 1~4 裂，叶柄顶端有 2 枚腺体。聚伞花序组成伞房状圆锥花序。核果顶端有喙，不裂或基部微裂。种子无种阜，种皮木质。

莲花山白盆珠 2 种。

1. * 油桐 Vernicia fordii (Hemsl.) Airy Shaw

叶卵圆形或阔卵形，先端短尖，基部平截或浅心形，叶柄与叶近等长。花雌雄同株。核果近球形。花期 4~5 月，果期 10 月。

生于丘陵山地。

分布于我国秦岭以南各地区。越南也有分布。

2. * 木油桐 *Vernicia montana* Lour.

叶阔卵形，裂缺常有杯状腺体，掌状脉 5 条，叶柄顶端具 2 枚杯状腺体。雌雄异株或同株异序。种子扁球状。花期 4~5 月，果期 7~10 月。

生于水库周边及低山丘陵地区。

分布于我国西南至东南地区。东南亚也有分布。

136A. 交让木科 Daphniphyllaceae

单叶互生，全缘，羽状脉，无托叶。总状花序腋生，花单性，雌雄异株。核果，外果皮肉质，内果皮坚硬。种子 1 颗。

莲花山白盆珠 1 属 2 种。

1. 交让木属 *Daphniphyllum* Bl.

属的形态特征与科相同。

莲花山白盆珠 2 种。

1. 牛耳枫 *Daphniphyllum calycinum* Benth.

叶纸质，椭圆形或阔椭圆形，长 10~20cm，叶背具细小乳凸体。总状花序腋生，雄花花萼盘状。果卵圆形。花期 4~6 月，果期 8~11 月。

生于疏林或灌丛。

分布于我国长江以南地区。日本、越南也有分布。

2. 虎皮楠 *Daphniphyllum oldhami* (Hemsl.) Rosenth.

叶纸质，披针形至长圆状披针形，叶背常被白粉，具小乳突体。雄花序长 2~4cm，雌花序长 4~6cm。果椭圆或倒卵圆形。花期 3~5 月，果期 8~11 月。

生于林中。

分布于我国长江以南各地区。朝鲜、日本也有分布。

139. 鼠刺科 Escalloniaceae

单叶互生，叶缘具腺齿或刺齿，托叶线形。花两性，总状或聚伞花序顶生或腋生，基部合生，花瓣 5 片，雄蕊 4~5 枚。蒴果或浆果。

莲花山白盆珠 1 属 1 种。

1. 鼠刺属 *Itea* L.

单叶互生，具柄，常具腺齿或刺齿。花小，白色，两性或杂性，顶生、腋生总状花序或总状圆锥花序。蒴果。种子多数，窄纺锤形。

莲花山白盆珠 1 种。

1. 鼠刺 *Itea chinensis* Hook. & Arn.

叶薄革质，倒卵形或卵状长圆形，波状或全缘，中脉背面明显凸起。腋生总状花序。蒴果狭长圆形，具纵条纹。花期 4~5 月，果期 6~8 月。

生于山坡、山谷、路旁和溪边。

分布于我国广东、广西、湖南、福建、云南、西藏。东南亚和印度也有分布。

142. 绣球花科 Hydrangeaceae

叶对生或互生，稀轮生，无托叶。花小，两性或具不发育花，伞房式或圆锥式聚伞花序，花萼、花瓣4~10裂。蒴果，顶部开裂，少为浆果。

莲花山白盆珠3属6种。

1. 常山属 Dichroa Lour.

叶对生。伞房状圆锥花序或聚伞花序，花两性，贴生子房，裂片5~6，花瓣5~6片，稍肉质。浆果，不裂。种子多数，无翅，具网纹。

莲花山白盆珠1种。

1. 常山 Dichroa febrifuga Lour.

叶椭圆形至披针形，具锯齿，两面绿色或背面紫色。伞房状圆锥花序，花瓣长圆状椭圆形，稍肉质。浆果蓝色。花期2~4月，果期5~8月。

生于林缘溪边。

分布于我国华南、华中及西南地区。南亚至东南亚也有分布。

2. 绣球属 Hydrangea L.

叶常2片对生，全缘或具齿。聚伞花序顶生，花二型，萼片花瓣状，花瓣4~5片，分离，镊合状排列。蒴果。种子多数，细小，具网纹。

莲花山白盆珠3种。

1. 粤西绣球 Hydrangea kwangsiensis Hu

叶纸质，卵形或长卵形，长7~12cm，边缘具小锯齿，有密集颗粒状小腺体。伞房状聚伞花序。蒴果卵球形。种子淡褐色。花期6~7月，果期9~10月。

生于山坡密林或山顶疏林。

分布于我国华南、华东及西南地区。

2. 广东绣球 Hydrangea kwangtungensis Merr.

小枝、叶及花序密被黄绿色长柔毛。叶薄纸质或膜质，长圆形或椭圆形。伞形状聚伞花序顶生。蒴果近球形。种子黄色。花期5月，果期11月。

生于山谷密林或山顶疏林。

分布于我国华南地区。

3. 柳叶绣球 Hydrangea stenophylla Merr. & Chun

3年生小枝树皮常呈片状剥落。叶纸质，狭披针形或披针形。伞房状聚伞花序具长4~12cm的总花梗。蒴果阔椭圆状。

生于山谷密林或疏林下或山坡灌丛中。

分布于我国江西（西南部）、广东（北部和西部）。

3. 冠盖藤属 Pileostegia Hook. f. & Thoms.

具气根。叶对生，革质，无托叶。花两性，伞房状圆锥花序，二歧分枝，小花白色。蒴果陀螺形。种子多数，纺锤状。

莲花山白盆珠2种。

1. 星毛冠盖藤 Pileostegia tomentella Hand.-Mazz.

小枝、叶背和花序被淡褐色或锈色柔毛。叶革质，长圆形或倒卵状长圆形。花序顶生，花白色，萼筒杯状。蒴果陀螺形。花期3~8月，果期9~12月。

生于山谷林中。

分布于我国华南及华中地区。

2. 冠盖藤 Pileostegia viburnoides Hook. f. & Thoms.

叶对生，薄革质，椭圆形。圆锥花序顶生。蒴果圆锥形。种子具翅。花期7~8月，果期9~12月。

生于山谷林中。

分布于我国华南、华中及西南地区。印度、越南和日本也有分布。

143. 蔷薇科 Rosaceae

单叶互生，具锯齿，叶柄具 2 枚腺体，托叶成对。花序多型，单花或圆锥花序，雌雄异株。蓇葖果、瘦果、梨果或核果。

莲花山白盆珠 11 属 30 种。

1. 龙芽草属 Agrimonia L.

奇数羽状复叶，有托叶。花小，两性，顶生总状花序，顶端有钩刺。瘦果 1~2 个，包于具钩刺萼筒。种子 1 颗。

莲花山白盆珠 2 种。

1. 日本龙芽草 *Agrimonia nipponica* Koidz.

奇数羽状复叶，托叶镰形或半圆形，边缘有尖锯齿，茎下部托叶全缘。花序纤细，苞片小。果实小，顶端具钩刺。花果期 8~11 月。

生于山谷溪边。

分布于我国华南、华中及西南地区。老挝也有分布。

2. 小花龙芽草 *Agrimonia nipponica* var. *occidentalis* Skalicky

与原种的主要区别：叶为间断奇数羽状复叶，小叶片椭圆形。总状花序纤细，花小，黄色。果实半球形。花果期 7~11 月。

生于山坡草地、山谷溪边、灌丛、林缘及疏林。

分布于我国华南、华中、华东及西南地区。老挝也有分布。

2. 杏属 Armeniaca Mill.

叶芽和花芽并生。单叶互生，具单齿或重锯齿，叶柄具 2 枚腺体。花两性，单生，先于叶开放。核果，具毛，果肉质。核坚硬，粗糙或呈网状。

莲花山白盆珠 1 种。

1. * 梅 *Armeniaca mume* Sieb. & Zucc.

叶片卵形或椭圆形，叶边具小锯齿，叶柄常有腺体。花单生或 2 朵同生，有浓香。果实黄白色或绿白色，近球形。花期冬春季，果期 5~6 月。

生于稀疏的森林或溪流两侧。

分布于我国云南、四川，现广泛栽培。日本、韩国、越南也有分布。

3. 樱属 Cerasus Mill.

单叶互生或簇生，叶缘有锯齿或缺刻状锯齿，叶柄、托叶和锯齿常有腺体。花数朵着生，花瓣白色或粉红色。核果熟时肉质多汁。

莲花山白盆珠 2 种。

1. 钟花樱花 *Cerasus campanulata* (Maxim.) A. N. Vassiljeva

叶薄革质，卵形至倒卵状椭圆形，有急尖锯齿。伞形花序，粉红色，先端下凹。核果卵圆形，核微具棱纹。花期 2~3 月，果期 4~5 月。

生于林缘或山谷林中。

分布于我国华南及华东地区。日本、越南也有分布。

2. 山樱花 Cerasus serrulata (Lindl.) Loudon

树皮灰褐色或灰黑色。叶片卵状椭圆形或倒卵状椭圆形。花序伞房总状或近伞形。花瓣白色，稀粉红色。核果球形或卵球形，紫黑色。花期4~5月，果期6~7月。

生于山谷林中或栽培。

分布于我国华东、华中、华南等部分地区。日本、朝鲜也有分布。

4. 蛇莓属 Duchesnea J. E. Sm.

匍匐枝细长，生不定根。基生叶数个，茎生叶互生，三出复叶，小叶具齿。花单生叶腋。瘦果小，扁卵圆形。种子肾形。

莲花山白盆珠1种。

1. 蛇莓 Duchesnea indica (Andr.) Focke

小叶倒卵形或菱状长圆形，有钝锯齿。花单生叶腋，萼片卵形，先端具3~5锯齿，花瓣倒卵形，黄色。瘦果扁卵圆形。花期6~8月，果期8~10月。

生于山坡、旷野或草地。

分布于我国辽宁以南各地区。亚洲中东部、欧洲及美洲也有分布。

5. 枇杷属 Eriobotrya Lindl.

单叶互生，有锯齿或近全缘，羽状网脉明显，有托叶。顶生圆锥花序，常被绒毛，花瓣5片，倒卵形或圆形。梨果肉质，内果皮膜质。

莲花山白盆珠1种。

1. 香花枇杷 Eriobotrya fragrans Champ. ex Bath.

叶革质，长圆状椭圆形，长7~15cm，中上部有不明显疏锯齿。圆锥花序，花瓣白色，椭圆形。果球形，具绒毛。花期4~5月，果期8~9月。

生于林中。

分布于我国华南、华中及华东地区。

6. 桂樱属 Laurocerasus Tourn. ex Duh.

单叶互生，叶下面基部或叶缘有2至多枚腺体，全缘或有锯齿。花两性，白色或红色，总状花序，具花10朵以上。核果。

莲花山白盆珠2种。

1. 腺叶桂樱 Laurocerasus phaeosticta (Hance) Schneid.

叶椭圆形至长圆状披针形，长6~12cm，全缘，基部有2对基腺。总状花序单生叶腋。核果球形或椭圆形。花期4~5月，果期7~10月。

生于山谷、溪旁或路边。

分布于我国长江以南各地区。南亚、东南亚也有分布。

2. 刺叶桂樱 Laurocerasus spinulosa (Sieb. & Zucc.) C. K. Schneid.

叶草质或薄革质，长圆形，基部具1或2对腺体。总状花序腋生，花瓣圆形，白色。核果椭圆形，黑褐色。花期9~10月，果期11月至翌年3月。

生于山坡、山谷、沟边林下及林缘。

分布于我国华南、华东、华中及西南地区。日本和菲律宾也有分布。

7. 石楠属 Photinia Lindl.

单叶互生，常有锯齿。花两性，花序顶生，花瓣5片。小梨果。种子1~3颗，直立。

莲花山白盆珠3种。

1. 柳叶闽粤石楠 Photinia benthamiana var. salicifolia Card.

叶片微呈长圆状倒卵形，长6~8cm，宽3~4cm，先端急尖或近圆钝，基部宽楔形，侧脉近对生。花较小且密集。

生于山坡密林中。

分布于我国海南。缅甸、越南、泰国也有分布。

2. 小叶石楠 Photinia parvifolia (Pritz.) Schneid.

叶草质，椭圆形或卵形，具尖锐腺齿。伞形花序顶生，苞片、小苞片钻形，萼片卵形。果椭圆形或卵圆形，密生疣点。花期4~5月，果期7~8月。

生于丘陵灌丛。

分布于我国长江以南地区。

3. 桃叶石楠 Photinia prunifolia (Hook. & Arn.) Lindl.

小枝灰黑色。叶革质，长圆形，长7~13cm，边缘密生细腺齿。顶生复伞房花序。果椭圆形。种子2~3颗。花期3~4月，果期10~11月。

生于疏林中。

分布于我国华南、华东、华中及西南地区。日本及越南也有分布。

8. 臀形果属 Pygeum Gaertn.

叶全缘，叶下面基部常具1对腺体。总状花序腋生，花两性或单性，花瓣小或无，不易与萼片区分。核果。种子1颗。

莲花山白盆珠1种。

1. 臀果木 Pygeum topengii Merr.

乔小枝具皮孔。叶革质，椭圆形，长6~12cm，叶下面常具1对黑色腺点。总状花序。果肾形，深褐色。种子被柔毛。花期6~9月，果期冬季。

生于林中。

分布于我国华南及西南地区。

9. 石斑木属 Rhaphiolepis Lindl.

单叶互生，革质，具短柄，托叶锥形，早落。花呈直立总状、伞房或圆锥花序。梨果核果状，球形或近球形。种子1~2颗。

莲花山白盆珠3种。

1. 石斑木 Raphiolepis indica (L.) Lindl.

叶常聚生于枝顶，革质，卵形至披针形，边缘有细锯齿。圆锥或总状花序顶生，总花梗和花梗被锈色茸毛。果球形。花期2~4月，果期7~8月。

生于山坡或丘陵灌丛。

分布于我国华南、华东及西南地区。中南半岛也有分布。

2. 细叶石斑木 Rhaphiolepis lanceolata H. H. Hu

叶常聚生于枝顶，革质，带状披针形，边缘有细锯齿。圆锥花序顶生，总花梗和花梗被锈色茸毛。果球形或稍扁，黑褐色。花期 6~7 月，果期 10~11 月。

生于山坡或丘陵灌丛。

分布于我国华南、华东及西南地区。中南半岛也有分布。

3. 柳叶石斑木 Rhaphiolepis salicifolia Lindl.

小枝细瘦，圆柱形，灰褐色或褐黑色。叶片披针形至长圆披针形。圆锥花序顶生，椭圆形或倒卵状椭圆形。花期 4 月。

生于山坡疏林或山谷灌木丛。

分布于我国华南地区。越南也有分布。

10. 蔷薇属 Rosa L.

叶互生，奇数羽状复叶，有锯齿，托叶贴生或着生叶柄。花单生或伞房状，萼筒球形、坛形或杯形。蔷薇果，瘦果木质化。

莲花山白盆珠 2 种。

1. 小果蔷薇 Rosa cymosa Tratt.

小叶片卵状披针形或椭圆形，边缘有尖锐细齿，两面无毛。花多朵成复伞房花序生于枝顶。果球形。花期 5~6 月，果期 7~11 月。

生于向阳山坡、路旁、溪边或丘陵地。

分布于我国长江以南部分地区。越南、老挝也有分布。

2. 金樱子 Rosa laevigata Michx.

小枝疏生皮刺。小叶革质，椭圆状卵形至披针卵形，有锐锯齿。花单生叶腋，花瓣白色。蔷薇果梨形或倒卵圆形。花期 4~6 月，果期 7~11 月。

生于山地、丘陵林中或灌丛。

分布于我国华南、华中、华东、西南地区及陕西。越南也有分布。

11. 悬钩子属 Rubus L.

茎多具刺、刺毛及腺毛。单叶或复叶，具锯齿或裂片。花两性雌雄异株，花瓣 5 片。聚合果黄色、红色、紫红色或黑色。

莲花山白盆珠 12 种。

1. 粗叶悬钩子 Rubus alceaefolius Poir.

茎被黄灰至锈色绒毛状柔毛。单叶，圆形或宽卵形，边缘不规则浅裂或有锯齿。顶生狭圆锥或近总花序。果球形。花期 7~9 月果期 10~11 月。

生于山地、丘陵林中或灌丛。

分布于我国华南、华中、华东及西南地区。日本及东南亚也有分布。

2. 江西悬钩子 Rubus gressittii Metc.

枝疏生小皮刺。单叶，披针形，长 5~9cm，下面密被锈黄色绒毛，有浅锯齿。总状花序，苞片披针形。果球形。花期 4~5 月，果期 6~7 月。

生于山坡灌丛、林缘、草丛及路边。

分布于我国江西、广东。

3. 蓬蘽 Rubus hirsutus Thunb.

枝红褐色或褐色，被柔毛和腺毛。托叶披针形或卵状披针形，两面具柔毛。花常单生于侧枝顶端。果实近球形。花期 4 月，果期 5~6 月。

生于山坡路旁阴湿处或灌丛中。

分布于我国河南、江西、安徽、江苏、浙江、福建、台湾、广东。

4. 蒲桃叶悬钩子 Rubus jambosoides Hance

单叶，革质，披针形，叶背沿中脉疏生小钩刺，近全缘或疏生小齿。花单生叶腋。果卵形，密被灰白色细柔毛。花期 2~3 月，果期 4~5 月。

生于山坡灌丛、林缘、草丛及路边。

分布于我国华南地区。

5. 白花悬钩子 Rubus leucanthus Hance

羽状复叶，小叶革质，卵形或椭圆形，有粗锯齿，具钩状小皮刺。伞房状花序，稀单花腋生。果近球形。花期 4~5 月，果期 6~7 月。

生于山坡灌丛、林缘、草丛及路边。

分布于我国华南、华中、华东及西南地区。东南亚也有分布。

6. 茅莓 Rubus parvifolius L.

茎被柔毛和钩状皮刺。小叶 3~5 片，菱状圆卵形或倒卵形，具齿及浅裂片。伞房花序顶生或腋生。果卵圆形红色。花期 5~6 月，果期 7~8 月。

生于山坡灌丛、林缘、草丛及路边。

分布于我国南北各地。日本、朝鲜也有分布。

7. 梨叶悬钩子 Rubus pirifolius Smith

单叶，近革质，卵形至椭圆状长圆形，两面沿叶脉有柔毛，具不整齐锯齿。圆锥花序顶生。果由数个小核果组成。花期 4~7 月，果期 8~10 月。

生于山坡、路旁、林缘或灌丛。

分布于我国华南及西南地区。东南亚也有分布。

8．大乌泡 Rubus pluribracteatus L. T. Lu & Boufford

叶互生，边缘有锯齿，托叶与叶柄合生。聚伞状花序、花萼、萼片直立。小核果集生花托呈聚合果。种子下垂。花期4~5月，果期6~7月。

生于山坡、路旁、林缘或灌丛。

分布于我国华南、华中及西南地区。柬埔寨、越南、老挝也有分布。

9．锈毛莓 Rubus reflexus K. Gawl.

单叶，心状长卵形，边缘3~5浅裂，具不整齐锯齿或重锯齿。花数朵簇生叶腋或顶生总状花序。果近球形。花期6~7月，果期8~9月。

生于山坡、路旁、林缘或灌丛。

分布于我国华南、华中及华东地区。

10．浅裂锈毛莓 Rubus reflexus var. **hui** (Diels apud Hu) Metc.

与原种的主要区别：叶心状宽卵形或近圆形，长8~13cm，宽7~12cm，裂片急尖。

生于山坡、路旁、林缘或灌丛。

分布于我国华南、华中、华东及西南地区。

11．空心泡 Rubus rosifolius Smith

小枝、叶有浅黄色腺点。小叶5~7片，卵状披针形或披针形，两面疏生柔毛。花顶生或腋生。果球形或卵圆形。花期3~5月，果期6~7月。

生于山坡、路旁、林缘或灌丛。

分布于我国华南、华中、华东及西南地区。日本及东南亚、大洋洲、非洲也有分布。

12．红腺悬钩子 Rubus sumatranus Smith

枝、叶柄、叶轴和花序均被红色腺毛和刺。小叶5~7片，卵状披针形或披针形。花呈伞房花序。果长圆形。花期4~6月，果期7~8月。

生于山坡、路旁、林缘或灌丛。

分布于我国长江流域以南地区。东亚及东南亚、大洋洲、非洲也有分布。

146. 含羞草科 Mimosaceae

二回稀一回羽状复叶，互生，小叶全缘，具托叶。穗状、总状或头状花序，花小，两性或杂性，花瓣与萼齿同数，镊合状排列。荚果。

莲花山白盆珠 5 属 12 种。

1. 金合欢属 Acacia Mill.

二回羽状复叶，或小叶退化。花两性，头状或穗状花序。荚果长圆形或线形。

莲花山白盆珠 2 种。

1. * 大叶相思 *Acacia auriculiformis* A. Cunn. ex Benth.

叶状柄镰刀状长圆形，长 10~20cm，互生，革质。穗状花序，1 至数枝簇生于叶腋或枝顶，花小，橙黄色。荚果扁豆形。花期 10 月。

生于水库周边低山及道路两旁。

我国华南地区及福建、浙江等地有栽培。原产巴布亚新几内亚、澳大利亚。

2. * 台湾相思 *Acacia confusa* Merr.

幼树二回羽状复叶，互生，披针形呈镰刀状弯曲，革质，平行脉。头状花序球形。荚果扁平，木质。花期 3~10 月，果期 8~12 月。

生于水库周边低山及道路两旁。

我国长江以南部分地区有栽培。原产菲律宾。

2. 合欢属 Albizia Durazz.

二回羽状复叶，互生，羽片 1 至多对，总叶柄及叶轴有腺体，小叶对生。花二型；花瓣合生呈漏斗状。荚果带状。种子圆形或卵形。

莲花山白盆珠 3 种。

1.* 楹树 *Albizia chinensis* (Osbeck) Merr.

二回羽状复叶，羽片 6~12 对，小叶 20~35 对，托叶大。头状花序有花 10~20 朵，排成顶生圆锥花序。荚果扁平。花期 3~5 月，果期 6~12 月。

生于林中。

分布于我国华南、华东及西南地区。南亚至东南亚也有分布。

2. 天香藤 *Albizia corniculata* (Lour.) Druce

二回羽状复叶，叶柄下常有 1 枚粗短刺，小叶长圆形或倒卵形。头状花序有花 6~12 朵。荚果带状。花期 4~7 月，果期 8~11 月。

生于旷野或疏林中。

分布于我国广东、广西、福建。东南亚也有分布。

3. 山槐 Albizia kalkora (Roxb.) Prain

二回羽状复叶，羽片2~4对，腺体密被黄褐色或灰白色短茸毛，小叶长圆形。圆锥花序。荚果带状。花期5~6月，果期8~10月。

生于山坡灌丛、疏林中。

分布于产国华北、西北、华东、华南至西南各地区。越南、缅甸、印度也有分布。

3. 猴耳环属 Archidendron F. Muell.

二回羽状复叶，小叶多对，叶柄有腺体。花小，5基数，两性或杂性。荚果旋卷或弯曲。种子卵形或圆形，有假种皮。

莲花山白盆珠4种。

1. 猴耳环 Archidendron clypearia (Jack) I. C. Nielsen

二回羽状复叶，总叶柄4棱，密被黄褐色柔毛，叶轴及叶柄基部有腺体，小叶革质，斜菱形。头状花序。荚果旋卷。花期2~6月，果期4~8月。

生于常绿阔叶林中。

分布于我国华南、华东及西南地区。亚洲热带地区广泛分布。

2. 亮叶猴耳环 Archidendron lucidum (Benth.) I. C. Nielsen

总叶柄近基部、每对羽片和小叶片下叶轴均有圆形凹陷的腺体，小叶斜卵形或长圆形。头状花序。荚果旋卷成环状。花期4~6月，果期7~12月。

生于林中或林缘。

分布于我国华南、华东及西南地区。柬埔寨、老挝、泰国、越南也有分布。

3.* 大叶合欢 Archidendron turgidum (Merr.) I. C. Nielsen

二回羽状复叶，总叶柄顶部及叶轴小叶着生处有1枚腺体，小叶长圆形至斜椭圆形。圆锥花序腋生或顶生。荚果带状。花期4~5月，果期7~12月。

生于林中或林缘。

分布于我国广东、广西。原产非洲及亚洲热带地区，现大部分热带国家均有种植。

4. 薄叶猴耳环 Archidendron utile (Chun & F. C. How) I. C. Nielsen

总叶柄和顶端1~2对小叶叶轴上有腺体，小叶膜质，对生，长方菱形。头状花序，花白色。荚果红褐色。种子近圆形。花期3~8月，果期4~12月。

生于密林中。

分布于我国华南地区。越南也有分布。

4. 银合欢属 Leucaena Benth.

托叶刚毛状或小型，早落，二回羽状复叶，叶柄具腺体。花白色，常两性。荚果。

莲花山白盆珠1种。

1.* 银合欢 Leucaena leucocephala (Lam.) de Wit

最末一对羽片着生黑色腺体1枚，小叶线状长圆形。头状花序常1~2个腋生。荚果带状。种子卵形，褐色。花期4~7月，果期8~10月。

生于荒地、路旁。

分布于我国华南、华东及西南地区。原产美洲热带地区，现广布热带地区。

5. 含羞草属 Mimosa L.

二回羽状复叶，触之即闭合下垂，小叶小。花小，单生或簇生，两性或杂性。荚果长椭圆形或线形。种子卵圆形或圆形，扁平。

莲花山白盆珠 2 种。

1.* 光荚含羞草 Mimosa bimucronata (DC.) Kuntze

小枝密被黄色茸毛。二回羽状复叶，小叶 12~16 对，线形，革质。头状花序球形，花白色。荚果带状。花果期几乎全年。

生于水库周边、池塘旁及溪流旁边。

我国广东、香港、澳门、海南、广西有栽培或逸为野生。原产南美洲。

2. 含羞草 Mimosa pudica L.

茎圆柱状。羽片和小叶触之即闭合下垂，小叶线状长圆形。头状花序圆球形。荚果长圆形。花期 3~10 月，果期 5~11 月。

生于水库周边及村庄路旁。

分布于我国华南、华东及西南地区。现广布世界热带地区。

147. 苏木科 Caesalpiniaceae

叶互生，一或二回羽状复叶或单小叶。花两性，两侧对称，总状或圆锥花序。荚果核果状或翅果状。

莲花山白盆珠 5 属 12 种。

1. 羊蹄甲属 Bauhinia L.

单叶，全缘，先端凹缺，2 裂片或 2 离生小叶。花两性，总状、伞房或圆锥花序。荚果长圆形、带状或线形。种子圆形或卵圆形。

莲花山白盆珠 4 种。

1. 龙须藤 Bauhinia championii (Benth.) Benth.

叶卵形或心形，微凹或 2 浅裂。总状花序腋生或聚生枝顶呈复总状花序。荚果倒卵状长圆形或带状。种子圆形。花期 6~10 月，果期 7~12 月。

生于山坡灌丛或疏林中。

分布于我国长江以南各地区。印度、越南、印度尼西亚也有分布。

2. 粉叶羊蹄甲 Bauhinia glauca (Wall. ex Benth.) Benth.

叶纸质，近圆形，2 裂达中部或更深裂。总状花序顶生或对生，花瓣白色。荚果带状，不开裂。花期 4~6 月，果期 7~9 月。

生于林下、村边路旁。

分布于我国华南、华东及西南地区。东南亚也有分布。

3. 褐毛羊蹄甲 *Bauhinia ornata* var. *kerrii* (Gagnep.) K. Larsen & S. S. Larsen

叶纸质，裂达 1/3，裂片先端急尖或圆，下面密被黄褐色柔毛，叶柄被黄褐色茸毛。荚果，密被黄褐色或灰褐色茸毛。

生于新庵镇、白盆珠镇村边、路旁林中。

分布于我国广东。泰国也有分布。

4. 红毛羊蹄甲 *Bauhinia pyrrhoclada* Drake

嫩枝、叶背、叶柄、花序、花梗、萼和荚果均密被绒毛。叶近革质，卵状圆形。总状花序顶生。荚果倒披针状长圆形。花期 6 月，果期 8~9 月。

生于林中或村屋路旁。

分布于我国海南。越南也有分布。

2．云实属 *Caesalpinia* L.

二回羽状复叶。花两性，总状或圆锥花序腋生或顶生，花瓣 5 片。荚果卵圆形、长圆形或披针形。种子卵圆形或球形。

莲花山白盆珠 3 种。

1．刺果苏木 *Caesalpinia bonduc* (L.) Roxb.

藤本。各部均被黄色柔毛，具刺。二回羽状复叶，长 30~45cm，叶轴有钩刺。总状花序腋生。荚果革质。种子球形。花期 8~10 月，果期 10 月至翌年 3 月。

生于林中。

分布于我国广东、广西和台湾。世界热带地区均有分布。

2．华南云实 *Caesalpinia crista* L.

具倒钩刺。二回羽状复叶，叶轴有黑色倒钩刺，小叶革质对生，卵形或椭圆形。圆锥花序顶生。荚果斜宽卵形。花期 4~7 月，果期 7~12 月。

生于林中。

分布于我国长江以南各地区。印度、斯里兰卡及日本也有分布。

3．春云实 *Caesalpinia vernalis* Champ.

各部被锈色绒毛。二回羽状复叶，有刺，小叶革质，对生，卵状披针形至椭圆形。圆锥花序。荚果斜长圆形，木质。花期 4 月，果期 12 月。

生于山沟湿润处或岩石旁。

分布于我国广东、福建、浙江。

3. 山扁豆属 *Chamaecrista* Moench

叶羽状，对生，叶通常有腺体。花黄色或红色，萼片 5 片，花瓣 5 片，不等。种子具光滑或有凹的种皮，通常无孔。

莲花山白盆珠 1 种。

1. 山扁豆 *Chamaecrista mimosoides* (L.) E. Greene

偶数羽状复叶互生，小叶 14~25 对，镰刀状线形。花序腋生，单一或总状花序。荚果条形。种子深褐色。花期 8~9 月，果期 9~10 月。

生于村庄路旁、山边、旷野或草丛。

分布于我国华南、华东及西南地区。广布世界热带、亚热带地区。

4. 皂荚属 Gleditsia L.

一至二回偶数羽状复叶，小叶具锯齿或钝齿。花杂性或单性异株，淡绿色或绿白色。荚果。种子卵圆形或椭圆形。

莲花山白盆珠 1 种。

1. 华南皂荚 *Gleditsia fera* (Lour.) Merr.

一回羽状复叶，小叶 5~9 对，斜椭圆形或菱状长圆形，具圆齿。花杂性，聚伞花序或总状花序。荚果扁平。花期 4~5 月，果期 6~12 月。

生于山地缓坡、山谷林中或村旁路边阳处。

分布于我国广东、广西、贵州、云南。

5. 决明属 Senna Mill.

叶丛生，偶数羽状复叶，叶柄、叶轴常具腺体，小叶对生。花辐射对称，呈腋生总状或顶生圆锥花序。荚果带状镰形、圆柱形或扁平。

莲花山白盆珠 3 种。

1. 望江南 *Senna occidentalis* (L.) Link

托叶膜质，卵状披针形，叶柄基部有腺体 1 枚，小叶 4~5 对。伞房状总状花序。荚果带状镰形。花期 4~8 月，果期 6~10 月。

生于水库周边、河滩、旷野及丘陵灌丛。

分布于中国东南部、南部及西南部各地区。原产美洲热带地区，现广布于全世界热带和亚热带地区。

2. 美丽决明 *Senna spectabilis* (DC.) H. S. Irwin & Barneby

小叶对生，线状镰形，顶端有小凸尖，托叶线状锥形。花腋生，总状花序。荚果扁平。花期 8~9 月，果期 10~12 月。

生于山地及空旷地灌木丛或草丛。

分布于我国广东、云南等地。印度、中南半岛、澳大利亚也有分布。

3. 决明 *Senna tora* (L.) Roxb.

小叶倒卵形或倒卵状椭圆形，膜质，两面被柔毛。花腋生，常 2 朵聚生。荚果纤细，四棱形。种子菱形。花果期 8~11 月。

生于山坡、旷野及河滩。

分布于我国华南及华东地区。越南也有分布。

148. 蝶形花科 Papilionaceae

常具刺。叶常互生，羽状或掌状 3 小叶。花两性，单生或组成总状或圆锥状花序。荚果。种子 1 至多数。

莲花山白盆珠 21 属 45 种。

1. 相思子属 Abrus Adans.

偶数羽状复叶，托叶线状披针形，小叶多对，全缘。总状花序腋生或对生，花小。荚果长圆形。种子卵形、椭圆形或近球形。

莲花山白盆珠 2 种。

1. 广州相思子 *Abrus cantoniensis* Hance

羽状复叶互生，小叶 6~11 对，长圆形或倒卵状长圆形。总状花序腋生，花小。荚果长圆形。花期 8 月，果期 9 月。

生于疏林、灌丛或山坡。

分布于我国华南及华中地区。泰国也有分布。

2. 毛相思子 Abrus mollis Hance

羽状复叶，叶柄、叶轴被黄色长柔毛，小叶 10~16 对，膜质，长圆形。总状花序腋生。荚果长圆形，具喙。种子卵形。花期 8 月，果期 9 月。

生于山谷、路旁疏林或灌丛。

分布于我国华南及华东地区。中南半岛也有分布。

2．链荚豆属 Alysicarpus Neck. ex Desv.

叶互生，单小叶，稀羽状 3 小叶，叶柄具沟槽，有托叶和小托叶。花小，成对排列呈腋生或顶生总状花序。荚果圆柱形，膨胀。

莲花山白盆珠 1 种。

1. 链荚豆 Alysicarpus vaginalis (L.) DC.

单小叶。总状花序腋生或顶生，花 6~12 朵，成对排列于节上；苞片膜质，卵状披针形。荚果扁圆柱形，被短柔毛。花期 5~11 月。果期 9~11 月。

生于旷野、田边及路旁。

分布于我国华南及西南地区。广布东半球热带地区。

3．藤槐属 Bowringia Camp. ex Benth.

单叶互生，托叶小。总状花序腋生，钟形，先端具 5 短齿，花冠白色。荚果卵圆形或球形，肿胀。种子椭圆形或球形。褐色。

莲花山白盆珠 1 种。

1. 藤槐 Bowringia callicarpa Champ. & Benth.

单叶，近革质，长圆形或卵状长圆形。总状或伞房状花序，花冠白色。荚果卵圆形或卵球形，具喙。种子椭圆形。花期 4~6 月，果期 7~11 月。

生于林缘或溪边。

分布于我国华南及华东地区。越南也有分布。

4．木豆属 Cajanus Adans.

羽状或掌状 3 小叶，小叶有腺点。总状花序腋生或顶生，花萼钟状，5 裂，旗瓣圆形至卵状椭圆形。荚果线状长圆形。种子肾形或近圆形。

莲花山白盆珠 2 种。

1. 木豆 Cajanus cajan (L.) Huth.

羽状 3 小叶，纸质，披针形至椭圆形。总状花序顶生，花冠黄色。荚果线状长圆形。种子近圆形，种皮暗红色。花果期 2~11 月。

生于旷野、路旁。

分布于我国华南、华东及西南各地区。热带、亚热带地区普遍栽培。

2. 蔓草虫豆 *Cajanus scarabaeoides* (L.) Thou.

羽状 3 小叶，叶背有腺点。总状花序腋生，花冠黄色。荚果长圆形，密被长毛。花期 9~10 月，果期 11~12 月。

生于旷野、山坡草丛。

分布于我国华南、华东及西南地区。亚洲、大洋洲及非洲广布。

5. 舞女属 *Codariocalyx* Hassk.

直立灌木。叶为三出复叶，侧生小叶很小；有托叶和小托叶，托叶早落。圆锥状或总状花序顶生或腋生。荚果有荚节 5~9。

莲花山白盆珠 1 种。

1. 圆叶舞草 *Codariocalyx gyroides* (Roxb. ex Link) Hassk.

三出复叶；小叶纸质，顶生小叶倒卵形或椭圆形，两面被毛；小托叶钻形。总状花序顶生或腋生。荚果呈镰刀状。花期 9~10 月，果期 10~11 月。

生于平原、河边草地及山坡疏林中。

分布于广东、海南、广西、云南南部。菲律宾、斯里兰卡、泰国也有分布。

6. 猪屎豆属 *Crotalaria* L.

单叶或三出复叶。总状花序顶生、腋生、对生或密集枝顶而形似头状。荚果膨胀。

莲花山白盆珠 2 种。

1. 大猪屎豆 *Crotalaria assamica* Benth.

托叶细小，线形，贴伏于叶柄两侧，单叶，倒披针形或长椭圆形。总状花序顶生或腋生。荚果长圆形。花果期 5~12 月。

生于山坡路边及山谷草丛中。

分布于我国华南、华东及西南地区。中南半岛及南亚也有分布。

2. 猪屎豆 *Crotalaria pallida* Ait.

三出掌状复叶，小叶长圆形或椭圆形。总状花序顶生，花冠黄色。荚果长圆形。花果期 9~12 月。

生于荒山草地及沙质土壤之中。

分布于我国华南、华东、华中及西南地区。热带、亚热带地区广布。

7. 黄檀属 *Dalbergia* L. f.

叶互生，奇数羽状复叶，小叶互生，无小托叶。圆锥花序顶生或腋生，花冠白色、淡绿色或紫色。荚果薄。种子肾形，扁平。

莲花山白盆珠 3 种。

1. 南岭黄檀 *Dalbergia assamica* Benth.

奇数羽状复叶，托叶披针形，小叶 13~15 片。圆锥花序腋生，花冠白色。荚果舌状或长圆形，两端渐狭。花期 5~6 月，果期 10~11 月。

生于山地杂林或灌丛。

分布于我国华南、华东及西南地区。东南亚也有分布。

2. 藤黄檀 *Dalbergia hancei* Benth.

奇数羽状复叶，小叶 7~13 片，长圆形或倒卵状长圆形。圆锥花序腋生，花冠绿白色。荚果扁平。种子肾形。花期 4~5 月，果期 7~8 月。

生于山坡灌丛或山谷溪边。

分布于我国华南、华东及西南地区。越南也有分布。

3. 香港黄檀 *Dalbergia millettii* Benth.

奇数羽状复叶，长 4~5cm；小叶 12~17 对，线形或狭长圆形。圆锥花序腋生，花冠白色。荚果长圆形至带状。种子肾形。花期 5~6 月。

生于山谷疏林。

分布于我国华南及华东地区。

8. 鱼藤属 *Derris* Lour.

奇数羽状复叶，叶对生。总状花序或圆锥花序腋生或顶生，花冠白色、紫红色或粉红色。荚果薄而硬。种子肾形。

莲花山白盆珠 1 种。

1. 白花鱼藤 *Derris alborubra* Hemsl.

羽状复叶，叶 1~2 对，革质，椭圆形、长圆形或倒卵状长圆形。圆锥花序腋生或顶生，花冠白色。荚果革质。花期 4~6 月，果期 7~10 月。

生于疏林或灌丛。

分布于我国广东、广西。越南也有分布。

9. 山蚂蝗属 *Desmodium* Desv.

羽状三出复叶或退化为单小叶，具托叶和小托叶。花小，腋生或顶生总状或圆锥花序。荚果扁平，不开裂。

莲花山白盆珠 6 种。

1. 小槐花 *Desmodium caudatum* (Thunb.) DC.

羽状三出复叶，小叶 3 片，纸质或革质。总状花序顶生或腋生，花冠绿白色或黄白色。荚果线形。花期 7~9 月，果期 9~11 月。

生于山坡、路旁沟边及林缘。

分布于我国长江以南各地区。南亚、东南亚也有分布。

2. 假地豆 *Desmodium heterocarpon* DC.

羽状三出复叶，小叶 3 片，纸质，椭圆形、长椭圆形或宽倒卵形。总状花序顶生或腋生。荚果密集。花期 7~10 月，果期 10~11 月。

生于草地、水边、灌丛、水库周边滩地。

分布于我国长江以南各地区。印度、斯里兰卡、日本、东南亚及大洋洲也有分布。

3. 异叶山蚂蝗 Desmodium heterophyllum (Willd.) DC.

羽状三出复叶，小叶纸质。花单生或成对生于腋内，不组成花序。荚果窄长圆形，具网脉。花果期 7~10 月。

生于山谷、水库周边、河边及旷野路旁。

分布于我国华南及华东地区。南亚、东南亚、大洋洲等也有分布。

4. 大叶拿身草 Desmodium laxiflorum DC.

3 小叶，顶生小叶卵形或椭圆形，下面密被黄色丝状毛。总状花序，花冠紫色或白色。荚果线形，密被小钩状毛。

生于林缘、水库周边、灌丛或草坡。

分布于我国华南、华中、华东及西南地区。印度、缅甸、泰国、越南、马来西亚、菲律宾等地也有分布。

5. 小叶三点金 Desmodium microphyllum (Thunb.) DC.

羽状三出复叶或单小叶，小叶薄纸质，倒卵状长椭圆形。总状花序顶生或腋生，花小。荚果扁平。花期 5~9 月，果期 9~11 月。

生于水库周边、荒地草丛或灌木林。

分布于我国长江以南各地区。印度、斯里兰卡、尼泊尔、缅甸、泰国、越南、马来西亚、日本和澳大利亚也有分布。

6. 显脉山绿豆 Desmodium reticulatum Champ. ex Benth.

羽状三出复叶，3 小叶或下部单小叶，小叶厚纸质。总状花序顶生，总花梗密被钩状毛。荚果长圆形。花期 6~8 月，果期 9~10 月。

生于草坡或山地灌丛。

分布于我国华南及西南地区。东南亚也有分布。

10. 野扁豆属 Dunbaria Wight & Arn.

羽状 3 小叶，小叶背面有明显腺点。花单生叶腋或组成总状花序，花萼钟状，花冠伸出萼外。荚果线形或线状长圆形。

莲花山白盆珠 1 种。

1. 长柄野扁豆 Dunbaria podocarpa Kurz

羽状复叶，3 小叶，顶生小叶叶背具红色腺点。总状花序腋生，花 1~2 朵。荚果线状长圆形，具长喙。花果期 6~11 月。

生于山地灌丛、旷野。

分布于我国华南及华中地区。柬埔寨、越南、泰国也有分布。

11. 千斤拔属 Flemingia Roxb. ex W. T. Aiton

掌状 3 小叶或单叶，小叶背面常具腺点。总状或复总状花序腋生或顶生，5 裂，花冠伸出萼外或内藏。荚果椭圆形，膨胀。

莲花山白盆珠 1 种。

1. 大叶千斤拔 Flemingia macrophylla (Willd.) Prain

指状 3 小叶，小叶纸质，顶生小叶宽披针形至椭圆形，托叶披针形。总状花序簇生叶腋。荚果椭圆形，被柔毛。花期 6~9 月，果期 10~12 月。

生于旷野及灌丛。

分布于我国华南、华东及西南地区。菲律宾及东亚也有分布。

12. 长柄山蚂蝗属 Hylodesmum H. Ohashi & R. R. Mill.

羽状复叶，小叶 3~7，全缘或浅波状。花序腋生或顶生，或有时从能育枝的基部单独发出。总状花序或圆锥花序。荚果具细长或稍短的果颈；荚节 2~5 节。

莲花山白盆珠 2 种。

1. 疏花长柄山蚂蝗 Hylodesmum laxum (DC.) H. Ohashi & R. R. Mill.

三出复叶，顶生小叶卵形，长 5~12cm，侧生小叶略小，偏斜。总状花序，通常有分枝。荚果通常有荚节 2~4。花果期 8~10 月。

生于山坡阔叶林中。

分布于华南、华中、西南各地区。不丹、印度、日本也有分布。

2. 细长柄山蚂蝗 Hylodesmum leptopus (A. Gray ex Benth.) H. Ohashi & R. R. Mill.

羽状三出复叶，簇生或散生，3 小叶，纸质，卵形至卵状披针形。花序顶生。荚果扁平，被小钩状毛。花果期 8~9 月。

生于山坡、路旁、草地。

分布于我国华南、华中及西南地区。泰国、越南、菲律宾及日本也有分布。

13. 胡枝子属 Lespedeza Michx.

羽状复叶，互生，具 3 小叶。花 2 至多数组成腋生总状花序或花束。荚果卵形、倒卵长圆形或椭圆形。种子 1 颗，不裂。

莲花山白盆珠 2 种。

1. 中华胡枝子 Lespedeza chinensis G. Don

全株被白色伏毛。羽状复叶具 3 小叶，小叶倒卵状长圆形至长圆形，具小刺尖。总状花序腋生。荚果卵圆形。花期 8~9 月，果期 10~11 月。

生于林缘、路旁、山坡、林下草丛。

分布于我国华南、华东、华中地区及四川。

2. 美丽胡枝子 *Lespedeza formosa* (Vog.) Koehne

小叶椭圆形、长圆状椭圆形至卵形。总状花序腋生或圆锥花序顶生。荚果宽卵圆形。花期 7~9 月，果期 9~10 月。

生于林缘、路旁、山坡。

分布于我国华南、华东、华中、华北、西南及西北地区。

14. 崖豆藤属 *Millettia* Wight & Arn.

奇数羽状复叶互生，小叶 3 至多数，对生。圆锥花序顶生或腋生。荚果扁平或肿胀，线形或长圆形。

莲花山白盆珠 4 种。

1. 香花崖豆藤 *Millettia dielsiana* Harms

羽状复叶，小叶 2 对，纸质，披针形至狭长圆形。圆锥花序顶生。荚果线形至长圆形。种子长圆状凸镜形。花期 5~9 月，果期 6~11 月。

生于沟边、灌丛及路旁。

分布于我国华南、华东、西南及西北地区。

2. 亮叶崖豆藤 *Millettia nitida* Benth.

羽状复叶，小叶 2 对，硬纸质，卵状披针形至长圆形。花单生，圆锥花序顶生，花冠青紫色。荚果线状长圆形。花期 5~9 月，果期 7~11 月。

生于灌丛及疏林。

分布于我国华南、华东及西南地区。

3. 厚果崖豆藤 *Millettia pachycarpa* Benth.

羽状复叶，托叶宽卵形，黑褐色，小叶 6~8 对，草质，长圆形。总状圆锥花序，花冠淡紫色。荚果肿胀，长圆形。花期 4~6 月，果期 6~11 月。

生于林中。

分布于我国华南、华东、华中及西南地区。东南亚也有分布。

4. 网络崖豆藤 *Millettia reticulata* Benth.

羽状复叶，小叶 3~4 对，硬纸质，长圆形至卵状长椭圆形。圆锥花序顶生或着生枝梢叶腋，花密集，单生于分枝上。荚果线形，花果期 5~11 月。

生于山坡杂林、灌丛或阴处岩边。

分布于我国华南、华东及西南地区。

15. 黧豆属 **Mucuna** Adans.

羽状复叶，3 小叶。总状、圆锥或伞房状总状花序，腋生或老茎生，花多数，大而美丽。荚果，边缘具翅。种子肾形、圆形或椭圆形。

莲花山白盆珠 2 种。

1. 白花油麻藤 **Mucuna birdwoodiana** Tutch.

羽状复叶具 3 小叶，长 17~30cm，近革质，顶生小叶椭圆形、卵形或近倒卵形。总状花序生老茎或腋生，多花，成束状，花冠白色或绿白色。荚果木质，被红褐色茸毛。花期 4~6 月，果期 6~11 月。

生于林中、路旁及溪边。

分布于我国华南、华东及西南地区。

2. 常春油麻藤 **Mucuna sempervirens** Hemsl.

羽状复叶具 3 小叶，小叶纸质或革质，顶生小叶椭圆形或卵状椭圆形。总状花序生于老茎。果木质，带形。花期 4~5 月，果期 8~10 月。

生于林中、路旁及溪边。

主要分布于我国秦岭以南地区。日本也有分布。

16. 红豆属 **Ormosia** Jacks.

叶互生稀对生，奇数羽状复叶，小叶对生，革质或厚纸质。圆锥或总状花序顶生或腋生。荚果木质或革质，2 瓣裂。种子鲜红色、暗红色或黑褐色。

莲花山白盆珠 6 种。

1. 凹叶红豆 **Ormosia emarginata** (Hook. & Arn.) Benth.

奇数羽状复叶，小叶 5~7 片，倒卵形，厚革质。圆锥花序顶生，有香气。荚果菱形或长圆形，黑褐色。种子近圆形。花期 5~6 月。

生于林中。

分布于我国华南地区。越南也有分布。

2. 锈枝红豆 **Ormosia ferruginea** R. H. Chang

枝、叶柄、叶轴密被锈色茸毛。羽状复叶，小叶椭圆形或倒卵状椭圆形。圆锥或总状花序。荚果椭圆形。种子椭圆形。花期 7 月，果期 10 月。

生于林中。

分布于我国广东阳春。

3. 光叶红豆 **Ormosia glaberrima** Y. C. Wu

奇数羽状复叶，小叶5~7对，革质或薄革质。圆锥花序顶生或腋生。荚果椭圆形或长椭圆形。种子扁圆形或长圆形。花期6月，果期10月。

生于山沟谷疏林。

分布于我国华南地区。

4. 花榈木 *Ormosia henryi* Prain

枝、叶轴、花序密被灰黄色茸毛。奇数羽状复叶，小叶1~3对，革质。总状花序腋生或圆锥花序顶生。荚果扁平。花期7~8月，果期10~11月。

生于山坡、沟谷林中。

分布于我国华南、华东及西南地区。国家Ⅱ级重点保护野生植物。

5. 软荚红豆 *Ormosia semicastrata* Hance

奇数羽状复叶，叶长19~25cm，小叶3~5对，卵状长椭圆形或椭圆形，革质。圆锥花序顶生。荚果近圆形，具短喙。花期3~5月，果期5~12月。

生于林中。

分布于我国华南及华东地区。

6. 木荚红豆 *Ormosia xylocarpa* Chun ex Merr. & L. Chen

奇数羽状复叶，小叶5~7片，长椭圆形或长椭圆状倒披针形，厚革质。圆锥花序顶生。荚果倒卵形。种子横椭圆形。花期6~7月，果期10~11月。

生于山谷及山坡林中。

分布于我国华南、华中及西南地区。

17. 排钱树属 *Phyllodium* Desv.

叶互生，羽状三出复叶，具托叶和小托叶，小叶全缘或边缘浅波状。花4~15朵组成伞形花序。荚果，荚节2~7节。种子具明显带边假种皮。

莲花山白盆珠1种。

1. 毛排钱草 *Phyllodium elegans* (Lour.) Desv.

茎、枝和叶柄密被黄色茸毛。小叶革质，顶生小叶卵形、椭圆形。伞形花序顶生或侧生。荚果密被银灰色绒毛。花期7~8月，果期10~11月。

生于水库周边、村庄及河流两岸。

分布于我国华南及西南地区。东南亚也有分布。

18. 葛属 *Pueraria* DC.

羽状复叶具3小叶，小叶卵形或菱形，全裂或具波状3裂片。总状花序腋生或数个总状花序簇生枝顶。荚果线形或长椭圆形，稍扁或圆柱形。种子扁，近圆形或长圆形。

莲花山白盆珠3种。

1. 葛麻姆 *Pueraria lobata* var. *montana* (Lour.) van der Maesen

顶生小叶宽卵形，长9~18cm，宽6~12cm，先端渐尖，基部近圆形，通常全缘。花冠长12~15mm，旗瓣圆形。花期7~9月，果期10~12月。

生于山地疏林或密林中。

分布于我国南北各地，除新疆、青海及西藏外，分布几遍全国。非洲、欧洲也有分布。

2. 葛 Pueraria montana (Lour.) Merr.

全株被黄色长硬毛。羽状复叶具 3 小叶，小叶 3 裂，顶生小叶宽卵形或斜卵形。总状花序。荚果长椭圆形。花期 9~10 月，果期 11~12 月。

生于山地疏林。

分布于我国南北各地。东南亚及澳大利亚也有分布。

3. 三裂叶野葛 Pueraria phaseoloides (Roxb.) Benth.

羽状复叶具 3 小叶，宽卵形、菱形或卵状菱形。总状花序单生。荚果圆柱形。种子长圆形。花期 8~9 月，果期 10~11 月。

生于山地、丘陵灌丛。

分布于我国华南、华东及西南地区。印度、马来西亚及中南半岛也有分布。

19. 坡油甘属 Smithia Ait.

偶数羽状复叶，小叶 5~9 对。总状花序顶生或腋生；花小，单生或 2 至数朵簇生；花冠黄色、蓝色或紫色；旗瓣圆形或长椭圆形。荚果扁平。

莲花山白盆珠 1 种。

1. 缘毛合叶 Smithia ciliata Royle

偶数羽状复叶，小叶 5 对，倒披针形或线状长圆形。总状花序顶生或腋生，花单生或数朵簇生。荚果。花期 8~9 月，果期 10~11 月。

生于村边、路旁、草坡湿地。

分布于我国华南、华中及西南地区。印度、尼泊尔、日本也有分布。

20. 葫芦茶属 Tadehagi H. Ohashi

单小叶，叶柄有宽翅，翅顶具小托叶 2 枚。总状花序顶生或腋生，每节有花 2~3 朵。荚果，荚节 5~8 节。种子脐周围具带边假种皮。

莲花山白盆珠 1 种。

1. 葫芦茶 Tadehagi triquetrum (L.) H. Ohashi

单小叶，托叶披针形，小叶纸质，窄披针形或卵状披针形。总状花序顶生或腋生，花冠淡紫色或蓝紫色。荚果。花期 6~10 月，果期 10~12 月。

生于荒山、林缘及路旁。

分布于我国华南、华东及西南地区。不丹、孟加拉、柬埔寨也有分布。

21. 灰毛豆属 Tephrosia Pers

奇数羽状复叶螺旋状着生，小叶多数，对生，被绢毛。总状花序顶生或与叶对生和腋生。荚果线形至长圆形。种子长圆形至椭圆形。

莲花山白盆珠 1 种。

1.* 白灰毛 Tephrosia candida DC.

羽状复叶，小叶 17~25 片，线状长圆形。总状花序顶生或腋生，花冠白色。荚果线形，有喙。种子榄绿色。花期 10~11 月，果期 12 月。

生于草地、路旁、山坡。

我国福建、广东、广西、云南有种植，逸为野生。原产印度和马来半岛。

151. 金缕梅科 Hamamelidaceae

乔木或灌木。单叶互生，全缘，具锯齿；叶脉掌状或羽状，具柄；托叶线形或苞片状。头状、穗状或总状花序，花两性或单性雌雄同株。蒴果。

莲花山白盆珠 6 属 9 种。

1. 蕈树属 Altingia Noronha

叶革质，具羽状脉，全缘或具锯齿，托叶细小。花单性，雌雄同株，无花瓣。蒴果木质。种子多数，多角形或具短翅。

莲花山白盆珠 2 种。

1. 蕈树 Altingia chinensis (Champ. ex Benth.) Oliv. ex Hance

叶革质，倒卵状长圆形，边缘具锯齿，托叶细小。花单性，雌雄同株。果序近球形。种子褐色，有光泽。花期 3~6 月，果期 7~9 月。

生于林中。

分布于我国华南、华东及西南地区。越南也有分布。

2. 细柄蕈树 Altingia gracilipes Hemsl.

叶革质，卵状披针形。花单性，雌雄同株。果序倒圆锥形，蒴果 5~6 个。种子小，多角形，褐色。花期 4 月，果期 10 月。

生于林中。

分布于我国华南及华东地区。

2. 蚊母树属 Distylium Sieb. & Zucc.

叶革质，互生，全缘，羽状脉。花单性或杂性，穗状花序腋生，萼筒短，花后脱落，无花瓣。蒴果木质，卵圆形。种子长卵形或卵圆形。

莲花山白盆珠 1 种。

1. 蚊母树 Distylium racemosum Sieb. & Zucc.

叶革质，椭圆形，长 3~7cm。总状花序长 2cm；总苞片卵形被鳞片，苞片披针形。蒴果卵圆形，被褐色星状绒毛。种子卵圆形。

生于林中。

分布于我国华南及华东地区。朝鲜及日本也有分布。

3. 秀柱花属 Eustigma Gardn. & Champ.

叶革质，互生，椭圆形，具羽状脉，全缘或靠近先端有齿，有叶柄。花两性，排成总状花序。蒴果木质。

莲花山白盆珠 2 种。

1. 褐毛秀柱花 Eustigma balansae Olv.

高16m。叶革质，上面深绿色，有光泽，下面有褐色星状绒毛，长10~16cm，宽4~6cm。单生或聚成圆锥花序。蒴果卵圆形。种子黑色。

生于林下。

分布于我国广东、广西、云南。越南也有分布。

2. 秀柱花 Eustigma oblongifolium Gardn. & Champ.

叶革质，矩圆形或矩圆披针形，长7~17cm，通常全缘。总状花序长2~2.5cm；花瓣倒卵形。蒴果长2cm。花期4~6月，果期6~9月。

生于阔叶林中。

分布于我国华东、华南地区。

4. 枫香树属 Liquidambar L.

叶互生，有长柄，掌状分裂，具掌状脉，边缘有锯齿。花单性，雌雄同株。头状果序圆球形；蒴果多数，木质。种子多数，有窄翅。

莲花山白盆珠1种。

1.* 枫香树 Liquidambar formosana Hance

叶薄革质，阔卵形，掌状3裂，边缘有锯齿，齿尖有腺状凸。果序圆球形，木质蒴果。种子褐色。花期4~6月，果期7~8月。

生于山地次生林中。

分布于我国华南、华中、华东及西南地区。东亚也有分布。

5. 檵木属 Loropetalum R. Br.

叶互生，革质，卵形，全缘。头状或短穗状花序，两性，4数，花瓣带状，白色。蒴果木质，卵圆形。种子长卵形。

莲花山白盆珠2种。

1. 檵木 Loropetalum chinense (R. Br.) Oliver

叶革质，卵形，基部钝，不等侧，上面略有粗毛，下面被星状毛。花3~8朵簇生，白色。蒴果卵圆形，被褐色星状绒毛。花期3~4月。

喜生于向阳的丘陵及山地，亦常出现在马尾松林及杉林下。

分布于我国中部、南部及西南各地区。日本及印度也有分布。

2. * 红花檵木 Loropetalum chinense var. rubrum Yieh

与原种的主要区别：花紫红色。

生于村庄路旁、丘陵及山地。

分布于我国中部、南部及西南各地区。日本及印度也有分布。

6. 红花荷属 Rhodoleia Champ. ex Hook

叶互生，革质，卵形至披针形，全缘，具羽状脉，无托叶。花序头状，腋生，花两性。蒴果，果皮较薄。种子扁平。

莲花山白盆珠1种。

1. 红花荷 *Rhodoleia championii* Hook. f.

叶厚革质，卵形，长 7~13cm。头状花序常弯垂，花瓣匙形。头状果序，蒴果卵圆形，果皮薄木质。种子扁平，黄褐色。花期 3~4 月，果期 5~8 月。

生于林中。

分布于我国广东、香港、海南、贵州。印度尼西亚、马来西亚、缅甸和越南也有分布。

154. 黄杨科 Buxaceae

单叶互生或对生，全缘或具齿，叶脉羽状或三出脉，无托叶。花序总状或穗状。蒴果室背开裂或核果状不裂。种子黑色。

莲花山白盆珠 1 属 1 种。

1. 黄杨属 *Buxus* L.

叶对生，革质，全缘，叶脉羽状。总状、穗状或头状花序，腋生或顶生，花小，单性，雌雄同株。蒴果球形或卵球形。种子长球形。

莲花山白盆珠 1 种。

1. 雀舌黄杨 *Buxus bodinieri* Lévl.

叶薄革质，匙形、狭卵形或倒卵形，有浅凹口或小尖凸头，叶面绿色，叶背灰白色。头状花序腋生，苞片卵形。蒴果卵形。花期 2 月，果期 5~8 月。

生于平地或山坡林下。

分布于我国华南、华东、华中、西南及西北地区。

156. 杨柳科 Salicaceae

单叶互生，稀对生，有托叶。花单性，雌雄异株，柔荑花序，先叶开花或花叶同放。蒴果 2~4 瓣裂。种子微小。

莲花山白盆珠 1 属 1 种。

1. 柳属 *Salix* L.

叶互生，窄而长，羽状脉，有锯齿或全缘。柔荑花序直立或斜展，先叶开放或与叶同放，苞片全缘，腺体 1~2 枚。蒴果 2 瓣裂。种子小。

莲花山白盆珠 1 种。

1. * 垂柳 *Salix babylonica* L.

叶窄披针形或线状披针形，有锯齿。花序先于叶开放或与叶同放，苞片披针形，有腺体 1~2 枚。蒴果。花期 3~4 月，果期 4~5 月。

生于路旁、水边。

全国各地均有栽培，主要分布于我国长江流域与黄河流域。亚洲、欧洲、美洲各国均有引种。

159. 杨梅科 Myricaceae

单叶互生。花单性，无花被，无梗，组成柔荑花序，雌雄异株或同株。核果，密被乳头状凸起；内果皮坚硬。种子直立，种皮膜质。

莲花山白盆珠 1 属 1 种。

1. 杨梅属 *Myrica* L.

单叶，常密集于小枝上端，无托叶。穗状花序单一或分枝。核果小坚果状或为大的核果。

莲花山白盆珠 1 种。

1. 杨梅 *Myrica rubra* (Lour.) Sieb. & Zucc.

叶革质，楔状倒卵形或长椭圆状倒卵形。雄花序单生或数序簇生叶腋，雌花序单生叶腋。核果球形。花期 4 月，果期 6~7 月。

生于山坡或山谷林中。

分布于我国长江流域以南地区。东南亚各国也有分布。

163. 壳斗科 Fagaceae

单叶，互生，羽状脉，托叶早落。花单性，雌雄同株或异序。总苞熟时木质化形成壳斗，被鳞形或线形小苞片、瘤状突起或针刺，每壳斗具 1~5 个坚果。

莲花山白盆珠 4 属 31 种。

1. 锥属 Castanopsis (D. Don) Spach

叶常 2 列，互生或螺旋状排列。花雌雄同序或异序，花序直立，花被裂片 5~8 枚。壳斗常被尖刺，稀被鳞片或疣体；具坚果 1~3 个。

莲花山白盆珠 10 种。

1. 米槠 Castanopsis carlesii (Hemsl.) Hayata

叶披针形或卵状披针形，全缘或中部以上具浅齿。雄圆锥花序近顶生。壳斗近球形或宽卵圆形。果近球形或宽圆锥形。花期 4~6 月，果期翌年 9~11 月。

生于阔叶林中。

分布于我国长江以南各地区。

2. 锥 Castanopsis chinensis (Sprnig.) Hance

叶厚纸质或近革质，披针形，叶缘中部以上有锐裂齿。雄花序穗状或圆锥状，雌花序生当年生枝顶。壳斗圆球形。花期 5~7 月，果期翌年 9~11 月。

生于杂木林中。

分布于我国华南及西南地区。越南也有分布。

3. 甜槠 Castanopsis eyrei (Champ. ex Benth.) Tutch.

叶革质，卵形，披针形或长椭圆形，全缘或顶部具浅裂齿。雄花序穗状或圆锥花序。壳斗阔卵形；坚果 1 个。花期 4~6 月，果期翌年 9~11 月。

生于丘陵山地。

分布于我国长江以南各地区。

4. 罗浮栲 Castanopsis fabri Hance

叶革质，卵形、狭长椭圆形或披针形。雄花序单穗腋生或多穗排成圆锥花序。壳斗有坚果 2 个，阔卵形。花期 4~5 月，果期翌年 9~11 月。

生于林中。

分布于我国长江以南各地区。老挝、越南也有分布。

5. 栲 Castanopsis fargesii Franch.

芽鳞、嫩枝、嫩叶柄及叶背被红褐色蜡鳞。叶长椭圆形或披针形。雄花穗状或圆锥状。壳斗圆球形或宽卵形。坚果圆锥形。花期 4~6 月，果期翌年 4~6 月。

生于杂木林中。

分布于我国长江以南各地。

6. 黧蒴 Castanopsis fissa (Champ. ex Benth.) Rehder & E. H. Wils.

叶薄革质，倒卵状椭圆形至倒披针形，长 15~25cm，边缘有疏圆锯齿或锐齿。雄花多为圆锥花序。壳斗全包坚果 1 个。花期 4~5 月，果期 8~11 月。

生于水库周边低山丘陵地区或路旁。

分布于我国长江以南各地区。泰国及越南也有分布。

7. 南岭栲 Castanopsis fordii Hance

叶革质，长椭圆形或长圆形，全缘。雄穗状花序多穗排成圆锥花序。壳斗密聚果序轴，每壳斗有坚果 1 个，扁圆锥形。花期 3~4 月，果期翌年 9~10 月。

生于林中。

分布于我国华南及华东地区。

8. 红锥 Castanopsis hystrix Hook. f. & Thoms. ex A. DC.

叶纸质或薄革质，披针形，长 4~9cm，全缘或浅裂齿。雄花序圆锥状或穗状，雌花序穗状。壳斗有坚果 1 个，宽圆锥形。花期 4~6 月，果期 8~11 月。

生于山地林中。

分布于我国华南、华中、华东及西南地区。东南亚也有分布。

9. 吊皮锥 Castanopsis kawakamii Hayata

叶革质，卵形或披针形，顶部长尖，基部阔楔形或近圆形。雄花序圆锥状。壳斗坚果 1 个，密被黄棕色伏毛。花期 3~4 月，果期翌年 8~10 月。

生于林中。

分布于我国华南及华东地区。越南也有分布。

10. 鹿角锥 Castanopsis lamontii Hance

叶厚纸质或近革质，椭圆形或卵状长椭圆形，长 12~30cm。雄花序穗状，生枝顶叶腋。壳斗近球形，刺长，鹿角状分叉。花期 3~5 月，果期 9~11 月。

生于山地林中。

分布于我国华南、华中、华东及西南地区。越南也有分布。

2. 青冈属 Cyclobalanopsis Oerst.

叶螺旋状互生，全缘或具锯齿，羽状脉。花单性，雌雄同株。壳斗盘形、杯形、、盘形、碗形或钟形。坚果扁球形、近球形至椭圆形。

莲花山白盆珠 8 种。

1. 槟榔青冈 Cyclobalanopsis bella (Chun & Tsiang) Chun ex Y. C. Hsu & H. W. Jen

叶片薄革质，长椭圆状披针形，长 8~15cm，叶缘中部以上有锯齿。雌花序常有花 2~3 朵。壳斗盘形。花期 2~4 月，果期 10~12 月。

生于山地和丘陵，喜湿润环境。

分布于我国华南地区。

2. 福建青冈 Cyclobalanopsis chungii (Metc.) Y. C. Hsu & H. W. Jen ex Q. F. Zhang

高达 15m。叶片薄革质，椭圆形，长 6~10cm，叶密生灰褐色星状短绒毛。雌花序长 1.5~2cm，有花 2~6 朵，花序轴及苞片密被褐色绒毛。壳斗盘形，被灰褐色绒毛。坚果扁球形。

生于山地林中。

分布于我国华南及华东地区。

3. 华南青冈 Cyclobalanopsis edithiae (Skan) Schott.

叶片革质，叶缘 1/3 以上有疏浅锯齿。雌花序长 1~2cm，着生花 3~4 朵。果序轴粗短，有果 1~2 个。壳斗碗形，包着坚果 1/4~1/3。果期 10~12 月。

生于常绿阔叶林中。

分布于我国海南、香港、广东、广西等地区。越南也有分布。

4. 饭甑青冈 Cyclobalanopsis fleuryi (Hick. & A. Camus) Chun & Q. F. Zheng

叶片革质，长椭圆形或卵状长圆形，长 14~27cm。花序轴密被绒毛，壳斗筒状钟形。坚果长椭圆形。花期 3~4 月，果期 10~12 月。

生于密林中。

分布于我国华南、华东及西南地区。越南也有分布。

5. 大叶青冈 Cyclobalanopsis jenseniana (Hand.-Mazz.) Cheng & T. Hong

叶片薄革质，长椭圆形或倒卵状长椭圆形，全缘。雄花序密集，雌花花柱 4~5 裂。壳斗包着坚果 1/3~1/2。花期 4~6 月，果期翌年 10~11 月。

生于丘陵山地阔叶林中。

分布于我国长江以南地区。

6. 木姜叶青冈 Cyclobalanopsis litseoides (Dunn) Schott.

叶片倒卵状披针形或窄椭圆形，全缘，叶面深绿色，叶背浅绿色。雄花序轴及花被棕色绒毛。壳斗碗形，包坚果约 1/3。坚果椭圆形。

生于林中。

分布于我国广东东南部及广西西南部。

7. 小叶青冈 Cyclobalanopsis myrsinifolia (Bl.) Oerst.

嫩枝被毛，叶片长卵形或卵状披针形，顶端有锯齿。背面被毛，壳斗碗形，包裹果近 1/2。坚果椭圆形。花期 6 月。果期 10 月。

生于山谷、阴坡杂木林中。

分布于我国福建、广东、广西，四川、贵州、云南等地区。越南、老挝、日本也有分布。

8. 竹叶青冈 Cyclobalanopsis neglecta (Hand.-Mazz.) Cheng & T. Hong

叶片薄革质，披针形，长 3~11cm，叶背带粉白色。雄花序长 1.5~5cm，雌花序长 0.5~1cm。壳斗盘形或杯形。花期 2~3 月，果期 8~11 月。

生于密林中。

分布于我国华南地区。越南也有分布。

3．柯属 Lithocarpus Bl.

叶全缘，常有秕鳞或鳞腺。雄花序于序轴中上部，雌花于下部。每壳斗具坚果 1 个，全包或碗状、碟状。坚果翌年熟。

莲花山白盆珠 12 种。

1. 短尾柯 Lithocarpus brevicaudatus (Skan) Hayata

叶革质，通常卵形。花序轴及壳斗外壁均被棕或灰黄色微柔毛。坚果宽圆锥形。花期 5~7 月，果期翌年 9~11 月。

生于山地杂木林中。

分布于我国长江以南各地区。

2. 美叶柯 Lithocarpus calophyllus Chun

叶硬革质，宽椭圆形，基部近于圆或浅耳垂状，叶背无毛。壳斗厚木质。坚果顶部平坦中央微凹陷或甚短尖。花期 6~7 月，果期翌年 8~9 月。

生于山地常绿阔叶林中。

分布于我国江西与福建两省西南部、湖南南部、广东、广西、贵州南部。

3. 烟斗柯 Lithocarpus corneus (Lour.) Rehd.

叶常聚生枝顶，纸质或革质，椭圆形至卵形，叶背被半透明腺鳞。壳斗3个成簇或单生。坚果陀螺状或半球形。花期4~7月，果期9~11月。

生于疏林中。

分布于我国华南、华中、华东及西南地区。越南也有分布。

4. 短穗泥柯 Lithocarpus fenestratus var. brachycarpus (Lour.) A. Camus

叶稍厚纸质，卵状椭圆形或披针形，全缘。雌花序长达25cm。壳斗扁圆形。坚果扁圆形。花期8~10月，果期翌年10~12月。

生于山地常绿阔叶林中。

分布于我国广东中部至西南部、香港、海南、广西西南部、云南东南部。

5. 柯 Lithocarpus glabra (Thunb.) Nakai

叶革质或厚纸质，长6~14cm，上部叶边缘有1~4个浅裂齿或全缘。壳斗碟状或浅碗状。坚果椭圆形或长卵形。花期7~11月，果期翌年。

生于坡地林中。

分布于我国华南、华中、华东及西南地区。日本也有分布。

6. 硬壳柯 Lithocarpus hancei (Benth.) Rehd.

除花序轴及壳斗被灰色短柔毛外各部均无毛。叶薄纸质至硬革质，叶形变异大。壳斗包着坚果不到1/3。花期4~6月，果期翌年9~12月。

生于丘陵山地常绿阔叶林中。

分布于我国秦岭南坡以南各地。

7. 港柯 Lithocarpus harlandiii (Hance) Rehd.

枝、叶及芽鳞均无毛。叶硬革质，披针形，椭圆形或倒披针形。花序着生当年生枝的顶部。壳斗浅碗状。花期5~6月，果期翌年9~10月。

生于山地常绿阔叶林中。

分布于我国南方地区。

8. 挺叶柯 Lithocarpus ithyphyllus Chun ex H. T. Chang

叶硬革质，狭长椭圆形，两侧边缘近平行，全缘。雌雄同序。壳斗碟状或浅碗状。坚果长椭圆形或圆锥形。花期5~6月，果期翌年8~9月。

生于林中。

分布于我国广东。

9. 木姜叶柯 Lithocarpus litseifolius (Hance) Chun

叶纸质或近革质，长 8~18cm，全缘，有坚实鳞秕层。壳斗浅碟状或短漏斗状。坚果宽圆锥形或近球形。花期 5~9 月，果期翌年 6~10 月。

生于阔叶林中。

分布于我国秦岭以南各地区。东南亚也有分布。

10. 大叶苦柯 *Lithocarpus paihengii* Chun & Tsiang

叶厚革质，卵状椭圆形或长椭圆形，长 15~25cm，全缘。壳斗圆或扁圆形。坚果扁圆形或宽圆锥形。花期 5~6 月，果期 10~12 月。

生于山地杂木林中，生于较干燥环境的，其叶片较小。

分布于我国江西、福建、湖南三省的南部及广东、广西。

11. 南川柯 *Lithocarpus rosthornii* (Schott.) Barn.

高 10~15m。叶略厚的脆纸质，倒卵状椭圆形或倒披针形，长 12~30cm。坚果扁圆锥形。花期 8~10 月，果期翌年。

生于阔叶林中。

分布于我国华南及西南地区。

12. 紫玉盘柯 *Lithocarpus uvariifolius* (Hance) Rehd.

小枝、叶柄、叶脉及花序轴密被褐色长柔毛。叶倒卵形或倒卵状椭圆形，长 9~22cm。壳斗包果 1/2 以上。坚果半球形。花期 ~7 月，果期翌年 10~12 月。

生于阔叶林中。

分布于我国华南地区。

4. 栎属 *Quercus* L.

叶螺旋状互生。花雌雄同株，花被 5~6 深裂。壳斗杯状、碟状、半球形或近钟形，每壳斗具 1 坚果。

莲花山白盆珠 1 种。

1. 乌冈栎 *Quercus phillyraeoides* A. Gray

叶卵状椭圆形或倒卵状椭圆形，长 2~6cm，边缘 1/4 以上有波状小锯齿。壳斗碗形。坚果卵状椭圆形。花期 5 月，果期翌年 10 月。

生于山脊或岩石上。

分布于我国长江以南地区。日本也有分布。

164. 木麻黄科 Casuarinaceae

叶鳞状，4 至多枚轮生，基部鞘状。花单性，雌雄同株或异株，生侧枝顶端。小坚果扁平，顶端具膜质翅。种子 1 颗。

莲花山白盆珠 1 属 1 种。

1. 木麻黄属 *Casuarina* L.

属的形态特征与科相同。

莲花山白盆珠 1 种。

1. * 木麻黄 *Casuarina equisetifolia* G. Forest.

叶鳞状，淡绿色，披针形或三角形，紧贴小枝。花雌雄同株或异株。小坚果。花期 4~5 月，果期 7~10 月。

生于村庄、路旁。

分布于我国华南地区。世界热带、亚热带地区常见栽培。

165. 榆科 Ulmaceae

单叶互生，常 2 列，羽状脉或基部三出脉，托叶常膜质。单被花两性，稀单性或杂性。翅果、核果、小坚果或具翅或附属物。

莲花山白盆珠 2 属 5 种。

1. 朴属 Celtis L.

叶互生，具锯齿或全缘，基脉三出，基生 1 对侧脉较粗。花两性或单性。核果，内果皮骨质，具网孔状凹陷或近平滑，具果柄。

莲花山白盆珠 1 种。

1. 朴树 *Celtis sinensis* Pers.

叶纸质，卵形至长椭圆状卵形，长 5~10cm，基部圆而偏斜，上部边缘有粗锯齿。花生于当年生枝。核果近球形。花期 3~4 月，果期 9~10 月。

多生于路旁、山坡、林缘。

分布于我国华南、华中、华东及西南地区。日本也有分布。

2. 山黄麻属 Trema Lour.

叶互生，具细锯齿，基部三出脉，稀五出脉或羽状脉。花单性或杂性，具短梗。核果小，直立，卵圆形或近球形。

莲花山白盆珠 4 种。

1. 狭叶山黄麻 *Trema angustifolia* (Planch.) Bl.

叶纸质，卵状披针形，边缘具锯齿。花单性，雌雄异株或同株。果宽卵圆形或近球形。花期 4~6 月，果期 8~11 月。

生于水库周边、低山丘陵地区及路旁。

分布于我国华南及西南地区。东南亚也有分布。

2. 光叶山黄麻 *Trema cannabina* Lour.

叶近膜质，卵形或卵状矩圆形，长 4~9cm，边缘具圆锯齿。花单性，雌雄同株。核果近球形或阔卵圆形。花期 3~6 月，果期 9~10 月。

生于水库周边、低山丘陵及路旁。

分布于我国华南、华中、华东及西南地区。东南亚也有分布。

3. 异色山黄麻 *Trema orientalis* (L.) Bl.

高达 20m。叶革质，坚硬易脆，卵状矩圆形或卵形，长 10~18cm，边缘有细锯齿。核果卵状球形或近球形，黑色。种子阔卵球状。花期 3~5 月，果期 6~11 月。

生于水库周边及低山混交林中。

分布于我国华南、华东及西南地区。南亚、东南亚及非洲东部也有分布。

4. 山黄麻 *Trema tomentosa* (Roxb.) H. Hara

叶纸质或薄革质，宽卵形或卵状矩圆形，长 7~15cm，边缘有锯齿。核果宽卵球状，褐黑色或紫黑色。花期 3~6 月，果期 9~11 月。

生于水库周边及低山丘陵地区。

分布于我国华南、华东及西南地区。南亚、东南亚及非洲东部也有分布。

167. 桑科 Moraceae

叶互生稀对生，托叶 2 片，早落。花小，单性，花序腋生。瘦果、聚花果、隐花果或陷入花序轴内形成大型聚合果。

莲花山白盆珠 6 属 29 种。

1. 波罗蜜属 *Artocarpus* J. R. Forst. & G. Forst.

有乳液。单叶互生，螺旋状排列或 2 列，革质，叶脉羽状，稀基生三出脉。花雌雄同株。聚花果由小核果组成，外果皮膜质至薄革质。

莲花山白盆珠 3 种。

1. 白桂木 *Artocarpus hypargyreus* Hance

叶革质，互生，椭圆形或倒卵状长圆形，长 7~22cm，全缘。花序单个腋生。聚花果近球形，黄色。花期 5~8 月，果期 6~8 月。

生于阔叶林中。

分布于我国华南、华中、华东及西南地区。

2. 桂木 *Artocarpus nitidus* subsp. *lingnanensis* (Merr.) F. M. Jarr.

叶互生，革质，长圆状椭圆形至倒卵椭圆形，长 7~15cm，全缘或具浅疏锯齿。聚花果近球形，红色，肉质；小核果 10~15 个。花期 4~5 月。

生于杂木林中。

分布于我国华南地区。柬埔寨、泰国及越南北部也有分布。

3. 二色波罗蜜 *Artocarpus styracifolius* Pierre

叶革质，2 列互生，椭圆形、长圆形或倒卵状椭圆形，全缘。花雌雄同株。聚花果球形，黄色；核果球形。花期 6~8 月，果期 8~12 月。

生于林中。

分布于我国华南及西南地区。越南、老挝也有分布。

2. 构属 *Broussonetia* L'Hert. ex Vent.

具乳液。叶互生，叶缘具齿或缺裂，基生叶脉三出，侧脉羽状。花雌雄异株或同株。瘦果为宿存肉质花被所包。

莲花山白盆珠 2 种。

1. 藤构 *Broussonetia kaempferi* var. *australis* Suzuki

叶互生，螺旋状排列，近对称的卵状椭圆形，边缘锯齿细，齿尖具腺体。花雌雄异株。聚花果直径 1cm。花期 4~6 月，果期 5~7 月。

生于沟谷或沟边路旁。

分布于我国华南、华东、华中及西南地区。

2. 构树 Broussonetia papyrifera (L.) L' Hert. ex Vent.

叶广卵形至长椭圆状卵形，边缘具粗锯齿，不分裂或 3~5 裂。花雌雄异株。聚花果直径 1.5~3cm，成熟时橙红色，肉质。花期 4~5 月，果期 6~7 月。

生于沟谷或沟边路旁。

分布于我国南北各地区。缅甸、泰国、越南、马来西亚也有分布。

3. 柘属 Cudrania Trec.

叶互生，全缘，托叶 2 枚，侧生。花雌雄异株，苞片锥形、披针形至盾形，具 2 枚黄色腺体。聚花果肉质；小核果卵圆形。

莲花山白盆珠 2 种。

1. 葨芝 Cudrania cochinchinensis (Lour.) Kudo & Masamune

叶互生。叶片革质，倒卵状椭圆形或椭圆形，全缘。头状花序单生或成对腋生。聚花果球形，肉质。花期 4~5 月，果期 9~10 月。

生于山坡、山谷林下或溪边。

分布于我国中部和南部地区。亚洲热带、非洲至大洋洲也有分布。

2. 柘树 Cudrania tricuspidata (Carr.) Bureau ex Lavallee

单叶互生，近革质，卵圆形或倒卵形，长 5~13cm。花单性，雌雄异株。聚花果球形，肉质，橘红色或橙黄色。花期 5~6 月，果期 9~10 月。

生于荒坡、山地、林缘和溪旁。

分布于我国中南、西南、华东地区及河北南部。

4. 榕属 Ficus L.

攀缘状或附生，具气根或无，具乳液。叶互生，稀对生，全缘、具锯齿或缺裂。花雌雄同株或异株。榕果腋生或老茎生。

莲花山白盆珠 19 种。

1. 石榕树 Ficus abelii Miq.

叶纸质，窄椭圆形至倒披针形，长 4~9cm，全缘。榕果单生叶腋，近梨形。雄花、瘿花生于同一榕果内。瘦果表面有瘤状凸体。花期 5~7 月。

生于林下或溪边。

分布于我国华南、华中及华东地区。日本、越南也有分布。

2. 黄果榕 Ficus benguetensis Merr..

叶长圆形至长圆状卵形，先端急尖，基部斜楔形，全缘，表面无毛。榕果腋生或簇生于无叶瘤状短枝上。瘦果倒卵形，微歪斜。花果期为春夏季。

生于各岛屿阔叶林中。

分布于我国台湾。日本、菲律宾也有分布。

3. 天仙果 Ficus erecta Thunb

叶厚纸质，倒卵状椭圆形，长 7~20cm，表面粗糙。雄花和瘿花生于同一榕果内壁。榕果单生于叶腋，具总梗，球形或梨形。花果期 5~6 月。

生于溪边或林下。

分布于我国华南、华中及华东地区。越南也有分布。

4. 黄毛榕 Ficus esquiroliana Lévl.

叶互生，纸质，广卵形，长 17~27cm。榕果腋生，圆锥状椭圆形。瘦果斜卵圆形，表面有瘤体。花期 5~7 月，果期 7 月。

生于溪边或林下。

分布于我国华南、华东及西南地区。东南亚也有分布。

5. 水同木 Ficus fistulosa Reinw. ex Bl.

叶互生，纸质，倒卵形至长圆形，长 10~20cm，全缘或微波状。雄花和瘿花生于同一榕果内壁。榕果簇生于老干发出的瘤状枝。花果期 5~7 月。

生于溪边石上或林中。

分布于我国华南及西南地区。东南亚也有分布。

6. 台湾榕 Ficus formosana Maxim.

叶纸质或膜质，倒披针形，长 4~11cm，全缘或中部以上疏生钝齿。榕果单生于叶腋，卵状球形。瘦果球形，光滑。花期 4~7 月。

生于沟谷。

分布于我国华南、华东、华中及西南地区。越南也有分布。

7. 藤榕 Ficus hederacea Roxb.

叶 2 列，厚革质，椭圆形或卵状椭圆形，全缘。雄花散生榕果内壁，无柄。榕果单生或成对腋生，球形。瘦果椭圆形。花期 5~7 月。

生于沟谷溪边。

分布于我国华南及西南地区。东南亚也有分布。

8. 粗叶榕 Ficus hirta Vahl.

叶互生，纸质，多型，长椭圆状披针形或广卵形，边缘具细锯齿。榕果成对腋生或生于落叶枝。瘦果球形。花果几乎全年。

生于屋旁空地及林边。

分布于我国华南、华中、华东及西南地区。东南亚也有分布。

9. 对叶榕 *Ficus hispida* L. f.

叶对生，厚纸质，卵状椭圆形或倒卵状矩圆形，长10~25cm。榕果腋生或生于落叶枝或老茎下垂枝。花果期6~7月。

生于沟谷。

分布于我国华南及西南地区。东南亚也有分布。

10. 九丁榕 *Ficus nervosa* Heyne ex Roth.

叶薄革质，椭圆形至倒卵状披针形，背面散生细小乳突状瘤点。雄花、瘿花和雌花生于同一榕果内。榕果单生或成对腋生。花期1~8月。

分布于我国华南、华东地区。南亚也有分布。

11. 琴叶榕 *Ficus pandurata* Hance

叶纸质，提琴形或倒卵形，长4~8cm，背面叶脉具疏毛和小瘤点。榕果单生于叶腋，鲜红色，椭圆形或球形，直径6~10mm。花期6~8月。

生于山地、旷野及灌丛中。

分布于我国华南、华东、华中及西南地区。泰国、越南也有分布。

12. 薜荔 *Ficus pumila* L.

叶二型，不结果枝节生不定根，叶卵状心形，薄革质；结果枝无不定根，叶革质。榕果单生于叶腋。瘦果近球形。花果期5~8月。

生于旷野、岩石或树上。

分布于我国华南、华东、西南及西北地区。日本、越南也有分布。

13. 舶梨榕 *Ficus pyriformis* Hook. & Arn.

叶纸质，倒披针形或倒卵状披针形，长4~11cm，全缘稍背卷。榕果单生于叶腋。瘦果具瘤体。花期12月至翌年6月。

生于溪边林下。

分布于我国广东、福建。日本也有分布。

14. * 菩提树 Ficus religiosa L.

叶革质，互生，卵形或卵圆形，基部心形。雄花，瘿花和雌花生于同一榕果内壁。榕果球形至扁球形，光滑。花期 3~4 月，果期 5~6 月。

生于林下。

分布于我国广东、广西、云南，多为栽培。尼泊尔、巴基斯坦及印度也有分布。

15. 竹叶榕 Ficus stenophylla Hemsl.

叶纸质，线状披针形，长 5~13cm，全缘背卷。雄花、瘿花同生雄株榕果中。榕果椭圆状球形。花果期 5~7 月。

生于沟边堤岸。

分布于我国华南、华中、华东及西南地区。越南、泰国也有分布。

16. 笔管榕 Ficus subpisocarpa Gagnep.

叶互生或簇生，纸质或薄革质，全缘或微波状。花序单个或成对腋生，或簇生于落叶小枝。榕果单生或成对或簇生于叶腋或无叶枝上。花果期全年。

生于沟谷林中。

分布于我国华南、华东及西南地区。东南亚也有分布。

17. 青果榕 Ficus variegata Bl.

高 7~10m。叶互生，厚纸质，广卵形至卵状椭圆形，长 10~17cm，全缘。花被合生。榕果簇生于老茎，基部收缩成短柄，球形。花果期春季至秋季。

生于沟谷林中。

分布于我国华南及西南地区。越南、泰国也有分布。

18. 变叶榕 Ficus variolosa Lindl. ex Benth.

叶薄革质，狭椭圆形至椭圆状披针形，全缘。榕果成对或单生于叶腋，球形，表面有瘤体。瘦果表面有瘤体。花期 12 月至翌年 6 月。

生于溪边林下。

分布于我国华南、华东、华中及西南地区。越南、老挝也有分布。

19. * 黄葛树 Ficus virens Ait.

叶薄革质或纸质，近披针形。雄花、瘿花、雌花生于同一榕果内。榕果单生、腋生或簇生于落叶枝叶腋，榕果表面有皱纹。花果期 4~7 月。

生于村庄或路旁。

分布于我国东南部至西南地区。亚洲南部至大洋洲也有分布。

5. 桑属 Morus L.

叶互生。花雌雄异株或同株，花序穗状，花被片 4 片。聚花果由核果组成，外果皮肉质，内果皮壳质。种子近球形。

莲花山白盆珠 2 种。

1.* 桑 Morus alba L.

叶卵形或广卵形，边缘锯齿粗钝。花单性，腋生或生于芽鳞腋内，与叶同出，雄花序下垂。聚花果卵状椭圆形。花期 4~5 月，果期 5~8 月。

生于村边、路缘。

分布于我国各地。东亚及欧洲也有分布。

2. 长穗桑 Morus wittiorum Hand.-Mazz.

叶纸质，长圆形至宽椭圆形，两面无毛，叶柄上有浅槽。花雌雄异株。聚花果狭圆筒形；核果卵圆形。花期 4~5 月，果期 5~6 月。

生于山坡疏林中或山脚沟边。

分布于我国湖北、湖南、广西、广东、贵州东北部至南部。

6. 鹊肾树属 Streblus Lour.

叶互生，2 列，全缘或具锯齿，叶脉羽状。花单性，花序腋生。果球形。种子球形。

莲花山白盆珠 1 种。

1. 假鹊肾树 Streblus indicus (Bur.) Corner

叶革质，椭圆状披针形或倒卵状椭圆形。花雌雄同株或同序。果球形，基部一边肉质。花期 10~11 月。

生于山地林中或阴湿地。

分布于我国华南及西南地区。印度、泰国也有分布。

169. 荨麻科 Urticaceae

单叶互生或对生，具托叶。花极小，单性，团伞花序组成多种状花序。瘦果。

莲花山白盆珠 7 属 10 种。

1. 苎麻属 Boehmeria Jacq.

叶互生或对生，边缘具齿，不分裂，基三出脉，托叶分生。团伞花序腋生。瘦果卵形。

莲花山白盆珠 1 种。

1. 苎麻 Boehmeria nivea (L.) Gaudich.

茎上部与叶柄密被长硬毛。叶通常圆卵形或宽卵形，互生，革质；托叶分生，钻状披针形。圆锥花序腋生。瘦果近球形。花期 8~10 月。果期 9~11 月。

生于山沟谷、草坡或路旁。

分布于我国华南、华东及西南地区。越南、老挝也有分布。

2. 微柱麻属 Chamabainia Wight

叶对生，卵形，具牙齿，基三出脉，钟乳体点状，托叶离生，膜质。花单性，团伞花序；苞片小，膜质。瘦果近椭圆状球形，果皮硬壳质。

莲花山白盆珠 1 种。

1. 微柱麻 Chamabainia cuspidata Wight

叶对生，叶片草质，菱状卵形或卵形。团伞花序单性。瘦果近椭圆状球形，暗褐色。花期 6~8 月。果期 8~11 月。

生于林中、灌丛、沟边或石上。

分布于我国华南、华东、华中及西南地区。尼泊尔、印度、斯里兰卡、缅甸、越南也有分布。

3. 糯米团属 Gonostegia Turcz.

叶对生或互生，基出脉 3~5 条，托叶离生或合生。花两性或单性，团伞花序生于叶腋；苞片小，膜质。瘦果卵球形。

莲花山白盆珠 1 种。

1. 糯米团 Gonostegia hirta (Bl. ex Hassk.) Miq.

茎蔓生、铺地或渐升。叶对生，窄披针形至卵形。花雌雄异株，团伞花序腋生。瘦果卵球形，白色或黑色。花期 5~9 月。果期 8~9 月。

生于丘陵或低山林中、灌丛或沟边。

分布于我国华南及西南地区。热带和亚热带地区广布。

4. 赤车属 Pellionia Gaudich.

叶互生，2 列，两侧不相等，边缘全缘或有齿，具三出脉；钟乳体纺锤形。花序雌雄同株或异株。瘦果小，卵形或椭圆状球形。

莲花山白盆珠 3 种。

1. 小赤车 Pellionia minima Makino

茎平卧，多自基部分枝。叶具短柄，叶片椭圆形、宽倒卵形或近圆形。花序雌雄异株，苞片圆状披针形，带紫色。瘦果椭圆状球形。花期 5 月。

生于山谷溪边或林中石上。

分布于我国华南及华东地区。日本也有分布。

2. 赤车 Pellionia radicans (Sieb. & Zucc.) Wedd.

叶斜窄菱状卵形，先端渐尖，基部窄侧钝。花雌雄异株。瘦果椭圆状球形，具小瘤状突起。花期 5~10 月。

生于山谷、灌丛或溪边。

分布于我国华南、华东、华中及西南地区。越南、朝鲜、日本也有分布。

3. 蔓赤车 Pellionia scabra Benth.

常分枝，上部被开展的糙毛。叶草质，斜长圆形，上面疏被糙毛，下面中脉被毛。花雌雄异株。瘦果椭圆形，具小瘤状突起。花期春夏季。

生于山谷溪边林中。

分布于我国华南、华东及西南地区。

5. 冷水花属 Pilea Londl.

叶对生，具齿或全缘，具三出脉；钟乳体线形、纺锤形或短杆状。花序单生或腋生，花单性。瘦果卵形或近圆形。

莲花山白盆珠 1 种。

1.* 小叶冷水花 Pilea microphylla (L.) Liebm.

茎肉质，多分枝，密布线形钟乳体。叶小，不等大，倒卵形或匙形，全缘。花雌雄同株或同序。瘦果卵形，褐色。花期夏秋季，果期秋季。

生于村庄路旁、路边石缝或墙边。

分布于我国华南及华东地区。原产于南美热带地区。

6. 雾水葛属 Pouzolzia Gaudich.

叶互生，具齿或全缘，基三出脉；钟乳体点状。花两性，偶单性，团伞花序生于叶腋。瘦果卵球形。

莲花山白盆珠 2 种。

1. 雾水葛 Pouzolzia zeylanica (L.) Benn.

茎直立或渐升，被伏毛或开展柔毛。叶对生，叶片草质，卵形或宽卵形，全缘，两面疏被伏毛。花两性，团伞花序。瘦果卵球形。花期秋季，果期 8~10 月。

生于田边草地及低山灌丛或林下。

分布于我国华南、华东及西南地区。亚洲热带地区广布。

2. 多枝雾水葛 Pouzolzia zeylanica var. microphylla (Wedd.) W. T. Wang

与原种的主要区别：常铺地。茎下部叶对生，上部叶互生，分枝叶通常互生或下部对生，叶形变化大，卵形、狭卵形或披针形。

生于草地、田边或草坡。

分布于我国华南、华东及西南地区。亚洲热带地区广布。

7. 藤麻属 Procris Comm. ex Juss.

叶 2 列，全缘或具浅齿，羽状脉；钟乳体条形，极小；托叶小，全缘。雄花呈聚伞花序，雌花序头状，兜状，肉质。瘦果卵球形。

莲花山白盆珠 1 种。

1. 藤麻 Procris crenata C. B. Robinson

叶生于茎或分枝上部，无毛，叶片两侧稍不对称，狭长圆形或长椭圆形。雄花序生于雌花序下，簇生；雌花序簇生。瘦果褐色，狭卵球形。

生于林中石上。

分布于我国华南、华东及西南地区。东南亚也有分布。

171．冬青科 Aquifoliaceae

单叶互生，具柄。花小，辐射对称，单性，雌雄异株。浆果状核果。种子富含胚乳。

莲花山白盆珠 1 属 19 种。

1. 冬青属 Ilex L.

单叶互生，全缘、有齿或具刺齿。花小，辐射对称，单性，雌雄异株，花瓣 4~8 片。浆果状核果，球形，熟时红色或黑色。

莲花山白盆珠 19 种。

1. 满树星 Ilex aculeolata Nakai

叶倒卵形，长 2~6cm，具锯齿。花序单生叶腋或鳞片腋内，花白色；雌花单生于短枝鳞片腋内或长枝叶腋。果球形。花期 4~5 月，果期 6~9 月。

生于山谷、路旁疏林或灌丛。

分布于我国华南、华东、华中及西南地区。

2. 梅叶冬青 Ilex asprella (Hook. & Arn.) Champ. ex Benth.

叶膜质，卵形或卵状椭圆形。基部钝至近圆形，边缘具锯齿。

雌花序单生于叶腋或鳞片腋内；内果皮石质。花期 3 月，果期 4~10 月。

生于山谷、路旁疏林或灌丛。

分布于我国华南、华东、华中及西南地区。

3. 凹叶冬青 Ilex championii Loes.

叶卵形或倒卵形，先端圆微凹，全缘，下面具深色腺点。聚伞花序，花 4 基数，花瓣长圆状卵形。果扁球形。花期 6 月，果期 8~11 月。

生于山谷密林中。

分布于我国华南、华东和西南地区。

4. 沙坝冬青 Ilex chapaensis Merr.

叶纸质，卵状椭圆形或椭圆形，具浅圆齿。雄花序假簇生，雌花序单生于短枝顶鳞片内；花瓣倒卵状长圆形。果球形。花期 4 月，果期 10~11 月。

生于山地疏林或混交林中。

分布于我国华南、华东、西南地区。越南也有分布。

5. 黄毛冬青 Ilex dasyphylla Merr.

小枝、叶柄、叶片、花梗及花萼密被锈黄色瘤基短硬毛。叶革质，卵形至卵状披针形。聚伞花序单生于叶腋。果球形。花期 5 月，果期 8~12 月。

生于林中或灌丛。

分布于我国华南地区。

6. 厚叶冬青 Ilex elmerrilliana S. Y. Hu

叶椭圆形或长圆状椭圆形，长 5~8cm，全缘。花序簇生于叶腋或鳞片腋内，花瓣长圆形。果球形，熟时红色。花期 4~5 月，果期 7~11 月。

生于山地常绿阔叶林、灌丛或林缘。

分布于我国华南、华中、华东及西南地区。

7. 线叶冬青 Ilex fargesii var. angustifolia C. Y. Chang

全株无毛。叶生于 1~3 年生枝上，叶片近革质。花序簇生于 2 年生枝叶腋内。果球形，具纵条纹。花期 5 月，果期 9~10 月。

生于山地林中或山坡灌丛中。

分布于陕西南部、甘肃南部、湖北西部和四川。

8. 榕叶冬青 *Ilex ficoidea* Hemsl.

叶革质，椭圆形至倒卵状椭圆形，具细锯齿。聚伞花序或单花簇生于叶腋，花白色或浅黄绿色，芳香。果球形，具小瘤。花期 4~5 月，果期 8~11 月。

生于阔叶林及林缘。

分布于我国华南、华东、华中及西南地区。日本也有分布。

9. 广东冬青 *Ilex kwangtungensis* Merr.

叶卵状椭圆形、长圆形或披针形，长 7~16cm，具细齿或近全缘。复合聚伞花序单生于叶腋，花红色或紫红色。果球形。花期 6 月，果期 9~11 月。

生于阔叶林和灌丛。

分布于我国华南、华东、华中及西南地区。

10. 矮冬青 *Ilex lohfauensis* Merr.

叶薄革质或纸质，长圆形或椭圆形，全缘，两面沿中脉被柔毛。雄花序聚伞状簇生于叶腋。果球形。花期 6~7 月，果期 8~12 月。

生于水库周边阔叶林及低山丘陵。

分布于我国华南、华东、华中及西南地区。

11. 大果冬青 *Ilex macrocarpa* Oliv.

叶卵形或卵状椭圆形，具浅锯齿。花白色，雄花单生或簇生于叶腋，雌花单生于叶腋或鳞片腋内。果球形。花期 4~5 月，果期 10~11 月。

生于山地林中。

分布于我国华南、华东、华中、西北和西南地区。

12. 小果冬青 *Ilex micrococca* Maxim.

叶卵形或卵状椭圆形，长 7~13cm，全缘或具芒状锯齿。聚伞花序单生于叶腋，花白色。果球形，熟时红色。花期 5~6 月，果期 9~10 月。

生于山地常绿阔叶林中。

分布于我国华南、华东、华中和西南地区。日本和越南也有分布。

13. 毛冬青 *Ilex pubescens* Hook. & Arn.

小枝具棱，被粗毛。叶纸质或膜质，椭圆形或长卵形，边缘具细锯齿或近全缘，密被长硬毛。花序簇生于叶腋。果红色。花期 4~5 月，果期 8~11 月。

生于林中、林缘、灌丛或路旁。

分布于我国华南、华东、华中及西南地区。

14. 铁冬青 Ilex rotunda Thunb.

叶薄革质或纸质，卵形至倒卵状椭圆形，长 4~9cm，全缘。聚伞花序或伞形花序单生于当年生枝，花白色。果红色。花期 4 月，果期 8~12 月。

生于林中。

分布于我国华南、华中、华东及西南地区。越南也有分布。

15. 华南冬青 Ilex sterrophylla Merr. & Chen

叶出现于 1~2 年生枝上，叶片革质，先端渐尖，基部楔形或近圆形。雄花序的聚伞花序近伞形状。果球形。花期 5 月，果期 9~10 月。

生于山地密林中。

分布于我国广东、广西和海南。越南也有分布。

16. 香冬青 Ilex suaveolens (Lévl.) Loes.

叶革质，卵形或椭圆形，具细圆齿，微内卷，无毛，具翅。花未见。聚伞果序单个腋生。果长球形。内果皮石质。

生于林中。

分布于我国华南、华中、华东及西南地区。

17. 三花冬青 Ilex triflora Bl.

叶近革质，椭圆形至卵状椭圆形，边缘具波状线齿，背面有腺点。花单性，簇生于叶腋。果球形，熟后黑色。花期 5~7 月，果期 8~11 月。

生于林中。

分布于我国华南、华东、华中及西南地区。南亚、东南亚也有分布。

18. 绿叶冬青 Ilex viridis Champ. ex Benth.

叶革质，倒卵形、倒卵状椭圆形或阔椭圆形，长 2.5~7cm，边缘稍反折，具圆齿，叶背有腺点。雄花 1~5 朵组成聚伞花序，雌花单生。果黑色。花期 5 月，果期 10~11 月。

生于山地阔叶林中。

分布于我国华南、华东及西南地区。

19. 尾叶冬青 Ilex wilsonii Loes.

叶厚革质、卵形或倒卵状长圆形，长 4~7cm，全缘。花序簇生于叶腋，苞片三角形，常具三尖头，花 4 基数。果球形。花期 5~6 月，果期 8~10 月。

生于山地、沟谷阔叶林。

分布于我国华南、华东及西南地区。

173. 卫矛科 Celastraceae

单叶，对生或互生。聚伞花序组成圆锥状或总状，花两性或单性。多为蒴果，也有核果、翅果或浆果。种子常有肉质假种皮。

莲花山白盆珠 3 属 10 种。

1. 南蛇藤属 Celastrus L.

叶互生，托叶小，线形。聚伞花序排成圆锥或总状，腋生或顶生，花小，雌雄异株。蒴果近球形。种子被橘红色肉质假种皮。

莲花山白盆珠 3 种。

1. 过山枫 Celastrus aculeatus Merr.

幼枝被棕褐色短毛。叶多为椭圆形或长圆形，长 5~10cm。聚伞花序短，腋生或侧生，常具 3 花。蒴果近球形。种子新月形或弯成半环状。

生于灌丛或路旁疏林。

分布于我国华南、华东及华东地区。

2. 青江藤 Celastrus hindsii Benth.

叶长圆状椭圆形或椭圆状倒披针形，边缘具锯齿。顶生聚伞状圆锥花序，腋生花序具 1~3 花，淡绿色。蒴果近球形。种子宽椭圆形或球形。花期 5~7 月，果期 7~10 月。

生于灌丛或山地林中。

分布于我国华南、华中、华东及西南地区。印度、越南、马来西亚也有分布。

3. 独子藤 Celastrus monospermus Roxb.

小枝具细纵棱。叶长圆状宽椭圆形或窄椭圆形，边缘具锯齿。二歧聚伞花序排成圆锥状。蒴果近球形。种子 1 颗，椭圆形。花期 3 月，果期 6~10 月。

生于灌丛或密林中。

分布于我国华南、华中及西南地区。东南亚也有分布。

2. 卫矛属 Euonymus L.

叶对生，托叶披针形。聚伞花序排成圆锥状，腋生；花两性，白绿色、黄绿色或紫色。蒴果，果皮平滑或有刺突或瘤突。种子被红色或黄色肉质假种皮。

莲花山白盆珠 5 种。

1. 百齿卫矛 Euonymus centidens Lévl.

小枝方棱状。叶对生，纸质或近革质，窄长椭圆形或近倒卵形，齿端常具黑色腺点。聚伞花序，花 4 数。蒴果 4 深裂。种子长圆形。花期 6 月，果期 9~10 月。

生于山坡及密林中。

分布于我国华南、华中及西南地区。

2. 扶芳藤 Euonymus fortunei (Turcz.) Hand.-Mazz.

叶对生，薄革质，椭圆形至长倒卵形，长 3.5~8cm。聚伞花序，花白绿色，花萼裂片半圆形，花瓣近圆形。蒴果球形。种子椭圆形。花期 6 月，果期 10 月。

生于山坡丛林、林缘或攀缘于树上或墙壁。

分布于我国黄河流域以南地区。印度、日本、韩国也有分布。

3. 疏花卫矛 **Euonymus laxiflorus** Champ. ex Benth.

高达 4m。叶纸质或近革质，卵状椭圆形至窄椭圆形，长 5~12cm，全缘或具锯齿。聚伞花序，花紫色，5 基数。蒴果紫红色。种子长圆状。花期 3~6 月，果期 7~11 月。

生于山地及路旁密林。

分布于我国华南、华东、华中及西南地区。柬埔寨、印度、缅甸、越南也有分布。

4. 中华卫矛 **Euonymus nitidus** Benth.

叶革质，倒卵形至阔披针形，长 4~13cm，近全缘。聚伞花序，花 4 数；花瓣基部窄缩成短爪。蒴果三角卵圆状。种子阔椭圆形。花期 3~5 月，果期 6~10 月。

生于林内、路旁。

分布于我国华南、华东、华中及西南地区。日本、越南也有分布。

5. 狭叶卫矛 **Euonymus tsoi** Merr.

高 1~5m。枝圆柱状，树枝灰色。叶片革质，长披针形或椭圆状披针形，基部楔形，边缘有细锯齿。种子卵圆形，深棕色，假种皮橙红色。

生于密集的混交林。

分布于我国广东、广西。

3. 假卫矛属 **Microtropis** Wall. ex Meisn.

叶对生，全缘，无托叶。二歧聚伞花序腋生；花小，两性，花冠多白色或黄白色，花瓣覆瓦状排列。蒴果椭圆形。种子 1 颗，种皮稍肉质呈假种皮状。

莲花山白盆珠 2 种。

1. 福建假卫矛 **Microtropis fokienensis** Dunn

高 4m。小枝 4 棱；叶厚纸质或革质，窄倒卵形或宽倒披针形，长 4~9cm。密伞花序短小，腋生或侧生，小花 3~9 朵，花序梗短。蒴果椭圆状或倒卵状椭圆形。

生于山谷溪边。

分布于我国华南及华东地区。

2. 密花假卫矛 **Microtropis gracilipes** Merr. & Metc.

高 2~5m。小枝略具棱角。叶近革质，阔倒披针形，先端渐尖或窄渐尖，稍反卷。密伞花序或团伞花序腋生或侧生。蒴果阔椭圆状。种子椭圆状。

生于山谷林中、湿地或近河旁。

分布于我国湖南、贵州、福建、广东、广西。

178. 翅子藤科 Hippocrateaceae

单叶，对生，具柄，托叶小或无。花两性，辐射对称，簇生或为二歧聚伞花序。蒴果或浆果。种子具翅。

莲花山白盆珠 1 属 1 种。

1. 翅子藤属 Loeseneriella A. C. Sm.

叶对生，纸质或近革质，具柄。聚伞花序腋生或生于小枝顶端，具小苞片；花盘肉质，杯状。蒴果，广展，沿中缝开裂。种子具膜质翅。

莲花山白盆珠 1 种。

1. 程香仔树 Loeseneriella concinna A. C. Sm.

小枝纤细，具皮孔。叶纸质，长圆状椭圆形，长 4~7cm，叶缘疏生圆齿。聚伞花序腋生或顶生，花淡黄色。蒴果倒卵状椭圆形。种子 4 颗。花期 5~6 月，果期 10~12 月。

生于山谷林中。

分布于我国华南地区。

179. 茶茱萸科 Icacinaceae

具卷须。单叶互生，羽状脉，无托叶。花两性，辐射对称，排成穗状、总状、圆锥或聚伞花序。果核果状。种子 1 颗，无假种皮。

莲花山白盆珠 1 属 1 种。

1. 定心藤属 Mappianthus Hand.-Mazz.

各部被糙伏毛，卷须粗壮。叶对生，全缘，革质，羽状脉，具柄。花单性，雌雄异株。核果长卵圆形，外果皮薄肉质，内果皮薄壳质，具下陷网纹和纵槽。

莲花山白盆珠 1 种。

1. 定心藤 Mappianthus iodoides Hand.-Mazz.

除老枝外均被黄褐色糙伏毛。叶长椭圆形或长圆形，长 8~17cm。雄雌花序交替腋生。核果椭圆形。种子 1 颗。花期 4~8 月，果期 6~12 月。

生于疏林、灌丛或沟谷。

分布于我国华南、华东及西南地区。越南也有分布。

182. 铁青树科 Olacaceae

单叶，互生，全缘，羽状脉，无托叶。花小，两性，辐射对称，聚伞花序，腋生或丛生。核果或坚果，熟时花萼筒增大包围果实。

莲花山白盆珠 1 属 2 种。

1. 青皮木属 Schoepfia Schreb.

叶互生，羽状脉。聚伞花序腋生，萼筒与子房贴生；花冠筒状，具 4~6 裂片。坚果，熟时被花萼筒包围，顶端常有花被着生残迹。

莲花山白盆珠 2 种。

1. 华南青皮木 Schoepfia chinensis Gardn. & Champ.

叶纸质，长椭圆形或卵状披针形，长 5~9cm，叶脉、叶柄红色。螺旋状聚伞花序，具花 2~3 朵。果椭圆或长圆形，熟时被萼筒包围。花期 2~4 月，果期 4~6 月。

生于林中。

分布于我国华南、华中、华东及西南地区。

2. 青皮木 Schoepfia jasminodora Sieb. & Zucc.

树皮灰褐色。叶纸质，侧脉略呈红色；叶柄红色。花无梗，螺旋状聚伞花序，总花梗红色。果椭圆状。花期 3~5 月，果期 4~6 月。

生于山谷、沟边、山坡、路旁的密林或疏林中。

分布于我国秦岭以南的各部分地区。日本、泰国、越南也有分布。

185. 桑寄生科 Loranthaceae

叶对生，全缘，无托叶。花两性，雌雄同株或异株，总状、穗状、聚伞状或伞形花序，腋生或顶生。浆果，外果皮革质或肉质，中果皮具黏胶质。

莲花山白盆珠 5 属 8 种。

1. 离瓣寄生属 Helixanthera Lour.

叶对生或互生，羽状脉。总状或穗状花序，腋生，花两性，4~5 数，辐射对称。浆果顶端具宿存副萼，外果皮革质，中果皮具黏胶质。种子 1 颗。

莲花山白盆珠 2 种。

1. 离瓣寄生 Helixanthera parasitica Lour.

叶对生，卵形或卵状披针形，长 5~12cm。总状花序，腋生，花 5 基数。果椭圆形，红色，被乳头状毛。花期 1~7 月，果期 5~8 月。

生于阔叶林中，寄生于树上。

分布于我国华南、华东及西南地区。印度、东南亚也有分布。

2. 油茶离瓣寄生 Helixanthera sampsoni (Hance) Danser

叶纸质或薄革质，对生，黄绿色，卵形、椭圆形或卵状披针形，长 2~14cm。总状花序，腋生，苞片卵形。果卵球形，红色或橙色。花期 4~6 月，果期 8~10 月。

生于山地阔叶林中或林缘。

分布于我国云南、广西、广东、福建。越南也有分布。

2. 鞘花属 Macrosolen (Bl.) Reichb.

叶对生，革质或薄革质，羽状脉。总状花序或伞形花序，每花具苞片 1 枚和小苞片 2 枚，花两性。浆果球形或椭圆状。种子 颗，椭圆状。

莲花山白盆珠 1 种。

1. 鞘花 Macrosolen cochinchinensis (Lour.) van Tiegh.

小枝灰色，具皮孔。叶革质，宽椭圆形或披针形。总状花序腋生或生于小枝已落叶腋部，苞片宽卵形，小苞片三角形。果近球形。花期 2~6 月，果期 5~8 月。

生于山地阔叶林中，寄生于其他植物上。

分布于我国华南、华东及西南地区。东南亚也有分布。

3. 钝果寄生属 Taxillus Tiegh.

嫩枝、叶常被绒毛。叶对生或互生，羽状脉。伞形花序，腋生。浆果，外果皮革质，有颗粒状体或小瘤体。种子 1 颗。

莲花山白盆珠 2 种。

1. 广寄生 Taxillus chinensis (DC.) Danser

嫩枝、叶和花密被锈色星状毛。叶对生，厚纸质，卵形或长卵形，长 3~6cm。伞形花序，腋生或生于叶腋。果椭圆状或近球形。花果期 4 月至翌年 1 月。

生于低山阔叶林中，寄生于其他植物上。

分布于我国华南地区及福建南部。东南亚也有分布。

2. 锈毛钝果寄生 Taxillus levinei (Merr.) H. S. Kiu

叶对生或近对生，被锈色绒毛。总状或穗状花序，花两性，4 数，花冠两侧对称。花托或果的下半部不变狭。

生于低山阔叶林中，寄生于其他植物上。

分布于我国华南及福建南部。东南亚也有分布。

4. 大苞寄生属 Tolypanthus (Bl.) Reichb.

叶互生或对生，具叶柄。花两性，副萼杯状，花被合生成管状，裂片花瓣状，每朵花仅1枚苞片，苞片大，轮生，总苞状，花5数，花冠两侧对称。浆果椭圆状，外果皮革质，被疏毛，中果皮具黏胶质。

莲花山白盆珠1种。

1. 大苞寄生 Tolypanthus maclurei (Merr.) Danser

叶革质，对生或簇生于短枝，长圆形或长卵形，长2.5~7cm。密簇聚伞花序，1~3个生于小枝已落叶腋部或腋生。果椭圆状。花期4~7月，果期8~10月。

生于山地、山谷或溪畔常绿阔叶林中，寄生于油茶、檵木、柿树、紫薇或杜鹃属、杜英属、冬青属等植物上。

分布于我国贵州南部和东部、广西、湖南、江西西部和南部、广东、福建西南部。

5. 槲寄生属 Viscum L.

茎、枝具明显的节，相邻节间互相垂直。叶对生，叶具基出脉或呈鳞片状。花单性，花被萼片状。浆果常具宿存花柱。种子1颗。

莲花山白盆珠2种。

1. 槲寄生 Viscum coloratum (Kom.) Nakai

叶对生，长椭圆形或椭圆状披针形，长3~7cm。花雌雄异株，花序顶生或腋生于茎叉分枝处。果球形，具宿存花柱。花期4~5月，果期9~11月。

生于阔叶林中，寄生于其他植物上。

分布于我国华南、华中、华东及西南地区。朝鲜，日本也有分布。

2. 瘤果槲寄生 Viscum ovalifolium DC.

有正常叶，叶倒卵形或长椭圆形，长3~8.5cm，宽1~3cm。聚伞花序，一个或多个簇生于叶腋，花托卵球形，长1.5~2mm。果具瘤状凸起。花果期几全年。

生于沿海红树林中或平原、盆地、山地亚热带季雨林中，寄生于柚树、黄皮、板栗或海桑、海莲等多种植物上。

分布于我国云南南部、广西、广东。马来西亚、印度尼西亚、菲律宾也有分布。

186. 檀香科 Santalaceae

单叶，互生或对生，无托叶。花小，辐射对称，两性，集成各种花序或簇生、腋生，花被裂片3~4枚，内面雄蕊着生处有疏毛或舌状物。核果或小坚果。种子1颗。

莲花山白盆珠1属1种。

1. 寄生藤属 Dendrotrophe Miq.

叶革质，互生，全缘。花小，腋生，单生、簇生或集成聚伞或伞形花序，花被5~6裂。核果顶端冠以宿存花被裂片。种子具纵向深槽。

莲花山白盆珠1种。

1. 寄生藤 Dendrotrophe varians (Bl.) Miq.

高1~3m。叶厚，革质，叶片倒卵形至阔椭圆形，长3~7cm，基三出脉。花单性，雌雄异株。核果卵圆形。花期1~3月，果期6~8月。

生于山地灌丛，常攀缘于树上。

分布于我国华南、华东及西南地区。越南也有分布。

189. 蛇菰科 Balanophoraceae

无正常根，靠根茎上的吸盘寄生于寄主植物的根上。根茎粗，通常分枝，表面常有疣瘤或星芒状皮孔。坚果小，脆骨质或革质。

莲花山白盆珠 1 属 1 种。

1. 蛇菰属 **Balanophora** J. R. Forst. & G. Forst.

具多年生或一次结果的习性。根茎分枝或不分枝，表面具疣瘤、星芒状皮孔和方格状突起。花小，有梗或无梗。果坚果状，外果皮脆骨质。

莲花山白盆珠 1 种。

1. 红冬蛇菰 Balanophora harlandii Hook. f.

根茎苍褐色，扁球形或近球形，分枝或不分枝，表面粗糙，密被小斑点。花茎长 2~5.5cm，淡红色；鳞苞片 5~10 枚；花雌雄异株；花 3 数。花期 9~11 月。

生于荫蔽林中湿润的腐殖质土壤深厚处。

分布于广东、广西和云南。印度、泰国也有分布。

190. 鼠李科 Rhamnaceae

常具刺。单叶互生或近对生，羽状脉或基出脉 3~5 条，托叶小，刺状。花小，两性或单性，雌雄异株。核果、蒴果或坚果，萼筒宿存。

莲花山白盆珠 5 属 6 种。

1. 勾儿茶属 **Berchemia** Neck. ex DC.

叶互生，纸质或近革质，全缘，具羽状脉，托叶基部合生。花序顶生或腋生，聚伞总状或聚伞圆锥花序。核果圆柱形，紫红色或紫黑色。

莲花山白盆珠 1 种。

1. 多花勾儿茶 Berchemia floribunda (Wall.) Brongn.

叶纸质，上部叶卵形至卵状披针形，长 4~9cm；下部叶椭圆形。花常数朵簇生，顶生聚伞圆锥花序。核果圆柱状椭圆形。花期 7~10 月，果期翌年 4~7 月。

生于林缘、路旁或沟旁灌丛或疏林中。

分布于我国黄河以南各地区。印度、不丹、尼泊尔和日本也有分布。

2. 马甲子属 **Paliurus** Mill.

单叶互生，有锯齿或近全缘，基出脉 3 条，托叶常变成刺。花两性，5 基数，排成腋生或顶生聚伞花序或聚伞圆锥花序；花瓣匙形或扇形，两侧常内卷。核果杯状或草帽状。

莲花山白盆珠 1 种。

1. 马甲子 Paliurus ramosissimus (Lour.) Poir.

叶互生，纸质，叶圆形或卵圆形，长 3~6cm，边缘具细齿，基部有 2 个紫红色针刺。聚伞花序腋生，花瓣匙形。核果杯状。种子紫红色。花期 5~8 月，果期 9~10 月。

生于路旁、灌丛或疏林中。

分布于我国长江流域以南各地区。越南、朝鲜和日本也有分布。

3. 鼠李属 **Rhamnus** L.

叶互生或近对生，羽状脉，托叶小。花小，两性或单性，雌雄异株，单生、簇生或腋生聚伞、聚伞总状或聚伞圆锥花序，花黄绿色。浆果状核果，萼筒宿存。

莲花山白盆珠 1 种。

1. 长叶冻绿 Rhamnus crenata Sieb. & Zucc.

叶纸质，互生，倒卵形至长圆形，长 4~8cm，边缘具细齿。聚伞花序腋生，花 5 基数，花瓣近圆形。核果倒卵球形。花期 5~8 月，果期 7~11 月。

生于山地灌丛或疏林下。

分布于我国黄河以南各地区。朝鲜、日本及东南亚也有分布。

4. 雀梅藤属 Sageretia Brongn.

叶互生或近对生，具锯齿，叶脉羽状，具柄，托叶小。花两性，5基数，常无梗；穗状或穗状圆锥花序，花瓣匙形。浆果状核果，倒卵状球形或球形。

莲花山白盆珠2种。

1. 亮叶雀梅藤 Sageretia lucida Merr.

叶薄革质，互生或近对生，卵状长圆形或卵状椭圆形。穗状花序腋生或顶生，花无梗，花瓣白色，兜状。核果椭圆状卵形。花期4~7月，果期9~12月。

生于疏林下。

分布于我国华南及华东地区。印度、印度尼西亚、尼泊尔、斯里兰卡、越南也有分布。

2. 雀梅藤 Sageretia thea (Osbeck) Johnst.

叶互生或近对生，圆形至长圆形，长1~4cm，边缘具细齿。穗状圆锥花序或穗状花序，顶生或腋生。核果近球形。花期10~11月，果期翌年3月。

生于村边、路旁、沟边或灌丛。

分布于我国长江流域以南各地区。印度、越南、朝鲜、日本也有分布。

5. 翼核果属 Ventilago Gaertn.

叶互生，革质或近革质，全缘或具齿，基部常不对称，具网状脉。花小，两性，5基数，花萼5裂，萼片三角形，花瓣倒卵圆形。核果球形，具翅。

莲花山白盆珠1种。

1. 翼核果 Ventilago leiocarpa Benth.

叶革质，互生，卵状披针形或卵状长圆形，长4~8cm，边缘具锯齿。花单生、簇生或呈聚伞花序。核果球形，顶端具长圆形翅。花期4月，果期6~7月。

生于路旁、灌丛或疏林下。

分布于我国华南、华中及西南地区。印度、缅甸、泰国、越南也有分布。

191. 胡颓子科 Elaeagnaceae

单叶互生，稀对生或轮生，全缘，羽状脉，具柄，无托叶。花两性或单性，白色或黄褐色，芳香，单花或腋生伞形花序，花萼筒状。瘦果或坚果，熟时红色或黄色。

莲花山白盆珠1属3种。

1. 胡颓子属 Elaeagnus L.

常具刺，被银白色或褐色鳞片或星状绒毛。单叶互生，膜质、纸质或革质，披针形至椭圆形，全缘。花两性。坚果核果状，红色或黄红色。

莲花山白盆珠3种。

1. 蔓胡颓子 Elaeagnus glabra Thunb.

叶革质，卵形或卵状椭圆形，长 4~12cm，叶背被褐色鳞片。花淡白色，密被银白色和褐色鳞片。果长圆形。花期 9~11 月，果期翌年 4~5 月。

生于灌丛或林下。

分布于我国华南、华东、华中及西南地区。日本也有分布。

2. 角花胡颓子 Elaeagnus gonyanthes Benth.

叶革质，椭圆形，长 5~13cm，叶背棕红色。花白色或淡黄色，被白色和散生褐色鳞片。果宽椭圆形或倒卵状宽椭圆形。花期 10~11 月，果期翌年 2~3 月。

生于灌丛，疏林、路旁及林下。

分布于我国华南及西南地区。中南半岛也有分布。

3. 胡颓子 Elaeagnus pungens Thunb.

高 3~4m。具棘刺。叶革质，椭圆形或宽椭圆形，长 5~10cm。花白色，密被鳞片，1~3 花生于叶腋。果椭圆形，熟时红色。花期 9~12 月，果期翌年 4~6 月。

生于灌丛及疏林中。

分布于我国华南、华中及华东地区。日本也有分布。

193. 葡萄科 Vitaceae

具卷须。单叶，羽状或掌状复叶，互生。花小，4~5 基数，两性或杂性，同株或异株，聚伞花序，花萼蝶形或浅杯状，花瓣呈帽状脱落。浆果。

莲花山白盆珠 5 属 8 种。

1. 蛇葡萄属 Ampelopsis Michaux

有卷须。单叶、掌状或羽状复叶，具托叶，常早落。花 5 基数，杂性异株，排成聚伞圆锥花序，花瓣凋谢时呈帽状黏合脱落。肉质浆果。

莲花山白盆珠 3 种。

1. 广东蛇葡萄 Ampelopsis cantoniensis (Hook. & Arn.) Planch.

小枝有棱纹，卷须粗壮。二回羽状复叶或小枝上部着生一回羽状复叶。伞房状多歧聚伞花序，顶生或对生。浆果倒卵状扁球形。花期 4~7 月，果期 8~11 月。

生于山谷林中或山坡灌丛。

分布于我国华南、华东、华中及西南地区。日本、马来西亚、泰国、越南也有分布。

2. 显齿蛇葡萄 Ampelopsis grossedentata (Hand.-Mazz.) W. T. Wang

小枝圆柱形，有纵棱纹，卷须二叉分枝。一至二回羽状复叶，小叶卵圆形或长椭圆形。伞房状多歧聚伞花序。果近球形。种子2~4颗。花期5~8月，果期8~12月。

生于山谷林中或灌丛。

分布于我国华南、华东、华中及西南地区。越南也有分布。

3. 大叶蛇葡萄 Ampelopsis megalophylla Diels & Gilg

卷须三叉分枝。二回羽状复叶，小叶长椭圆形或卵椭圆形。伞房状多歧聚伞花序或复二歧聚伞花序顶生或与叶对生。果倒卵圆形。花期6~8月，果期7~10月。

生于山谷林中或灌丛。

分布于我国华南、西南及西北地区。

2. 乌蔹莓属 Cayratia Juss.

卷须常2~3叉分枝，稀总状多分枝。3小叶或鸟足状5小叶。伞房状多歧聚伞花序或复二歧聚伞花序，花4基数。浆果球形或近球形。

莲花山白盆珠1种。

1. 乌蔹莓 Cayratia japonica (Thunb.) Gagnep.

卷须二至三叉分枝。鸟足状5小叶，椭圆形至椭圆状披针形。复二歧聚伞花序腋生，花瓣三角状宽卵形。果近球形。花期3~8月，果期8~11月。

生于山谷林中或山坡灌丛。

分布于我国华南、华中、华东及西南地区。日本、印度、东南亚至澳大利亚也有分布。

3. 地锦属 Parthenocissus Planch.

卷须总状分枝。叶为单叶、3小叶或掌状5小叶，互生。花5基数，两性，组成圆锥状或伞房状多歧聚伞花序，顶生或假顶生，花瓣展开，分离脱落。浆果球形。

莲花山白盆珠1种。

1. 异叶地锦 Parthenocissus dalzielii Gagnep.

小枝圆柱状，卷须总状5~8分枝。叶二型，侧枝散生较小单叶，主枝或短枝集生3小叶。多歧聚伞花序生于短枝顶端叶腋。果球形。花期5~7月，果期7~11月。

生于崖壁、山坡、山谷林中或岩石缝中。

分布于我国华南、华东、华中及西南地区。

4. 崖爬藤属 Tetrastigma (Miq.) Planch.

卷须不分枝或二叉分枝。3小叶、掌状5小叶或鸟足状5~7小叶。花杂性异株，多歧聚伞、伞形或复伞形花序，腋生或假腋生。浆果球形、椭圆或倒卵圆形。

莲花山白盆珠2种。

1. 三叶崖爬藤 Tetrastigma hemsleyanum Diels & Gilg

小枝纤细，有纵棱纹。卷须不分叉。叶为3小叶，披针形或卵状披针形，长3~10cm。花序腋生，集生呈伞形，花瓣卵圆形。果近球形。种子倒卵状椭圆形。花期4~6月，果期8~11月。

生于山谷溪边、林下岩石缝中。

分布于我国华南、华东、华中及西南地区。印度也有分布。

2. 扁担藤 Tetrastigma planicaule (Hook.) Gagnep.

茎扁压，小枝微扁，有纵棱。掌状 5 小叶，长圆状披针形，有钝锯齿。复伞形聚伞花序腋生。果近球形。种子长椭圆形。花期 4~6 月，果期 8~12 月。

生于山谷林中或山坡岩石缝中。

分布于我国华南及西南地区。老挝、越南、印度、斯里兰卡也有分布。印度、老挝、斯里兰卡、越南也有分布。

5. 葡萄属 Vitis L.

小枝圆柱形，有棱纹。卷须二叉分枝。叶长圆卵形；托叶卵状长圆形或长圆披针形。花杂性异株，圆锥花序与叶对生。果实球形。花期 4~8 月，果期 6~10 月。

莲花山白盆珠 1 种。

1. * 葡萄 Vitis vinifera L.

卷须二叉分枝，与叶对生。叶卵圆形，显著 3~5 浅裂或中裂，边缘有不整齐粗锯齿。圆锥花序密集或疏散。浆果球形或椭圆形。花期 4~5 月，果期 8~9 月。

生于村屋路旁。

我国各地有栽培。为著名水果。原产东南亚和欧洲东南部。

194. 芸香科 Rutaceae

单叶或复叶，互生或对生，具透明油腺点，无托叶。花两性或单性，辐射对称，聚伞花序，稀单花。聚合蓇葖果、蒴果、翅果、核果、柑果或浆果。

莲花山白盆珠 8 属 10 种。

1. 山油柑属 Acronychia J. R. Forst. & G. Forst.

单小叶对生，或 3 小叶，全缘，透明油腺点。聚伞圆锥花序，花单性或两性，淡黄白色，稍芳香，具小苞片。核果富含汁液。

莲花山白盆珠 1 种。

1. 降真香 Acronychia pedunculata (L.) Miq.

叶互生，偶不整齐对生，单小叶，叶片椭圆形至长圆形，叶柄两端略增大。花两性。果圆球形，淡黄色，半透明。种子倒卵形。花期 4~8 月，果期 8~12 月。

生于丘陵杂木林中。

分布于我国华南、华东及西南地区。东南亚也有分布。

2. 金橘属 Fortunella Swingle

叶腋常具刺；单小叶，油点多，芳香，翼叶明显或痕迹。花单朵腋生或数朵簇生于叶腋，两性，花萼 4~5 裂，花瓣 5 片。果圆球形或卵形。种子卵形。

莲花山白盆珠 1 种。

1. 山橘 Fortunella hindsii (Champ. ex Benth.) Swingle

指状复叶，小叶椭圆形或卵状椭圆形，长 4~6cm，翼叶线状或明显。花多单生，花瓣 5 片。果圆球形或扁圆形。种子 3~4 颗，阔卵形。花期 4~5 月，果期 10~12 月。

生于疏林中。

分布于我国华南及华中地区。

3. 山小橘属 Glycosmis Correa

叶互生，单小叶或小叶2~7对，小叶互生，油点多。聚伞花序，花常少数，两性，萼片和花瓣5片。浆果。

莲花山白盆珠1种。

1. 山小桔 Glycosmis parviflora (Sims) Little

小叶片5片，长圆形，长10~25cm，硬纸质，边缘有疏齿。圆锥花序，多花，花瓣白色或淡黄色，油点多。果近圆球形，淡红色，多油点。

生于山坡及山谷林中。

分布于我国广东、云南。东南亚、印度也有分布。

4. 蜜茱萸属 Melicope J. R. Forst. & G. Forst.

叶对生或互生，单小叶或3小叶，稀羽状复叶。花单性，聚伞花序腋生，萼片、花瓣4片，花瓣镊合状排列。聚合蓇葖果具4果瓣。种子细小。

莲花山白盆珠1种。

1. 三桠苦 Melicope pteleifolia (Champ. ex Benth.) T. Hartley

叶纸质，指状3小叶，小叶长椭圆形，长6~20cm，全缘，油点多。花序腋生，花多，花瓣有透明油点。种子蓝黑色。花期4~6月，果期7~10月。

生于水库周边及低山丘陵或林缘。

分布于我国华南、华东及西南地区。东南亚也有分布。

5. 九里香属 Murraya Koenig ex L.

奇数羽状复叶，小叶互生。伞房状聚伞花序顶生或腋生，花两性，萼片、花瓣4~5片，花瓣覆瓦状排列，散生半透明油腺点。浆果椭圆形、卵形或球形，有黏液。

莲花山白盆珠1种。

1.* 九里香 Murraya paniculata (L.) Jack.

奇数羽状复叶互生，小叶3~9片，叶形变异大，卵形、匙状倒卵形至近棱形，全缘。伞房花序顶生、侧生或生于上部叶腋。果卵形或球形。花期4~8月，果期9~12月。

栽培于街道、村庄路旁。

分布于我国华南、华东及西南地区。

6. 四数花属 Tetradium Lour.

奇数羽状复叶对生，叶柄基部膨大，小叶常具油点。一歧聚伞花序顶生，花单性，雌雄异株。蓇葖果。种子圆珠形或卵圆形。

莲花山白盆珠1种。

1. 楝叶吴萸 Tetradium glabrifolium (Champ. Benth.) Hartley

奇数羽状复叶对生，小叶5~11片，斜卵状披针形，基部歪斜，叶背灰绿色。聚伞圆锥花序顶生，雌雄异株。果淡紫红色。种子黑褐色。花期6~9月，果期9~12月。

生于阔叶林中。

分布于我国华南、华东及西南地区。东南亚也有分布。

7. 飞龙掌血属 Toddalia A. Juss.

茎枝及叶轴具钩刺。指状三出复叶，互生，有透明油点。雄花序为伞房状圆锥花序，雌花序为聚伞圆锥花序。核果橙红色或朱红色，近球形。种子肾形。

莲花山白盆珠 1 种。

1. 飞龙掌血 Toddalia asiatica (L.) Lam.

指状三出叶，互生，小叶卵形至椭圆形。雄花序为伞房状圆锥花序，雌花序为聚伞圆锥花序。核果橙红色或朱红色。种子肾形。花期春夏，果期秋冬。

生于林中。

分布于我国秦岭以南地区。不丹、泰国、越南也有分布。

8. 花椒属 Zanthoxylum L.

有皮刺。叶互生，奇数羽状复叶，稀单小叶，小叶互生，具锯齿，有油点。聚伞、聚伞状圆锥或伞房状聚伞花序，雌雄异株。聚合蓇葖果紫红色，具油腺点。

莲花山白盆珠 3 种。

1. 簕欓花椒 Zanthoxylum avicennae (Lam.) DC.

小叶 13~18 片，常斜四边形，两侧甚不对称。花序顶生，多花，萼片、花瓣 5 片。果褐红色或紫红色。种子近圆球形。花期 8~9 月，果期 11~12 月。

生于坡地、山谷。

分布于我国华南、华东及西南地区。东南亚也有分布。

2. 大叶臭花椒 Zanthoxylum myriacanthum Wall. ex Hook. f.

茎干有鼓钉状锐刺，花序轴、小枝顶部有劲直锐刺。小叶 7~17 片，对生，卵状椭圆形或长圆形。花序顶生，花多。果红褐色。花期 6~8 月，果期 9~11 月。

生于林中。

分布于我国华南、华东及西南地区。越南、缅甸、印度等地也有分布。

3. 花椒簕 Zanthoxylum scandens Bl.

奇数羽状复叶，小叶 5~25 片，草质，互生或对生，卵形至斜长圆形，全缘。聚伞状圆锥花序腋生或顶生，花单性。果紫红色。花期 3~5 月，果期 7~8 月。

生于灌丛或疏林中。

分布于我国广东。东南亚也有分布。

195. 苦木科 Simaroubaceae

树皮通常有苦味。叶互生，羽状复叶。花序腋生，总状、圆锥状或聚伞花序，花小，辐射对称，单性、两性或杂性。翅果、核果或蒴果。

莲花山白盆珠 1 属 1 种。

1. 鸦胆子属 Brucea J. F. Mill.

根、茎皮有苦味。在植株的幼嫩部分被柔毛或微柔毛，奇数羽状复叶，无托叶。花单性，稀两性，雌雄同株或异株，聚伞圆锥花序腋生。核果坚硬，稍肉质。

莲花山白盆珠 1 种。

1. 鸦胆子 Brucea javanica (L.) Merr.

嫩枝、叶柄和花序被黄色柔毛。奇数羽状复叶，小叶 3~15 对，卵形或卵状披针形，有粗齿，两面被柔毛。圆锥花序腋生。核果长卵形。花期夏季，果期 8~10 月。

生于荒坡或灌丛。

分布于我国华南及西南地区。印度、马来西亚、缅甸也有分布。

196. 橄榄科 Burseraceae

奇数羽状复叶，互生，常集生小枝上部。圆锥花序，腋生或顶生，花小，3~5 基数，辐射对称。核果，外果皮肉质，内果皮骨质。

莲花山白盆珠 1 属 2 种。

1. 橄榄属 Canarium L.

叶螺旋状排列，常集生枝顶，奇数羽状复叶，具托叶，小叶对生或近对生，全缘至浅齿。聚伞圆锥花序，单性，雌雄异株。核果，外果皮肉质，核骨质。

莲花山白盆珠 2 种。

1.* 橄榄 Canarium album (Lour.) Raeusch.

托叶早落，小叶 3~6 对，纸质至革质，披针形或椭圆形，长 6~14cm，背面有疣状凸起。花序腋生。果卵圆形至纺锤形。花期 4~5 月，果期 10~12 月。

生于村庄、路旁。

分布于我国华南、华东及西南地区。越南也有分布。

2. 乌榄 Canarium pimela Leenh.

无托叶，小叶 4~6 对，顶端急渐尖，基部圆形或阔楔形，偏斜，网脉明显。花序腋生，雄花序多花，雌花序少花。果狭卵圆形。花期 4~5 月，果期 5~11 月。

生于村边路旁。

分布于我国华南及西南地区。东南亚也有分布。

197. 楝科 Meliaceae

羽状复叶，互生，小叶对生或近对生，全缘，基部偏斜，无托叶。花两性或杂性异株，辐射对称，聚伞圆锥花序或总状、穗状花序。蒴果、浆果或核果。

莲花山白盆珠 2 属 2 种。

1. 楝属 Melia L.

小枝叶痕和皮孔明显。一至三回羽状复叶互生，小叶锯齿或缺齿。花两性，聚伞圆锥花序腋生，花瓣白色或紫色，5~6 片旋转排列。核果，近肉质，核骨质。

莲花山白盆珠 1 种。

1.* 楝 Melia azedarach L.

奇数羽状复叶，小叶对生，卵形至披针形，长 3~7cm，边缘有锯齿。圆锥花序腋生，花芳香。核果球形至椭圆形。种子椭圆形。花期 4~5 月，果期 10~12 月。

栽培于水库周边及新庵镇路旁。

分布于我国黄河以南地区。不丹、印度、老挝也有分布。

2. 香椿属 **Toona** M. Roem.

叶互生，羽状复叶，小叶全缘，有透明小斑点。花小，两性，组成聚伞花序，再排列成顶生或腋生大圆锥花序，花瓣 5 片。蒴果，革质或木质。

莲花山白盆珠 1 种。

1. 红椿 **Toona ciliata** Roem.

羽状复叶，长 25~40cm，小叶 7~8 对，对生，纸质，长圆状卵形或披针形。圆锥花序顶生。蒴果长椭圆形，木质。种子两端具翅。花期 4~6 月，果期 10~12 月。

生于水库周边、沟谷或山坡疏林中。

分布于我国华南、华东及西南地区。中南半岛及印度、马来西亚、印度尼西亚也有分布。

198. 无患子科 Sapindaceae

羽状或掌状复叶，互生。聚伞圆锥花序顶生或腋生，花小，单性，辐射对称或两侧对称，雄花萼片及花瓣 4~6 片。蒴果，浆果状或核果状。

莲花山白盆珠 1 属 1 种。

1. 倒地铃属 **Cardiospermum** L.

叶互生，二回三出或二回三裂复叶互生，小叶有透明腺点。圆锥花序腋生，花单性，雌雄同株或异株。蒴果囊状，果皮膜质或纸质，有脉纹。

莲花山白盆珠 1 种。

1.* 倒地铃 **Cardiospermum halicacabum** L.

二回三出复叶，小叶薄纸质，顶生小叶斜披针形或近菱形，侧生小叶卵形或长椭圆形，疏生锯齿或羽裂。圆锥花序少花。蒴果褐色。种子黑色。花期夏秋季，果期秋冬季。

生于灌丛、路旁。

分布于我国东部、南部及西南部地区。世界热带、亚热带地区广布。

200. 槭树科 Aceraceae

冬芽具芽鳞。单叶对生，无托叶。花序伞房状、总状、穗状或聚伞状；花小，绿色或黄绿色；萼片、花瓣 4 或 5 片。翅果。

莲花山白盆珠 1 属 4 种。

1. 槭属 **Acer** L.

冬芽具鳞片。叶对生，单叶或复叶。花序由小枝顶芽生出；花小，整齐；萼片与花瓣 4 或 5 枚。果实为 2 个相连小坚果。

莲花山白盆珠 3 种。

1. 罗浮槭 **Acer fabri** Hance

叶革质，披针形，长 7~11cm，全缘，叶具羽状脉，中脉于叶面凸起。伞房花序顶生，花杂性。翅果初时紫色，成钝角叉开。花期 3~4 月，果期 5~10 月。

生于疏林中。

分布于我国华南、华中及西南地区。越南也有分布。

2. 中华槭 **Acer sinense** Pax

叶近革质，常5裂，裂深达叶片长度的1/2。雄花与两性花同株。翅果淡黄色，无毛，常生成下垂的圆锥果序；小坚果椭圆形。花期5月，果期9月。

生于混交林中。

分布于我国湖北西部、四川、湖南、贵州、广东、广西。

3. 滨海槭 Acer sino-oblongum F. P. Metcalf

小枝具卵形或圆形皮孔。叶革质，全缘，椭圆形或椭圆状长圆形，叶背被白粉。雄花与两性花同株。翅果淡黄褐色，小坚果凸起。花期4月，果期9月。

生于疏林中。

分布于我国广东东南沿海地区。

4. 岭南槭 Acer tutcheri Duthie

树皮光滑。叶纸质，3~4裂，长6~7cm，边缘有粗齿。圆锥花序顶生，花瓣4片，淡黄白色。翅果黄褐色，成钝角叉开。花期春末，果期初秋。

生于疏林或溪边。

分布于我国华南及华中地区。

201. 清风藤科 Sabiaceae

单叶或奇数羽状复叶，互生，无托叶。花两性或杂性异株，通常排成腋生或顶生的聚伞花序或圆锥花序，偶单生。核果。种子单生，无胚乳。

莲花山白盆珠2属6种。

1. 泡花树属 Meliosma Bl.

单叶或奇数羽状复叶，叶全缘或略具锯齿。花小，两性，两侧对称，圆锥花序顶生或腋生，萼片4~5片，花瓣5片。核果小，中果皮肉质。

莲花山白盆珠4种。

1. 香皮树 Meliosma fordii Hemsl.

小枝、叶柄、叶背及花序被褐毛平伏柔毛。单叶，近革质，倒披针形或披针形，长9~18cm。圆锥花序。果球形或扁球形。花期5~7月，果期8~9月。

生于山地林间。

分布于我国华南、华中及西南地区。中南半岛及泰国也有分布。

2. 笔罗子 Meliosma rigida Sieb. & Zucc.

芽、幼枝、叶背、叶柄及花序被锈色绒毛。单叶，革质，倒披针形或窄倒卵形，全缘或中部以上具尖齿。圆锥花序顶生。核果球形。花期夏季，果期9~10月。

生于林中。

分布于我国华南、华东、华中及西南地区。日本也有分布。

3. 樟叶泡花树 Meliosma squamulata Hance

单叶，叶片薄革质，椭圆形或卵形，全缘。圆锥花序单生或聚生，花白色，萼片5片，卵形，有缘毛。核果球形。花期夏季，果期9~10月。

生于山地。

分布于我国华南、华东及西南地区。日本也有分布。

4. 山様叶泡花树 Meliosma thorelii Lecomte

单叶，近革质，倒披针状椭圆形或倒披针形，长 12~25cm。圆锥花序，花芳香。核果球形，熟时黄色或红色。花期夏季，果期 10~11 月。

生于林中。

分布于我国华南、华东及西南地区。越南、老挝也有分布。

2. 清风藤属 Sabia Colebr

单叶，全缘，边缘干膜质。花小，两性，单生于叶腋或组成腋生聚伞花序，萼片 4~5 片，花瓣 5 片。核果。种子 1~2 颗，肾形，种皮有斑点。

莲花山白盆珠 2 种。

1. 鄂西清风藤 Sabia campanulata Wall. ex Roxb.

小枝淡绿色，有褐色斑点及纵条纹。叶膜质，长圆形或长圆状卵形。花紫色，单生于叶腋。果时不增大，早落。分果片阔倒卵形。花期 5 月，果期 7 月。

生于山坡及湿润山谷林中。

分布于我国华南、华东、华中、西南及西北地区。

2. 革叶清风藤 Sabia coriacea Rehder & E. H. Wilson

叶椭圆形或卵状椭圆形，长 4~8cm，叶背淡绿色。聚伞花序，有花 5~10 朵，伞状。分果片近圆形或倒卵形，鲜时红色。花期 4 月，果期 9~11 月。

生于山谷、溪边及林中。

分布于我国华南地区。

204. 省沽油科 Staphyleaceae

奇数羽状复叶，稀单叶，对生或互生，有锯齿。花两性或杂性，圆锥花序。蒴果、蓇葖果、核果或浆果。种子 1 至多颗；种皮骨质或脆壳质。

莲花山白盆珠 2 属 3 种。

1. 野鸦椿属 Euscaphis Sieb. & Zucc.

奇数羽状复叶对生，具托叶，小叶革质，有细锯齿，具小托叶。圆锥花序顶生，花两性。种子具假种皮，白色，近革质。

莲花山白盆珠 1 种。

1. 野鸦椿 Euscaphis japonica (Thunb.) Kanitz

叶对生，奇数羽状复叶，小叶厚纸质，长卵形或椭圆形，具锯齿，齿尖有腺体。圆锥花序顶生。蓇葖果。假种皮肉质。花期 5~6 月，果期 8~9 月。

生于山谷或开阔的山林。

分布于我国除西北以外地区，主产江南各地。日本、朝鲜也有分布。

2. 山香圆属 Turpinia Vent.

叶对生，奇数羽状复叶或单叶，小叶革质，对生，偶有小托叶。圆锥花序对生，花小。果近球形，有疤痕。种子扁平；种皮硬膜质或骨质。

莲花山白盆珠 2 种。

1. 锐尖山香圆 Turpinia arguta (Lindl.) Seem.

单叶对生，厚纸质，椭圆形或长椭圆形，长 7~22cm，具锯齿，齿尖有硬腺体。圆锥花序顶生，花白色。果近球形，熟后红色。花期 4~5 月，果期 10~11 月。

生于疏林中。

分布于我国华南、华东、华中及西南地区。

2. 山香圆 Turpinia montana (Bl.) Kurz.

叶对生，羽状复叶，绿色；小叶纸质，长圆形或长圆状椭圆形，具圆齿或锯齿。圆锥花序顶生。果近球形，紫红色。

生于林缘。

分布于我国华南及西南地区。中南半岛、印度尼西亚和苏门答腊岛也有分布。

205. 漆树科 Anacardiaceae

单叶、三出小叶或羽状复叶，互生，无托叶。圆锥花序，花小，辐射对称，两性、单性或杂性，花瓣 3~5 片；内生花盘环状、杯状或坛状。核果。

莲花山白盆珠 3 属 5 种。

1. 南酸枣属 Choerospondias B. L. Burtt & A. W. Hill

奇数羽状复叶互生，小叶对生，具柄。花单性或杂性异株，聚伞圆锥花序腋生或近顶生。核果卵圆或椭圆形；中果皮肉质浆状，内果皮骨质。

莲花山白盆珠 1 种。

1. 南酸枣 Choerospondias axillaris (Roxb.) Burtt & Hill

奇数羽状复叶，小叶 3~6 对，膜质至纸质，卵形至卵状长圆形，长 4~12cm。圆锥花序。核果椭圆形或倒卵状椭圆形，熟时黄色。花期春季，果期夏末。

生于疏林中。

分布于我国华南、华东、华中及西南地区。印度、日本及中南半岛也有分布。

2. 盐肤木属 Rhus Tourn. ex L.

奇数羽状复叶，互生。圆锥或复穗状花序顶生，花杂性或单性异株；花萼 5 裂，裂片覆瓦状排列；花瓣 5 片，覆瓦状排列。核果近球形，红色。

莲花山白盆珠 1 种。

1. 盐肤木 Rhus chinensis Mill.

树皮灰褐色。小枝、叶柄和花序密被柔毛。奇数羽状复叶，小叶 7~13 片，卵形至长圆形，边缘有锯齿。圆锥花序阔。核果小。花期夏末，果期秋季。

生于灌丛或疏林中。

分布于我国中部、西南部和南部地区。亚洲南部及东部广布。

3. 漆树属 Toxicodendron (Tourn.) Mill.

具白色乳汁，干后变黑，有臭气。叶互生，奇数羽状复叶或掌状 3 小叶，小叶对生。圆锥或总状花序腋生，花小，杂性或单性异株。核果球形，黄色，有光泽。

莲花山白盆珠 3 种。

1. 野漆树 Toxicodendron succedaneum (L.) Kuntze

奇数羽状复叶互生；小叶 7~13 片，对生，卵形至卵状椭圆形，叶背具白粉。圆锥花序腋生，密被棕色硬毛。核果淡黄色。花期 4~5 月，果期 9~10 月。

生于林中。

分布于我国华南、华东及西南地区。印度、日本、朝鲜、中南半岛也有分布。

2. 木蜡树 Toxicodendron sylvestre (Sieb. & Zucc.) Kuntze

幼枝和芽被黄褐色绒毛。奇数羽状复叶互生；小叶 3~6 对，密被黄褐色绒毛，对生，卵形至长圆形。圆锥花序，密被锈色绒毛。核果压扁。花期 5~6 月，果期 10 月。

生于林中。

分布于我国长江以南各地。朝鲜、日本也有分布。

3. 漆 Toxicodendron vernicifluum (Stokes) F. A. Barkl.

树皮灰白色。小枝被棕黄色柔毛，具圆形或心形的大叶痕和突起的皮孔。奇数羽状复叶互生。圆锥花序。核果肾形。花期 5~6 月，果期 7~10 月。

生于向阳山坡林内，也有人工栽培。

除黑龙江、吉林、内蒙古和新疆外，其余省份均有分布。印度、日本、韩国也有分布。

206. 牛栓藤科 Connaraceae

叶互生，奇数羽状复叶，小叶全缘，稀分裂，无托叶。花两性，辐射对称，总状或圆锥花序。蓇葖果。种子大，种皮厚，肉质假种皮。

莲花山白盆珠 1 属 1 种。

1. 红叶藤属 Rourea Aubl.

奇数羽状复叶，小叶多对。圆锥花序腋生或假顶生，花两性。蓇葖果单生。种子 1 颗，全部或基部为肉质假种皮包围。

莲花山白盆珠 1 种。

1. 小叶红叶藤 Rourea microphylla (Hook. & Arn.) Planch.

奇数羽状复叶，小叶坚纸质或近革质，卵形至长圆披针形，基部偏斜。圆锥花序，丛生于叶腋。蓇葖果。种子椭圆形。花期 3~9 月，果期 5 月至翌年 3 月。

生于灌丛或林中。

分布于我国华南、华东及西南地区。越南、斯里兰卡、印度等地也有分布。

207. 胡桃科 Juglandaceae

具树脂，有芳香，被有橙黄色盾状着生的圆形腺体。奇数羽状复叶，互生，无托叶，小叶对生或近对生，羽状脉，具锯齿。花单性，雌雄同株。核果或坚果。种子大，种皮膜质。

莲花山白盆珠 1 属 2 种。

1. 黄杞属 Engelhardia Leschen

芽无芽鳞，具柄，枝髓部实心。叶互生，偶数羽状复叶。花单性，柔荑花序，苞片 3 裂，花被片 4 片。坚果，具膜质果翅，3 裂。

莲花山白盆珠 2 种。

1. 白皮黄杞 *Engelhardtia fenzelii* Merr.

小叶 1~2 对，近对生，椭圆形至长椭圆形，基部不对称，全缘。花序顶生。坚果，密被金黄色鳞秕。花期 5~7 月，果期 9~10 月。

生于山地林中。

分布于我国华南、华东及华中地区。

2. 黄杞 *Engelhardia roxburghiana* Wall.

嫩枝被黄褐色鳞秕。偶数羽状复叶，小叶 3~5 对，革质，长椭圆状披针形至长椭圆形。圆锥花序顶生，雌雄同株。坚果球形。花期 5~6 月，果期 8~9 月。

生于林中。

分布于我国华南、华东、华中及西南地区。中南半岛也有分布。

209. 山茱萸科 Cornaceae

单叶对生或互生，羽状脉。花两性或单性异株，组成圆锥、总状、聚伞、伞房、伞形或头状花序，具总苞片或苞片。核果或浆果状核果；核骨质或木质。

莲花山白盆珠 2 属 3 种。

1. 桃叶珊瑚属 Aucuba Thunb.

枝、叶对生。叶厚纸质，边缘具齿，叶柄粗壮。花单性，雌雄异株，花 4 基数，花瓣紫红色、黄色或绿色。核果肉质。种子 1 颗；种皮白色。

莲花山白盆珠 1 种。

1. 桃叶珊瑚 *Aucuba chinensis* Benth.

高 3~6(~12)m。叶革质，椭圆形或阔椭圆形，长 10~20cm，具锯齿。圆锥花序顶生。核果，幼果绿色，熟时鲜红色。花期 1~2 月，果期翌年 2 月。

生于林中。

分布于我国华南及华东地区。越南也有分布。

2. 山茱萸属 Cornus L.

枝常对生。叶纸质，对生，卵形、椭圆形或卵状披针形，全缘。花序伞形，常在发叶前开放，有总花梗；总苞片 4 片，花瓣 4 片，黄色。核果长椭圆形；核骨质。

莲花山白盆珠 2 种。

1. 香港四照花 *Cornus hongkongensis* Hemsl.

叶对生，薄革质至厚革质，椭圆形至长椭圆形，长 6~13cm。头状花序球形，白色，花小，有香味。果序球形，被白色细毛。花期 5~6 月，果期 11~12 月。

生于山谷林中。

分布于我国华南、华东、华中及西南地区。

2. 褐毛四照花 *Cornus hongkongensis* subsp. *ferrugine* (Y. C. Wu) Q. Y. Xiang

叶对生，纸质或近革质，长椭圆形，长 8~13.5cm，全缘。头状花序球形；总苞片黄白色，长椭圆形。果序球形，熟时红色。花期 6 月，果期 10~12 月。

生于山谷密林。

分布于我国华南及西南地区。

210. 八角枫科 Alangiaceae

枝圆柱形。单叶互生，基部不对称，无托叶。聚伞花序或伞形花序腋生，花淡白色，有香气，两性。核果椭圆形。种子 1 颗。

莲花山白盆珠 1 属 1 种。

1. 八角枫属 *Alangium* Lam.

属的形态特征与科相同。

莲花山白盆珠 1 种。

1. 八角枫 *Alangium chinense* (Lour.) Harms

小枝呈“之”字形。叶纸质，近圆形、椭圆形或卵形，长 13~19cm。聚伞花序腋生。核果卵圆形，熟后黑色。种子 1 颗。花期 5~7 月和 9~10 月，果期 7~11 月。

生于山地或疏林中。

分布于我国华南、华东、华中、西南及西北地区。东南亚及非洲也有分布。

212. 五加科 Araliaceae

叶互生，单叶、掌状或羽状复叶，托叶常与叶柄基部连成鞘状。花两性或杂性，稀单性异株。核果或浆果状。种子侧扁。

莲花山白盆珠 4 属 6 种。

1. 楤木属 *Aralia* L.

常具刺。一至数回羽状复叶，托叶和叶柄基部合生。花杂性，伞形花序再排成圆锥花序。果实球形，5 棱。种子白色。

莲花山白盆珠 2 种。

1. 楤木 *Aralia chinensis* L.

小枝通常淡灰棕色，有黄棕色绒毛，疏生细刺。叶为二回或三回羽状复叶，纸质，耳廓形。圆锥花序。果实球形。花期 7~9 月，果期 9~12 月。

生于森林、灌丛或林缘路边。

分布于我国广东北部（新丰）和福建西南部（龙岩）、东部（福州），云南西北部（贡山），海滨。

2. 黄毛楤木 *Aralia decaisneana* Hance

小枝、叶、叶柄、花序密被黄棕色茸毛；小枝、叶轴、伞梗有皮刺。二回羽状复叶，小叶革质。果球形。花期 10~11 月，果期 12 月至翌年 2 月。

生于山谷或阳坡疏林。

分布于我国南方各地区。

2. 树参属 Dendropanax Decne. & Planch.

叶为单叶。伞形花序单生或数个聚生成复伞形花序；花两性或杂性。花瓣5片。果实球形或长圆形

莲花山白盆珠2种。

1. 树参 *Dendropanax dentigerus* (Harms) Merr.

叶片厚纸质或革质，变异大。伞形花序顶生，单生或呈复伞形花序；苞片卵形，小苞片三角形。果实长圆状球形，5棱。花期8~10月，果期10~12月。

生于阔叶林或灌丛。

分布于我国华南、华东、华中及西南地区。越南、老挝、柬埔寨也有分布。

2. 变叶树参 *Dendropanax proteus* (Champ. ex Benth.) Benth.

叶革质或纸质，叶形多变，分裂叶倒三角形；不分裂叶椭圆形至线状披针形，长2.5~12cm。伞形花序单生或2~3个聚生。果球形。花期8~9月，果期9~11月。

生于山谷、溪边或山坡路旁。

分布于我国华南、华东及西南地区。

3. 五加属 Eleutherococcus Maxim.

小枝具皮刺。掌状复叶具3~5小叶，花两性或杂性，花瓣4~5片。果近球形或扁球形，有纵棱。

莲花山白盆珠1种。

1. 白簕花 *Eleutherococcus trifoliatus* (L.) S. Y. Hu

掌状复叶，小叶3片，纸质，椭圆状卵形，叶柄有刺，长4~8cm，边缘有锯齿。总状或复伞形花序，花瓣黄绿色。果球形。花期7~11月，果期9~12月。

生于熟林、林缘、灌丛或路旁。

分布于我国长江以南各地区。越南、菲律宾、日本也有分布。

4. 鹅掌柴属 Schefflera J. R. Forst. & G. Forst.

枝无刺。掌状复叶，托叶与叶柄合生成鞘状。伞形花序组成圆锥或总状花序，花梗无关节，花瓣5~11片。果球形或卵球形。

莲花山白盆珠1种。

1. 鹅掌柴 *Schefflera heptaphylla* (L.) Frodin

小枝、叶、花序、花萼幼时密被星状短柔毛。复叶，小叶6~9片，纸质至革质。伞形花序组成圆锥花序。果球形。花期11~12月，果期12月至翌年3月。

生于林中。

分布于我国华南、华东及西南地区。印度、越南、日本、泰国也有分布。

213. 伞形科 Umbelliferae

叶互生或基生，叶柄基部扩大成鞘，一回掌状或一至多回羽状分裂。花小，两性或杂性，复伞形花序，具总苞片和小总苞片。双悬果，外果皮内有油管。

莲花山白盆珠4属5种。

1. 积雪草属 Centella L.

单叶具长柄，圆形、肾形或马蹄形，基部扩大成叶鞘。伞形花序，苞片 2 片，膜质；花瓣 5 片，白色、黄色至紫红色，覆瓦状排列。悬果 5 棱，具网纹。

莲花山白盆珠 1 种。

1. 积雪草 Centella asiatica (L.) Urban

叶数片丛生，膜质至草质，圆形、肾形或马蹄形，边缘具锯齿，基部心形。伞形花序聚生；花瓣紫红色或乳白色。果扁圆形，有网状。花果期 4~10 月。

生于潮湿草地或沟边。

分布于我国华南、华东、华中及西南地区。亚热带地区广布。

2. 刺芹属 Eryngium L.

茎直立、无毛。叶革质，有锯齿，叶柄具鞘，无托叶。头状花序，总苞片 1~5 片，边缘有针刺；花小，两性。果卵形或球形，有鳞片状或瘤状突起。

莲花山白盆珠 1 种。

1. * 刺芹 Eryngium foetidum L.

基生叶革质，披针形或倒披针形，长 5~25cm；茎生叶对生，边缘具深锯齿。头状花序，花小。果卵圆形或球形。花果期 4~12 月。

生于林下、路旁。

分布于我国华南及西南地区。在热带和亚热带地区广泛分布。

3. 天胡荽属 Hydrocotyle L.

单叶膜质，心形、圆形、肾形或五角形，有裂齿或掌状分裂；叶柄细长，无叶鞘，托叶小。单伞形花序，细小，无萼齿；花瓣卵形，镊合状排列。果心状圆形、扁球形。

莲花山白盆珠 2 种。

1. 红马蹄草 Hydrocotyle nepalensis Hook.

单叶对生，叶片膜质，圆肾形，边缘有钝齿，托叶心形。花序簇生枝顶，与叶对生。果扁球形，嫩时有红色斑点。花果期几乎全年。

生于山坡、路旁、阴湿地、水沟和溪边草丛。

分布于我国长江以南各地区。印度、马来西亚、印度尼西亚也有分布。

2. 天胡荽 Hydrocotyle sibthorpioides Lam.

叶膜质至草质，圆形或肾圆形，边缘有钝齿，托叶全缘或浅裂。伞形花序与叶对生，单生于节上；花瓣卵形，有腺点。果心形，有紫色斑点。花果期 4~9 月。

生于林下或溪边湿地。

分布于我国长江以南地区。朝鲜、日本、印度及东南亚也有分布。

4. 水芹属 Oenanthe L.

根纺锤形或为成簇的须根，茎下部节上生根。叶一至三回羽状分裂。复伞形花序，花瓣白色。果圆卵形至长圆形，光滑，每棱槽中有油管 1 个。

莲花山白盆珠 1 种。

1. 卵叶水芹 *Oenanthe javanica* var. *rosthornii* (Diels) F. T. Pu

叶广三角形或卵形，长 7~15cm。复伞形花序顶生和侧生；小总苞片披针形。果椭圆形或长圆形，木栓质。花期 8~9 月，果期 10~11 月。

生于山谷林下、沟旁草丛。

分布于我华南、华中及西南地区。泰国也有分布。

214. 桤叶树科 Clethraceae

单叶互生，集生枝端。花两性，顶生总状、圆锥状或复总状花序。蒴果，近球形，有宿存花萼及花柱。种子多而小；种皮疏松。

莲花山白盆珠 1 属 1 种。

1. 桤叶树属 Clethra (Gronov.) ex L.

属的形态特征与科相同。

莲花山白盆珠 1 种。

1. 单毛桤叶树 *Clethra bodinieri* H. Lév.

叶革质，披针形或椭圆形，具尖锯齿。总状花序单生枝端；花序轴、花梗和苞片密被灰色伏毛。蒴果近球形。种子卵圆形。花期 6~7 月，果期 8~9 月。

生于疏林或灌丛。

分布于我国华南及西南地区。

215. 杜鹃花科 Ericaceae

叶革质，互生，被各式毛或鳞片。花两性，单生或呈总状、圆锥状或伞形花序，花瓣合生。蒴果或浆果。种子小，粒状或锯屑状。

莲花山白盆珠 3 属 13 种。

1. 吊钟花属 Enkianthus Lour.

枝常轮生。叶互生，常聚生枝顶。单花或为顶生、下垂的伞形花序或伞形总状花序；花梗细长，花萼 5 裂。蒴果椭圆形，5 棱。种子少数，有翅或角。

莲花山白盆珠 2 种。

1. 吊钟花 *Enkianthus quinqueflorus* Lour.

叶常密集于枝顶，互生，革质，两面无毛，长圆形或倒卵状长圆形，边缘反卷。花通常 3~13 朵组成伞房花序。蒴果 5 棱。花期 3~5 月，果期 5~7 月。

生于中高海拔山坡灌丛中。

分布于我国长江以南地区。越南也有分布。

2. 齿叶吊钟花 *Enkianthus serrulatus* (Wils.) Schneid.

叶密集于枝顶，厚纸质，长圆形或长卵形，长 6~8cm，边缘具细锯齿，不反卷。伞形花序顶生。蒴果椭圆形。种子具 2 膜质翅。花期 4 月，果期 5~7 月。

生于山坡。

分布于我国华南、华东、华中及西南地区。

2. 马醉木属 Pieris D. Don

叶互生或假轮生。圆锥或总状花序顶生或腋生，花 5 基数，花萼裂片镊合状，花冠白色，坛状或筒形坛状，5 短裂。蒴果。种子小，纺锤状。

莲花山白盆珠 1 种。

1. 长萼马醉木 *Pieris swinhoei* Hemsl.

树皮灰褐色，纵裂。叶簇生于枝顶，革质，狭披针形，长 4.5~8cm，中部以上具疏锯齿。总状或圆锥花序着生于枝顶或叶腋。蒴果近球形。花期 4~6 月，果期 7~9 月。

生于林下。

分布于我国华南、华东、华中及西南地区。

3. 杜鹃花属 **Rhododendron** L.

植株无毛或被各式毛或鳞片。叶常绿、落叶或半落叶，互生，全缘。花常呈伞形总状或短总状花序，稀单花。蒴果自顶部向下室间开裂。种子多数。

莲花山白盆珠 10 种。

1. 岭南杜鹃 **Rhododendron mariae** Hance

叶革质，集生枝端，椭圆状披针形至椭圆状倒卵形，长 3~11cm，叶柄密被毛。伞形花序顶生，具花 7~16 朵。蒴果长卵球形。花期 3~6 月，果期 7~11 月。

生于中高海拔山坡灌丛中。

分布于我国长江以南地区。

2. 丁香杜鹃 **Rhododendron farrerae** Tate ex Sweet

叶近革质，卵形；叶柄密被锈色柔毛。先花后叶。蒴果长圆柱形，密被锈色柔毛；果梗弯曲，密被红棕色长柔毛。花期 5~6 月，果期 7~8 月。

生于高山杜鹃灌丛中。

分布于我国江西、福建、湖南、广东、广西。

3. 粘毛杜鹃 **Rhododendron glischrum** I. B. Balfour & W. W. Smith

叶厚纸质，长圆状披针形，长达 18cm，边缘密被长刚毛。伞形花序生于枝顶叶腋，具花 2~7 朵。蒴果圆柱形，具 6 条纵棱。花期 4~5 月，果期 5~11 月。

生于山谷疏林。

分布于我国华南及华东地区。缅甸、印度东北部也有分布。

4. 弯蒴杜鹃 **Rhododendron henryi** Hance

叶革质，常集生于枝顶，近轮生，椭圆状卵形或长圆状披针形。伞形花序生于枝顶叶腋，具花 3~5 朵。蒴果圆柱形。花期 3~4 月，果期 7~12 月。

生于山谷疏林。

分布于我国华南及华东地区。

5. 南岭杜鹃 **Rhododendron levinei** Merr.

叶片革质，椭圆形或椭圆状倒卵形，长 4~8cm，具短尖头，边缘密生细缘毛。花序顶生，2~4 朵花伞形着生。蒴果长圆形。花期 3~4 月，果期 9~10 月。

生于山坡、林缘或灌丛。

分布于我国华南、华中及西南地区。

6. 满山红 Rhododendron mariesii Hemsl. & Wils.

叶厚纸质，集生于枝顶，椭圆形、卵状披针形或三角状卵形，边缘微反卷。花常 2 朵顶生，先花后叶。蒴果椭圆状卵球形。花期 4~5 月，果期 6~11 月。

生于林中。

分布于我国华南、华东、华中、华北及西南地区。

7. 毛锦杜鹃花 Rhododendron moulmainense Hook.

叶革质，集生于枝端，近轮生，长圆状披针形或椭圆状披针形，基部稍肿大。伞形花序生于枝顶叶腋，具花 3~5 朵，花冠淡紫色、粉红色或淡红白色，狭漏斗形。蒴果圆柱状。花期 4~5 月，果期 7~12 月。

生于山坡灌丛。

分布于我国华南、华中及西南地区。中南半岛及印度尼西亚也有分布。

8. 马银花 Rhododendron ovatum (Lindl.) Planch. ex Maxim.

小枝疏被具柄腺体和短柔毛。叶革质，叶柄具狭翅，被短柔毛。花单生于枝顶叶腋。蒴果密被短柔毛和疏腺体。花期 4~5 月，果期 7~10 月。

生于灌丛。

分布于我国华南、华中及西南地区。

9.* 锦绣杜鹃 Rhododendron pulchrum Sweet

叶薄革质，椭圆状长圆形至圆状倒披针形。伞形花序顶生，具花 1~5 朵，花萼裂片披针形，花冠阔漏斗形。蒴果长圆状卵球形。花期 4~5 月，果期 9~10 月。

屋旁栽培。

分布于我国华南、华东及华中地区。

10. 杜鹃花 Rhododendron simsii Planch.

叶革质，集生枝端，卵形至倒披针形，长 1.5~5cm，边缘具细齿。花 2~3 朵簇生枝顶。蒴果卵球形。花期 4~5 月，果期 6~8 月。

生于山地疏林或山地岩石。

分布于我国华南、华东、华中和西南地区。日本、缅甸、泰国也有分布。

216. 越橘科 Vacciniaceae

单叶互生，常绿或落叶。花两性，常小型，顶生或腋生，组成总状花序，少单生或成对着生花。浆果顶部常有宿存花萼。种子小。

莲花山白盆珠 1 属 3 种。

1. 乌饭树属 Vaccinium L.

少数落叶，具叶柄，互生。总状花序顶生或腋生，花小型，花冠坛状、钟状或筒状，5 裂。浆果球形，顶部冠以宿存萼片。种子多，细小。

莲花山白盆珠 3 种。

1. 南烛 *Vaccinium bracteatum* Thunb.

叶薄革质，椭圆形至披针形，长 4~9cm，边缘有细锯齿。总状花序顶生和腋生，花多数，苞片叶状，披针形。浆果。花期6~7月，果期 8~10 月。

生于灌丛、林内或山坡路旁。

分布于我国长江以南各地区。朝鲜、日本及东南亚也有分布。

2. 黄背越橘 *Vaccinium iteophyllum* Hance

叶革质，卵形，长卵状披针形，长 4~9cm，背面干后黄棕色。总状花序腋生，序轴、花梗密被淡褐色短柔毛。浆果球形。花期 4~5 月，果期 9~11 月。

生于山地灌丛中，777 或山坡疏、密林内。

分布于我国华南、西南部分地区。

3. 刺毛越橘 *Vaccinium trichocladum* Merr. & Metc.

叶薄革质，卵状披针形或长卵状披针形，长 4~9cm，边缘有弯刺齿。总状花序腋生和顶生。浆果球形。花期 4 月，果期 5~9 月。

生于山地林内。

分布于我国安徽、浙江、江西、福建、广东、广西、贵州。

217. 柿树科 Ebenaceae

单叶互生，全缘，无托叶，具羽状叶脉。花多单生，常雌雄异株或杂性，雌花单生，雄花呈小聚伞花序或簇生；花萼、花冠 3~7 裂。浆果肉质。

莲花山白盆珠 1 属 6 种。

1. 柿属 Diospyros L.

叶互生，全缘。花单性，雌雄异株或杂性，雄花组成聚伞花序，腋生于当年生枝。浆果肉质，基部常有增大宿存花萼。种子较大，两侧扁。

莲花山白盆珠 6 种。

1. 乌材 *Diospyros eriantha* Champ. ex Benth.

嫩枝、嫩叶及花序被锈色硬毛。叶纸质，长椭圆形或披针状长椭圆形。聚伞花序腋生，雄花 1~3 朵簇生叶腋，雌花单生叶腋。果实椭圆形。花期 7~8 月，果期 10 月至翌年 2 月。

生于林中。

分布于我国华南地区。东南亚也有分布。

2. * 柿 Diospyros kaki Thunb.

叶互生，纸质或革质，卵状椭圆形至倒卵形，长 7~17cm。花杂性，雌雄异株，聚伞花序腋生。果卵球形或扁球形。花期 4~6 月，果期 7~11 月。

生于路旁。

分布于我国华南、华东、华中及西南地区。东亚、东南亚等有栽培。

3. 野柿 Diospyros kaki var. silvestris Makino

与原种的主要区别：小枝及叶柄常密被黄褐色柔毛，叶较栽培柿树的叶小，叶片下面的毛较多；花较小；果亦较小，直径约 2~5cm。

生于山地自然林或次生林中，或在山坡灌丛中。

分布我国华南地区。

4. 罗浮柿 Diospyros morrisiana Hance

叶薄革质，椭圆形或长圆形，长 4.5~10cm，边缘微背卷。雄花聚伞花序腋生，雌花单生叶腋。果近球形。种子长圆形，侧扁。花期 5~6 月，果期 10~12 月。

生于林中。

分布于我国华南、华东及西南地区。越南、日本也有分布。

5. 延平柿 Diospyros tsangii Merr.

叶纸质，长圆形，长 4~9cm。聚伞花序短小，生于当年枝下部，雌花单生叶腋，比雄花大。果扁球形，熟时黄色。花期 2~5 月，果期 8 月。

生于灌丛或林中。

分布于我国华南地区。

6. 岭南柿 Diospyros tutcheri Dunn

叶薄革质，椭圆形，长 8~12cm，边缘微背卷，上面有光泽，叶脉在两面均明显。果球形，直径约 2.5cm。花期 4~5 月，果期 8~10 月。

生于山谷水边或山坡密林中或在疏阴湿润处。

分布于广东、广西南部及湖南西南部。

222. 山榄科 Sapotaceae

有乳汁。单叶，常革质，全缘。花单生、簇生或呈总状、聚伞或圆锥花序，花两性，辐射对称，具小苞片。浆果或核果状。种子 1 至数颗，具疤痕。

莲花山白盆珠 1 属 1 种。

1. 铁榄属 Sinosideroxylon (Engl.) Aubr.

叶互生，革质，无托叶。花簇生叶腋或呈总状花序，花萼 5~6 裂，覆瓦状排列。浆果卵圆状球形或球形。种子 1 颗；种皮坚脆。

莲花山白盆珠 1 种。

1. 革叶铁榄 Sinosideroxylon wightianum (Hook. & Arn.) Aubrév.

嫩枝、幼叶被锈色绒毛。叶革质，椭圆形至披针形，长 7~10cm。花绿白色，单生或簇生叶腋。果椭圆形。种子 1 颗，椭圆形。花期 5~7 月，果期 8~10 月。

生于灌丛或林下。

分布于我国华南及西南地区。越南也有分布。

222A. 肉实科 Sarcospermataceae

具乳汁。单叶对生或近对生，托叶小，早落，羽状脉，下面凸起。花小，单生或成簇排成腋生总状或圆锥花序。果核果状，椭圆形，具白粉。

莲花山白盆珠 1 属 1 种。

1. 肉实属 Sarcosperma Hook. f.

属的形态特征与科相同。

莲花山白盆珠 1 种。

1. 肉实树 Sarcosperma laurinum (Benth.) Hook. f.

高达 20m。具乳汁。叶对生、轮生或互生，近革质，托叶钻形。总状或圆锥花序腋生。核果长圆形，基部具宿萼。花期 8~9 月，果期 12 月至翌年 1 月。

生于山谷或溪边。

分布于我国华南及华东地区。越南也有分布。

223. 紫金牛科 Myrsinaceae

单叶互生，常具腺点或脉状腺纹。总状、伞房、伞形、聚伞花序腋生、侧生或顶生。浆果、核果或蒴果。

莲花山白盆珠 4 属 16 种。

1. 紫金牛属 Ardisia Sw.

叶互生，常具腺点，全缘或具波状圆齿。聚伞、伞形、伞房或圆锥花序顶生，两性花，常 5 基数，花萼、花瓣基部联合，有腺点。核果球形。种子 1 颗。

莲花山白盆珠 8 种。

1. 少年红 Ardisia alyxiifolia Tsiang ex C. Chen

叶互生，厚纸质至革质，卵形至长圆状披针形，边缘具浅圆齿，齿间有腺点。亚伞形或伞房花序侧生，密被微柔毛。果球形。花期 6~7 月，果期 10~12 月。

生于林下阴湿处。

分布于我国华南及西南地区。

2. 朱砂根 Ardisia crenata Sims

叶对生，革质或坚纸质，椭圆形、椭圆状披针形，长 8~15cm，边缘具齿，有腺点。伞形或聚伞花序，着生于花枝顶端。浆果圆球形。花期 5~6 月，果期 10~12 月。

生于林下阴湿处。

分布于我国长江流域以南地区。印度、缅甸、马来西亚、菲律宾、越南和日本也有分布。

3. 百两金 Ardisia crispa (Thunb.) A. DC.

具匍匐根茎。叶膜质或坚纸质，椭圆状披针形，长 7~12cm，边缘具腺点。亚伞形花序，萼片长圆状卵形或披针形。果球形，具腺点。花期 5~6 月，果期 10~12 月，

生于山谷、山坡疏林或灌丛。

分布于我国长江以南各地。

4. 山血丹 Ardisia lindleyana D. Dietr.

叶革质，长圆形或椭圆状披针形，全缘或具锯齿，边缘具腺点。亚伞形花序，单生，着生于花枝顶端。果球形，深红色，具疏腺点。花期 5~7 月，果期 10~12 月。

生于山谷、沟边阴湿处。

分布于我国华南、华中及华东地区。越南也有分布。

5. 虎舌红 Ardisia mamillata Hance

具匍匐木质根茎。叶互生或簇生茎顶，坚纸质，倒卵形至长圆状倒披针形，长 7~14cm，边缘略具齿。伞形花序。果球形。花期 6~7 月，果期 11 月至翌年 1 月。

生于密林阴湿处。

分布于我国华南、华中、华东及西南地区。越南也有分布。

6. 光萼紫金牛 Ardisia omissa C. M. Hu

叶螺旋状着生，近莲座状；叶片长圆状椭圆形，纸质，有腺点。复亚伞形花序腋生，花两性。浆果核果状，球形。花期 7 月，果期 11 月至翌年 4 月。

生于山谷、密林阴湿处。

分布于我国长江流域以南地区。

7. 莲座紫金牛 Ardisia primulifolia Gardn. & Champ.

叶互生或呈莲座状，坚纸质，椭圆形或长圆状倒卵形，长 6~12cm。聚伞或亚伞形花序。果球形，鲜红色。花期 6~7 月，果期 11~12 月。

生于林中阴湿处。

分布于我国华南及西南地区。越南也有分布。

8. 罗伞树 *Ardisia quinquegona* Bl.

叶互生，坚纸质，长圆状披针形至倒披针形，长 8~15cm，全缘。聚伞或亚伞形花序，腋生。果扁球形。花期 5~6 月，果期 12 月或翌年 2~4 月。

生于林下阴湿处。

分布于我国华南及西南地区。印度、印度尼西亚、日本、马来西亚、越南也有分布。

2. 酸藤子属 *Embelia* Burm. f.

单叶互生或 2 列或近轮生，具柄。总状、圆锥、伞形或聚伞花序顶生、腋生或侧生；花单性，同株或异株。浆果状核果。种子近球形。

莲花山白盆珠 4 种。

1. 酸藤子 *Embelia laeta* (L.) Mez

叶坚纸质，倒卵形，长 3~4cm，全缘，无毛，无腺点。总状花序侧生或腋生，具苞片。果球形，腺点不明显。花期 12 月至翌年 3 月，果期 4~6 月。

生于林中或灌丛。

分布于我国华南、华东及西南地区。越南，泰国，老挝，柬埔寨，菲律宾也有分布。

2. 白花酸藤果 *Embelia ribes* Burm.f.

叶坚纸质，倒卵状椭圆形，长 5~8cm，全缘，腺点不明显。圆锥花序顶生。果球形或卵形，红色或深紫色。花期 1~7 月，果期 5~12 月。

生于林中、林缘及路旁。

分布于我国华南及西南地区。印度至印度尼西亚也有分布。

3. 厚叶白花酸藤果 *Embelia ribes* var. *pachyphylla* Chun ex C. Y. Wu & C. Chen

与原种的主要区别：树皮光滑，少具皮孔。小枝密被柔毛。叶片厚，革质或肉质，稀坚纸质，叶面光滑，常具皱纹，叶背被白粉。果较小。花期 3~4 月，果期 10~12 月。

生于山间密林、林缘或灌丛。

分布于我国华南及西南地区。印度尼西亚、菲律宾、越南也有分布。

4. 网脉酸藤子 *Embelia rudis* Hand.-Mazz.

叶坚纸质，长卵圆形，长 5~10cm，边缘有锯齿。花萼基部联合，花瓣分离。果球形，宿存萼紧贴果实。花期 10~12 月，果期 4~7 月。

生于山坡灌丛或林边。

分布于我国华南、华东及西南地区。

3. 杜茎山属 Maesa Forsk.

叶全缘，常具脉状腺纹或腺点。总状或圆锥花序腋生，花5数。肉质浆果或干果，中果皮坚脆，常具脉状腺纹或纵肋纹。种子小，具棱角。

莲花山白盆珠3种。

1. 杜茎山 *Maesa japonica* (Thunb.) Moritzi. ex Zoll.

叶革质，椭圆形。总状或圆锥花序，单生或2~3个腋生；花冠白色，长钟形，具明显脉状腺条纹。果球形，肉质。花期1~3月，果期10月或翌年5月。

生于石灰岩林下。

分布于我国华南、西南地区。日本及越南也有分布。

2. 鲫鱼胆 *Maesa perlarius* (Lour.) Merr.

叶纸质，椭圆状卵形至椭圆形，长7~11cm。总状或圆锥花序腋生，花冠白色。果球形，宿存萼片达果中部略上，常冠以宿存花柱。花期3~4月，果期12月至翌年5月。

生于疏林或灌丛。

分布于我国华南及西南地区。越南及泰国也有分布。

3. 柳叶杜茎山 *Maesa salicifolia* Walker

叶革质，狭长圆状披针形，长10~20cm，边缘强反卷。花序近基部有分枝，花冠白色或淡黄色，管状。果球形或近卵形。花期1~2月，果期9~11月。

生于山坡杂林。

分布于我国华南地区。

4. 铁仔属 Myrsine L.

叶具锯齿，无毛，叶柄常下延至小枝。伞形花序簇生或腋生、侧生或生于老枝叶痕；花萼、花瓣分离，萼片、花瓣具缘毛及腺点。浆果核果状，内果皮坚脆。

莲花山白盆珠1种。

1. 密花树 *Myrsine seguinii* H. Lév.

叶革质，长圆状倒披针形，长7~17cm，全缘，边缘具腺点。伞形花序或花簇生。果球形或近卵形，灰绿色或紫黑色。花期4~5月，果期10~12月。

生于林缘或灌丛。

分布于我国华南及西南地区。缅甸、越南及日本也有分布。

224. 安息香科 Styracaceae

常被星状毛或鳞片。单叶互生，无托叶。总状、聚伞或圆锥花序单生，花两性，辐射对称，花冠合瓣。核果或蒴果，稀浆果，花萼宿存。

莲花山白盆珠 2 属 5 种。

1. 赤杨叶属 Alniphyllum Matsum.

叶互生，无托叶。总状或圆锥花序，花两性，花梗与花萼间具关节，花萼杯状，5 齿裂。蒴果长圆形或长椭圆形，外果皮肉质，内果皮木质。种子多数，具膜翅。

莲花山白盆珠 1 种。

1. 赤杨叶 *Alniphyllum fortunei* (Hemsl.) Makino

叶纸质，卵状椭圆形，长 8~15cm，边缘具锯齿。总状或圆锥花序顶生或腋生，花 10~20 朵。果长圆形或长椭圆形。种子多数。花期 4~7 月，果期 8~10 月。

生于林下。

分布于我国华南、华中及西南地区。印度、越南和缅甸也有分布。

2. 安息香属 Styrax L.

叶互生，无托叶。总状或圆锥花序，花两性，花梗与花萼间具关节，花萼杯状，5 齿裂。蒴果长圆形、近球形、卵状球形或倒卵形，外果皮肉质，内果皮木质。种子多数，具膜翅。

莲花山白盆珠 4 种。

1. 白花龙 *Styrax faberi* Perk.

叶互生，纸质，椭圆形至长圆状披针形，长 4~11cm，边缘具锯齿。总状花序顶生，具花 3~5 朵。果实倒卵形或近球形，被毛。花期 4~6 月，果期 8~10 月。

生于灌丛。

分布于我国华南、华中及西南地区。

2. 芬芳安息香 *Styrax odoratissimus* Champ. ex Benth.

树皮灰褐色。叶互生，膜质至纸质，卵形，长 4~15cm。总状或圆锥花序顶生。果近球形，密被灰黄色绒毛。花期 3~4 月，果期 6~9 月。

生于疏林中。

分布于我国华南、华中及西南地区。越南也有分布。

3. 栓叶安息香 *Styrax suberifolius* Hook. & Arn.

叶互生，革质，椭圆形，长 5~15cm，叶背密被绒毛。总状或圆锥花序顶生或腋生。果卵状球形，密被灰色绒毛。种子褐色。花期 4~6 月，果期 8~10 月。

生于林中。

分布于我国华南、华中及西南地区。越南也有分布。

4. 越南安息香 *Styrax tonkinensis* (Pierre) Craib ex Hartw.

叶互生，纸质至薄革质，椭圆形、椭圆状卵形至卵形，顶端短渐尖。圆锥花序。果实近球形，顶端急尖或钝。种子卵形。花期 4~6 月，果期 8~10 月。

热带亚热带树种，喜生于气候温暖、较潮湿、土壤疏松而肥沃、土层深厚、微酸性、排水良好的山坡、疏林中或林缘。

分布于我国云南、贵州、广西、广东、福建、湖南和江西。柬埔寨、老挝、越南也有分布。

225. 山矾科 Symplocaceae

单叶，互生，有锯齿，无托叶。穗状、总状、圆锥或团伞花序，辐射对称，花两性，花萼5裂，花冠裂片分裂至近基部或中部。核果，宿存萼裂片。

莲花山白盆珠1属8种。

1. 山矾属 Symplocos Jacq.

属的形态特征与科相同。

莲花山白盆珠8种。

1. 腺柄山矾 Symplocos adenopus Hance

叶纸质，椭圆状卵形或卵形，长8~16cm，边缘及叶柄有腺锯齿。团伞花序腋生，苞片被长毛，有腺体。核果圆柱形。花期11~12月，果期翌年7~8月。

生于山坡、路旁及水边。

分布于我国华南及西南地区。

2. 越南山矾 Symplocos cochinchinensis (Lour.) S. Moore

叶纸质，椭圆形，长8~16cm，被柔毛。穗状花序，花序轴、苞片、萼被红褐色茸毛。核果球形，顶端缢缩。花期8~9月，果期10~11月。

生于溪边、路旁或林中。

分布于我国华南、华东及西南地区。中南半岛及印度尼西亚、印度也有分布。

3. 密花山矾 Symplocos congesta Benth.

叶纸质，椭圆形，长8~16cm，无毛。团状花序生于枝顶叶腋，苞片有腺点，花冠白色，5深裂。核果熟时蓝紫色。花期8~11月，果期翌年1~2月。

生于密林中。

分布于我国华南及西南地区。

4. 三裂山矾 Symplocos fordii Hance

幼枝、叶背、叶柄被灰黄色长柔毛。叶薄革质，干后黄绿色，卵形，长 5~9cm，具尖锯齿。穗状花序，具花 5~10 朵，苞片阔卵形。核果狭卵形、。花果期 5~11 月。

生于林中。

分布于我国广东。

5. 毛山矾 *Symplocos groffii* Merr.

嫩枝、叶柄、叶面中脉、叶背脉上和叶缘均被展开的灰褐色长硬毛。叶纸质，椭圆形、卵形或倒卵状椭圆形。核果长圆状椭圆形。花期 4 月，果期 6~7 月。

生于山坡、坑边的湿润土地或密林中。

分布于我国湖南、江西南部、广东北部、广西。越南也有分布。

6. 光叶山矾 *Symplocos lancifolia* Sieb. & Zucc.

芽、嫩枝、花序被黄褐色柔毛。叶纸质或近膜质，卵形至阔披针形，长 3~9cm，具浅锯齿。穗状花序，花冠淡黄色。核果近球形。花期 3~11 月，果期 6~12 月。

生于林下。

分布于我国华南、华东及西南地区。日本也有分布。

7. 黄牛奶树 *Symplocos laurina* (Retz.) Wall.

叶革质，倒卵圆形，长 7~14cm，具锯齿。穗状花序顶生或腋生，基部常分枝，花序轴常被柔毛，花冠白色。核果球形。花期 10~12 月，果期翌年 3~6 月。

生于石山及林中。

分布于我国华南、华东和西南地区。南亚及中南半岛也有分布。

8. 卷毛山矾 *Symplocos ulotricha* Ling

芽、嫩叶背、嫩叶柄均被红褐色绒毛。叶厚革质，长圆形或长圆状卵形，长 7~15cm，全缘，背卷。团伞花序生于叶痕，苞片圆形。核果圆柱形。花果期 4~11 月。

生于林中。

分布于我国广东、福建等地区。

228. 马钱科 Loganiaceae

单叶对生或轮生，全缘或锯齿，羽状脉。花两性，辐射对称，单生或呈聚伞、圆锥状伞房花序。浆果或蒴果，球形。种子小而扁平。

莲花山白盆珠 4 属 6 种。

1. 醉鱼草属 *Buddleja* L.

单叶对生，托叶耳状、舌状。聚伞花序呈圆锥状、总状、穗状或头状。蒴果或浆果。种子细小，具翅。

莲花山白盆珠 1 种。

1. 白背枫 *Buddleja asiatica* Lour.

叶膜质，对生，披针形，长 7~18cm。聚伞圆锥花序顶生或腋生，花 1~3 朵排成小聚伞花序。蒴果长圆形。种子小，有翅。花期 1~10 月，果期 3~12 月。

生于灌丛。

分布于我国长江以南地区。东南亚和中南半岛也有分布。

2. 灰莉属 Fagraea Thunb.

叶对生。花稍大，圆锥花序，萼5裂，小苞片2片，花冠管顶部常增大，裂片5片，覆瓦状排列。果肉质，不开裂。

莲花山白盆珠1种。

1. * 灰莉 *Fagraea ceilanica* Thunb.

叶片肉质，叶面深绿色，叶背微凸。花单生或顶生二歧聚伞花序，花冠漏斗状。浆果卵状或圆球状，基部有宿萼。种子肾形。花期4~8月，果期7月至翌年3月。

村庄路旁栽培。

分布于我国华南地区。东南亚也有分布。

3. 钩吻属 Gelsemium Juss.

叶对生，全缘，托叶退化成线痕。花芳香，花冠漏斗状，5裂。蒴果。种子多数，有不规则齿缺膜质翅。

莲花山白盆珠1种。

1. 钩吻 *Gelsemium elegans* (Gardn. & Champ.) Benth.

叶片膜质，卵形至卵状披针形，长5~12cm。花密集，组成顶生或腋生三歧聚伞花序。蒴果椭圆形。种子肾形。花期5~11月，果期7月至翌年3月。

生于路旁灌丛或疏林下。

分布于我国华南、华东及西南地区。亚洲东南部也有分布。

4. 马钱属 Strychnos L.

叶对生，基出脉3~5条。聚伞花序腋生或顶生，花5数，花萼钟状，裂片镊合状排列。浆果，果皮坚硬，果肉肉质。种子扁平。

莲花山白盆珠3种。

1. 牛眼马钱 *Strychnos angustiflora* Benth.

小枝变态为螺旋状曲钩，老枝有时变硬刺。叶革质，卵形至近圆形，长3~8cm。聚伞花序顶生。浆果球状。种子扁圆形。花期4~6月，果期7~12月。

生于疏林中。

分布于我国华南及西南地区。越南、泰国、菲律宾也有分布。

2. 三脉马钱 *Strychnos cathayensis* Merr.

小枝变态为螺旋状曲钩，老枝有时变硬刺。叶片近革质，对生，全缘，长椭圆形至窄长圆形，顶端急尖至短渐尖，无毛，离基三出脉。聚伞花序顶生或腋生。浆果圆球状。花期 4~6 月，果期 6~12 月。

生于山地疏林下或山坡灌丛中。

分布于我国华南地区、云南和台湾。越南北部也有分布。

3. 密花马钱 Strychnos ovata Hill.

茎粗壮，枝条无毛，具刺。叶纸质，卵形至长椭圆形。聚伞花序腋生和顶生，花稠密，花萼裂片宽卵形，花冠黄绿色。浆果圆球状。

生于山地阔林中。

分布于我国广东和海南。马来西亚、印度尼西亚和菲律宾也有分布。

229. 木犀科 Oleaceae

叶对生，稀轮生或互生，单叶、三出复叶或羽状复叶，具叶柄，无托叶。花辐射对称，两性，稀单性或杂性。翅果、蒴果、核果或浆果。

莲花山白盆珠 3 属 5 种。

1. 梣属 Fraxinus L.

叶对生，奇数羽状复叶，稀在枝梢呈 3 片轮生状；小叶叶缘具锯齿或近全缘。花小，单性、两性或杂性。果为含 1 颗或偶有 2 颗种子的坚果。

莲花山白盆珠 1 种。

1. 苦枥木 Fraxinus insularis Hemsl.

奇数羽状复叶；小叶 3~7 片，硬纸质或革质，长圆形或椭圆状披针形，叶缘具浅锯齿。圆锥花序顶生及侧生叶腋。翅果长匙形。花期 4~5 月，果期 7~9 月。

适应性强，生于各种海拔高度的山地、河谷等处。

分布于我国长江以南地区以及台湾至西南各地区。日本也有分布。

2. 素馨属 Jasminum L.

叶对生或互生，稀轮生，单叶，叶柄有时具关节，无托叶。花两性，排成聚伞花序；花冠常呈白色或黄色，稀红色或紫色。浆果成熟时呈黑色或蓝黑色。

莲花山白盆珠 1 种。

1. 清香藤 Jasminum lanceolaria Roxb.

叶对生，指状三出复叶；小叶革质，卵圆形至披针形。复聚伞花序排成圆锥状。浆果椭圆形。花期 4~10 月，果期 8 月至翌年 4 月。

生于山谷或水边。

分布于我国长江以南及西北地区。印度、缅甸、越南也有分布。

3. 女贞属 Ligustrum L.

灌木或小乔木。单叶对生，全缘，叶柄短。聚伞状圆锥花序顶生，花两性，花萼钟状，四齿裂或不规则齿裂，花冠白色。浆果状核果。种子 1~4 颗。

莲花山白盆珠 3 种。

1.* 日本女贞 Ligustrum amamianum Koidz.

叶片厚革质，椭圆形，长 5~10cm。圆锥花序塔形。果长圆形或椭圆形，紫黑色。花期 8 月，果期 11 月。

生于林中、灌丛或房屋路旁。

我国各地有栽培。日本、朝鲜也有分布。

2. 女贞 Ligustrum lucidum Ait.

叶对生，革质，卵形或椭圆形，宽 3~8cm，全缘，两面无毛；叶柄具沟，无毛。圆锥花序顶生。果肾形或近肾形。花期 5~7 月，果期 7 月至翌年 5 月。

生于疏林、密林中。

分布于我国长江以南至华南、西南各地区，向西北分布至陕西、甘肃。朝鲜也有分布。

3. 小蜡 Ligustrum sinense Lour.

叶纸质，卵形，两面疏被茸毛，无腺点。圆锥花序腋生或顶生，花冠白色，裂片先端钝，外反。核果近球形。花期 3~6 月，果期 9~12 月。

生于路旁、溪边。

分布于我国华南、华东、中南及西南地区。越南也有分布。

230. 夹竹桃科 Apocynaceae

单叶对生或轮生，全缘，羽状脉，无托叶。聚伞花序顶生或腋生，花两性，辐射对称。浆果、核果、蒴果或蓇葖果。

莲花山白盆珠 7 属 8 种。

1. 链珠藤属 Alyxia Banks ex R. Br.

具乳汁。叶对生或 3~4 轮生。聚伞花序顶生或腋生，花小。核果卵形，连成串珠状。种子卵形或长圆形。

莲花山白盆珠 1 种。

1. 链珠藤 Alyxia sinensis Champ. ex Benth.

叶革质，对生或 3 片轮生，圆形至倒卵形，长 1.5~3.5cm，边缘反卷。聚伞花序腋生或近顶生。核果 2~3 颗组成念珠状。花期 4~9 月，果期 5~11 月。

生于灌丛。

分布于我国华南、华东及华中地区。

2. 山橙属 Melodinus J. R. Forst. & G. Forst.

具乳汁。叶对生，羽状脉。聚伞花序顶生或腋生，花白色，花萼具腺体，花冠高脚碟状，裂片斜镰刀形，花冠筒圆筒形，无花盘。浆果大，肉质。

莲花山白盆珠 2 种。

1. 尖山橙 Melodinus fusiformis Champ. & Benth.

嫩枝、叶、叶柄、花序被柔毛。叶近革质，椭圆形或长圆形，长 5~12cm，基部楔形。聚伞花序顶生，花冠白色。浆果纺锤形。花期 4~9 月，果期 6~12 月。

生于灌丛、疏林及山谷沟边。

分布于我国华南地区。

2. 山橙 Melodinus suaveolens (Hance) Champ. ex Benth.

叶近革质，卵形，长 5~10cm。花冠白色，副花冠成 5 裂伸出花筒外。浆果球形，熟时橙红色。花期 5~11 月，果期 8 月至翌年 1 月。

生于丘陵山地或石壁。

分布于我国华南地区。越南也有分布。

3. 帘子藤属 **Pottsia** Hook. & Arn.

具乳汁。叶对生。圆锥状聚伞花序，顶生或腋生；萼片 5 裂；花冠高脚碟状，裂片 5 片，无副花冠。蓇葖果双生，线状长圆形。种子无喙，顶端有白色种毛。

莲花山白盆珠 1 种。

1. 帘子藤 Pottsia laxiflora (Bl.) Kuntze

叶薄纸质，卵圆形或卵圆状长圆形，长 6~12cm。聚伞花序腋生或顶生。蓇葖果双生，线状长圆形，绿色。种子线状长圆形。花期 4~8 月，果期 8~10 月。

生于山地疏林或山谷密林，攀缘树上或山坡路旁、沟边灌丛。

分布于我国华南、华东及西南地区。印度、越南也有分布。

4. 羊角拗属 **Strophanthus** DC.

具乳汁。叶对生或 3 片轮生，羽状脉。聚伞花序顶生，花大，花冠筒短，喉部宽，裂片向右覆盖。蓇葖果叉生。种子具喙，密被毛。

莲花山白盆珠 1 种。

1. 羊角拗 Strophanthus divaricatus (Lour.) Hook. & Arn.

叶椭圆状长圆形，长 3~10cm。聚伞花序顶生，花黄色，花冠

漏斗状，裂片顶端延长成一长尾。蓇葖果叉生，木质。种子有喙。花期 3~7 月，果期 6 月至翌年 2 月。

生于路旁疏林。

分布于我国华南及西南地区。越南、老挝也有分布。

5. 黄花夹竹桃属 **Thevetia** L.

叶互生，羽状脉。聚伞花序顶生或腋生；花萼 5 深裂，裂片三角状披针形。核果的内果皮木质，坚硬，2 室，每室有种子 2 颗。

莲花山白盆珠 1 种。

1. * 黄花夹竹桃 Thevetia peruviana (Pers.) K. Schum.

叶互生，近革质，线形或线状披针形。顶生聚伞花序，花大，黄色，具香味，花冠漏斗状。核果扁三角状球形。花期 5~12 月，果期 8 月至翌年春季

生于干热地区，路旁、池边、山坡疏林下或村镇路旁。

分布于我国台湾、福建、广东、广西和云南等地区。原产美洲热带、西印度群岛及墨西哥。

6. 络石属 **Trachelospermum** Lem.

具乳汁。叶对生，羽状脉。聚伞花序顶生及腋生，花白色或紫色，5 基数，花萼基部具腺体。蓇葖果双生，线形或纺锤形。种子长圆形，被白色绢毛。

莲花山白盆珠 1 种。

1. 络石 Trachelospermum jasminoides (Lindl.) Lem.

叶革质，卵圆形，长 2~10cm。聚伞圆锥花序顶生或腋生，花冠白色。蓇葖果叉生，线状披针形。种子长圆形。花期 3~8 月，果期 6~12 月。

生于沟边或林中，常攀于石上或树上。

分布于我国大部分地区。日本、韩国、越南也有分布。

7. 水壶藤属 Urceola Roxb.

具乳汁。叶对生。花萼内面基部有腺体，花冠不对称，近钟状，无副花冠，向右覆盖。蓇葖果双生，或 1 个不发育，基部膨大，顶部喙状。种子顶端具种毛。

莲花山白盆珠 1 种。

1. 酸叶胶藤 Urceola rosea (Hook. & Arn.) D. J .Middleton

叶纸质，阔椭圆形，长 3~7cm，叶背被白粉。聚伞圆锥花序顶生，花小，粉红色。蓇葖果 2 个。种子长圆形。花期 4~12 月，果期 7 月至翌年 1 月。

生于林中或沟边。

分布于我国长江以南地区。越南、印度尼西亚也有分布。

231. 萝藦科 Asclepiadaceae

有乳汁。地下有块茎。叶对生或轮生，单叶，全缘。聚伞花序，花两性。蓇葖果双生或单生。种子多数，顶端具种毛。胚直立，子叶扁平。

莲花山白盆珠 6 属 7 种。

1. 吊灯花属 Ceropegia L.

茎近肉质，缠绕或直立。叶薄膜质或近肉质。聚伞花序伞状，腋外生，花大，花萼 5 深裂，内面基部具腺体，副花冠 2 轮。蓇葖果线形、狭披针形、纺锤形或圆柱形。种子顶端具种毛。

莲花山白盆珠 1 种。

1. 长叶吊灯花 Ceropegia longifolia Wall.

根茎肉质，茎细，缠绕。叶对生，膜质，线状披针形，长 5~12cm。花单生或 2~7 朵集生。蓇葖果狭披针形。花期 7~8 月，果期 9 月。

生于灌丛。

分布于我国华南及西南地区。印度、缅甸、尼泊尔也有分布。

2. 鹅绒藤属 Cynanchum L.

有乳汁。叶对生。聚伞花序腋外生或顶生，花萼 5 深裂，基部具腺体；花冠辐状或近辐状，花冠筒短。蓇葖果纺锤形或披针形，平滑。

莲花山白盆珠 1 种。

1. 刺瓜 Cynanchum corymbosum Wight

叶对生，薄纸质，卵形，长 4.5~8cm。聚伞花序腋外生。蓇葖果大，纺锤形，具软弯刺。种子卵形，被白色种毛。花期 5~10 月，果期 8 月至翌年 1 月。

生于灌丛或疏林。

分布于我国华南及西南地区。印度、缅甸、老挝也有分布。

3. 眼树莲属 Dischidia R. Br.

具乳汁。茎肉质，节上生根。叶对生，肉质。聚伞花序腋生，花小，黄白色，基部有 5 个腺体。蓇葖果双生或单生。种子顶端具种毛。

莲花山白盆珠 1 种。

1. 眼树莲 Dischidia chinensis Champ. ex Benth.

具乳汁。节上生根。叶肉质，卵状椭圆形，长 1.5~3cm。伞形花序腋生，花小，花冠黄白色。蓇葖果披针状圆柱形。种子卵状长圆形。花期 4~5 月，果期 5~6 月。

生于潮湿杂林。

分布于我国华南地区。越南也有分布。

4. 球兰属 Hoya R. Br.

叶对生，常肉质。花冠肉质，辐状，副花冠 5 裂。果细长。顶端渐尖。种子顶端具种毛。

莲花山白盆珠 1 种。

1. 球兰 Hoya carnosa (L. f.) R. Br.

攀缘灌木。节上生气生根。叶肉质，卵形，长 3.5~12cm。花小，白色如浸于蜡质，聚生成花球。果条形。花期 4~6 月，果期 7~8 月。

生于石上或树上。

分布于我国华南、西南地区，莲花山白盆珠偶见。印度、日本、马来西亚、越南也有分布。

5. 牛奶菜属 Marsdenia R. Br.

叶对生。聚伞花序伞状，花冠钟状、坛状或高脚碟状，裂片狭窄或宽阔，向右覆盖。蓇葖果披针形或匕首状。种子顶端具白色绢质种毛。

莲花山白盆珠 2 种。

1. 球花牛奶菜 Marsdenia globifera Tsiang

叶薄膜质，边缘有缘毛；叶柄顶端具丛生腺体。伞形状聚伞花序腋生。蓇葖果带黑色，具疏柔毛。种子卵圆形。花期 9~10 月，果期 11~12 月。

生长于密林阴处的岩石上或攀缘于大树上。

分布于广东、广西和云南。斯里兰卡、印度、缅甸也有分布。

2. 牛奶菜 Marsdenia sinensis Hemsl.

叶卵圆状心形。伞状聚伞花序腋生，花冠白色或淡黄色。蓇葖果纺锤形，向两端渐尖，外果皮被黄色绒毛。种子卵圆形，扁平。花期夏季，果期秋季。

生于山谷疏林。

分布于我国华南、华东、华中及西南地区。

6. 娃儿藤属 Tylophora R. Br.

叶对生。聚伞花序总状或伞状，腋外生，花小，花萼 5 裂，花冠辐状，副花冠肉质。蓇葖果双生或单个。种子顶端具绢毛。

莲花山白盆珠 1 种。

1. 娃儿藤 Tylophora ovata (Lindl.) Hook. ex Steud.

叶对生，坚纸质，卵形，长 2.5~6cm，基部心形。总状聚伞花序腋生，花冠淡黄色或黄绿色。蓇葖果双生。种子卵圆形，具种毛。花期 4~8 月，果期 8~12 月。

生于杂林中。

分布于我国华南及西南地区。印度、缅甸及越南也有分布。

232. 茜草科 Rubiaceae

单叶对生，稀轮生；托叶生叶柄间，稀生叶柄内。聚伞花序组成复合花序，花萼、花冠顶部常 4~5 裂。蒴果、浆果、核果或小坚果。

莲花山白盆珠 29 属 58 种。

1. 水团花属 Adina Salisb.

叶对生，托叶窄三角形，2深裂，常宿存。头状花序顶生或腋生，花5基数，小苞片线形或线状匙形。蒴果。种子卵球状、长圆形或三角形，扁平。

莲花山白盆珠1种。

1. 水团花 Adina pilulifera (Lam.) Franch. ex Drake

叶对生，厚纸质，椭圆形至椭圆状披针形，长4~12cm。头状花序腋生。小蒴果楔形。种子长圆形，两端有狭翅。花期6~9月，果期7~12月。

生于山谷疏林、旷野路旁及溪边。

分布于我国长江以南地区。日本、越南也有分布。

2. 茜树属 Aidia Lour.

叶对生，托叶在叶柄间，离生或基部合生。聚伞花序腋生或与叶对生，花两性，裂片4~5片。浆果球形。种子多颗。

莲花山白盆珠3种。

1. 香楠 Aidia canthioides (Champ. ex Benth.) Masam.

叶纸质，对生，长圆状披针形至披针形，长4~19cm，托叶三角形。聚伞花序腋生。浆果球形。种子具棱。花期4~6月，果期5月至翌年2月。

生于山坡、山谷溪边。

分布于我国华南及西南地区。日本、越南也有分布。

2. 茜树 Aidia cochinchinensis Lour.

叶革质或纸质，对生，椭圆状长圆形、长圆状披针形或狭椭圆形。聚伞花序与叶对生或生于无叶的节上。浆果球形。花3~6月，果5月至翌年2月。

生于丘陵、山坡、山谷溪边的灌丛或林中。

分布于长江以南地区。日本及南亚、东南亚和大洋洲也有分布。

3. 多毛茜草树 Aidia pycnantha (Drake) Tirveng.

叶革质或纸质，对生，长圆形至长圆状倒披针形。聚伞花序与叶对生，多花。浆果球形。花期3~9月，果期4~12月。

生于旷野、丘陵、山坡、山谷溪边林中或灌丛。

分布于我国华南及华东地区。越南也有分布。

3. 白香楠属 Alleizettella Pitard

叶对生，托叶基部合生。聚伞花序生于侧生短枝顶端或老枝节上，花两性。浆果球形，淡黄白色。种子扁球形。

莲花山白盆珠1种。

1. 白果香楠 Alleizettella leucocarpa (Champ. ex Benth.) Tirveng.

小枝被锈色毛。叶纸质或薄革质，对生，长圆状倒卵形至披针形。聚伞花序，有糙伏毛或硬毛。浆果球形，淡黄白色。种子扁球形。花期4~6月，果期6月至翌年2月。

生于山坡或山谷溪边。

分布于我国华南地区。越南也有分布。

4. 鱼骨木属 Canthium Lam.

具刺或无刺。叶对生，具短柄，托叶生于叶柄间，三角形，基部合生。花漏斗形或近球形。核果近球形，种子长圆形。

莲花山白盆珠 1 种。

1. 鱼骨木 Canthium dicoccum (Gaertn.) Merr.

叶革质，卵形至卵状披针形，长 4~10cm。聚伞花序，花冠绿白色或浅黄色，喉部具绒毛。核果倒卵形或倒卵状椭圆形。花期 1~8 月，果期 6~11 月。

生于疏林或灌丛。

分布于我国华南及西南地区。南亚、东南亚及澳大利亚也有分布。

5. 风箱树属 Cephalanthus L.

叶对生或轮生，托叶在叶柄内。花管状，聚合成头状花序，萼管长杯状，花冠漏斗状，喉部无毛。种子倒垂，有海绵质假种皮。

莲花山白盆珠 1 种。

1. 风箱树 Cephalanthus tetrandrus (Roxb.) Ridsd & Bakh. f.

单叶对生和 3 叶轮生，托叶三角形，叶片近革质，矩圆形或椭圆状披针形。头状花序球形，花冠漏斗形。小核果。种子具翅。花期秋末冬初。

生于山坡、溪边、山沟疏林或灌丛。

分布于我国长江以南各地区，莲花山白盆珠偶见。印度、老挝、缅甸、泰国、越南也有分布。

6. 流苏子属 Coptosapelta Korth.

叶对生，托叶小，生于叶柄间，三角形或披针形。花单生叶腋或顶生圆锥状聚伞花序。蒴果近球形。种子小，种皮膜质，具翅。

莲花山白盆珠 1 种。

1. 流苏子 Coptosapelta diffusa (Champ. ex Benth.) Ven Steenis

叶坚纸质或革质，卵形至披针形，长 2~10cm。花单生叶腋，常对生，花冠白色或黄色。蒴果扁球形。种子近圆形。花期 5~7 月，果期 5~12 月。

生于林中或灌丛。

分布于我国华南、华东及西南。日本也有分布。

7. 狗骨柴属 Diplospora DC.

叶交互对生，托叶具短鞘及稍长的芒。聚伞花序腋生或对生，多花密集，4 或 5 数。核果小，淡黄色、橙黄色或红色，近球形或椭圆状球形，萼宿存。

莲花山白盆珠 1 种。

1. 狗骨柴 Diplospora dubia (Lindl.) Masam

叶革质或厚纸质，卵状长圆形至披针形。花腋生，密集成束或组成聚伞花序。浆果近球形。种子 4~8 颗。花期 4~8 月，果期 5 月至翌年 2 月。

生于灌丛或林下。

分布于我国华南、华东及西南地区。日本、越南也有分布。

8. 栀子属 Gardenia Ellis

叶对生或轮生，托叶生于叶柄内。花大，腋生或顶生，单生、簇生或组成伞房花序。浆果大，革质或肉质，卵形、近球形或圆柱形。种子埋于肉质胎座中。

莲花山白盆珠 1 种。

1. 栀子 Gardenia jasminoides Ellis

叶革质，叶形多样，长圆状披针形至倒卵形，托叶膜质。花单朵顶生。果卵形或近球形、椭圆形或长圆形。种子多数。花期 3~7 月，果期 5 月至翌年 2 月。

生于旷野、山坡、灌丛或林下。

分布于中国华南、华东、西南及华北地区。南亚、东南亚、美洲及太平洋岛屿等地也有分布。

9. 长隔木属 Hamelia Jacq.

叶对生或 3~4 片轮生，托叶生于叶柄间，狭披针形，脱落。聚伞花序，萼管卵形或陀螺形，花冠管状或近钟状。浆果，细小。种子微小。

莲花山白盆珠 1 种。

1. * 长隔木 Hamelia patens Jacq.

叶 3~4 片轮生，倒卵状椭圆形至卵形，长 5~8cm，全缘，两面有毛。顶生红色聚伞花序，管状。浆果卵球形，暗红色或紫色。花期 5~12 月。

生于路旁。

在我国福建、云南均有栽培。产于美国及西印度群岛至玻利维亚和巴拉圭。

10. 耳草属 Hedyotis L.

叶对生，稀轮生或簇生，托叶分离或基部联合成鞘状。聚伞花序组成圆锥状或头状花序，顶生或腋生；花冠轮状或漏斗状，裂片 4~5 片。果小，膜质或脆壳质。

莲花山白盆珠 13 种。

1. 金草 Hedyotis acutangula Champ. ex Benth.

叶对生，基部革质，卵状披针形或披针形，长 5~12cm，托叶三角形。聚伞花序顶生，花冠白色，筒状。蒴果倒卵形。种子近圆形。花期 5~8 月。

生于山坡、旷野。

分布于我国华南地区。越南也有分布。

2. 耳草 Hedyotis auricularia L.

叶近革质，披针形到椭圆形，长 2~8cm。花 4 数，密集成头状花序，腋生，花冠白色。果球形。种子具小窝孔。花期春秋季。

生于草地或灌丛。

分布于我国南部和西南部地区。南亚、东南亚及澳大利亚也有分布。

3. 双花耳草 Hedyotis biflora (L.) Lam.

一年生柔弱草本。叶膜质，长圆形，长 0.7~4cm。花 4 数，常 2~8 朵形成聚伞花序，顶生或生于上部叶腋，花冠白色。蒴果陀螺形。花期 4~9 月，果期 4~9 月。

生于旷野或草地。

分布于我国华南、华东及西南地区。南亚、东南亚及澳大利亚也有分布。

4. 剑叶耳草 Hedyotis caudatifolia Merr. & F. P. Metcalf

叶对生，革质，披针形，长 4~13cm；托叶卵状三角形，全缘或具腺齿。聚伞圆锥花序顶生和腋生，花 4 数。蒴果椭圆形。花期 5~6 月。

生于路旁或山坡疏林。

分布于我国华南及华东地区。

5. 伞房花耳草 Hedyotis corymbosa (L.) Lam.

叶膜质或纸质，线形或线状披针形，长 1~2.5cm，边缘粗糙。花序腋生，有花 2~4 朵。蒴果球形，有数条不明显纵棱。花果期几乎全年。

生于田野或草地。

分布于我国华南、华东及西南地区。亚洲、非洲及美洲热带地区也有分布。

6. 白花蛇舌草 Hedyotis diffusa Willd.

叶膜质，无柄，线形，边缘干后常背卷。花单生或双生叶腋，花冠白色，筒状。蒴果扁球形，熟时顶部室背开裂。种子具窝孔。花期 3~9 月。果期 5~10 月。

生于田边旷野。

分布于我国西南至东南地区。亚洲热带、亚热带地区广布。

7. 牛白藤 Hedyotis hedyotidea (DC.) Merr.

叶对生，膜质或纸质，长卵形或卵形。伞形头状花序腋生或顶生，有花 10~20 朵，花冠白色，筒状。蒴果近球形，顶部隆起。花果期 4~12 月。

生于山坡、灌丛或林中。

分布于我国华南、华东及西南地区。越南也有分布。

8. 粤港耳草 Hedyotis loganioides Benth.

无毛。叶对生，纸质，长 2.5~5cm；托叶卵状三角形，全缘。花序腋生，为三歧稠密聚伞花序。蒴果椭圆形。种子很少。花期不详。果期 12 月。

生于林下。

分布于我国香港、广东。

9. 疏花耳草 Hedyotis matthewii Dunn

叶对生，纸质。聚伞花序顶生和腋生，花 4 数，花白色带紫色。蒴果近椭圆形，熟时开裂为 2 个果片。种子多，细小，具棱。花期 7~11 月。

生于山地密林或灌丛。

分布于我国广东省。

10. 粗毛耳草 Hedyotis mellii Tuch.

叶对生，纸质，卵状披针形，两面被疏短毛。聚伞花序顶生和腋生，多花，排成圆锥花序式。蒴果椭圆形，熟时开裂为 2 个果片。种子具棱，黑色。花期 6~7 月，果期 8~11 月。

生于山地丛林或山坡。

分布于我国华南、华中及华东地区。

11. 纤花耳草 Hedyotis tenelliflora Bl.

全株无毛。叶对生，薄革质，线形或线状披针形，边缘干后反卷，密被小鳞片。花 1~3 朵簇生叶腋，裂片长圆形。蒴果卵形或近球形。种子微小。花期 4~11 月，果期 4~12 月。

生于山谷坡地或田埂。

分布于我国华南、华东、华中及西南地区。菲律宾、泰国、越南也有分布。

12. 长节耳草 Hedyotis uncinella Hook. & Arn.

叶纸质，卵状长圆形或长圆状披针形，长 4~8cm；托叶三角形，边缘有长齿或深裂。头状花序顶生或腋生，花 4 数。蒴果宽卵形。花期 4~6 月。

生于干旱旷地。

分布于我国华南及西南地区。印度也有分布。

13. 粗叶耳草 Hedyotis verticillata (L.) Lam.

叶对生，纸质或薄革质，椭圆形或披针形，长 2.5~5cm，干后边缘反卷。团伞花序腋生，花冠白色。蒴果卵形，被硬毛。种子具棱。花果期 3~11 月。

生于丘陵草丛、路旁和疏林下。

分布于我国华南、华东及西南地区。印度、尼泊尔、越南、马来西亚和印度尼西亚也有分布。

11. 龙船花属 Ixora L.

小枝圆柱形或具棱。叶对生，托在叶柄间。伞房状或三歧分枝聚伞花序顶生，稠密或疏散；花萼卵形，花萼裂片 4 片，宿存；花冠白色、黄色或红色，高脚碟状。浆果球形，有 2 纵槽。

莲花山白盆珠 1 种。

1.* 龙船花 Ixora chinensis Lam.

叶纸质或稍厚，对生，披针形至长圆状倒披针形，长 6~13cm，托叶基部合生成鞘状。稠密聚伞花序顶生。果近球形，对生。花期 5~7 月，果期 9~10 月。

生于疏林或村庄路旁、山坡灌丛。

分布于我国华南地区。东南亚也有分布，热带地区广泛栽培。

12. 粗叶木属 Lasianthus Jack

叶对生，纸质或革质，2 行排列，常具明显横脉，托叶宽。具腋生花束、聚伞或头状花序，花萼 4~6 裂或齿裂，宿存。核果小，熟时蓝色。

莲花山白盆珠 6 种。

1. 华南粗叶木 Lasianthus austrosinensis Lo

叶具等叶性，纸质，卵形，长 5~7cm。花 1~3 朵腋生，无苞片和小苞片；萼密被硬毛，萼管近陀螺形，花冠白色，近管状。核果近球形，被硬毛。

生于路旁疏林。

分布于我国广东、广西。

2. 粗叶木 Lasianthus chinensis (Champ. ex Benth.) Benth.

叶薄革质或厚纸质，长圆形至椭圆形，长 12~25cm，托叶三角形，被黄色绒毛。花无梗，常 3~5 朵簇生叶腋。核果近卵球形。花期 5 月，果期 9~10 月。

生于阴凉潮湿的林下。

分布于我国华南、西南及台湾等地区。越南、泰国也有分布。

3. 焕镛粗叶木 Lasianthus chunii Lo

高 1~3m，小枝黑褐色，密被短硬毛。叶厚纸质或近革质，披针形至近圆形，长 8~15cm。花常 2~4 朵簇生叶腋，苞片小或无。核果扁球形。

生于路旁疏林。

分布于我国华南地区。

4. 罗浮粗叶木 Lasianthus fordii Hance

叶具等叶性，纸质，长圆状披针形或长圆状卵形，长 5~12cm，托叶小，近三角形。花簇生叶腋，近无梗。核果近球形。花期春季，果期秋季。

生于林缘或疏林。

分布于我国华南及西南地区。柬埔寨、印度尼西亚、日本、菲律宾、泰国、越南也有分布。

5. 鸡屎树 Lasianthus hirsutus (Roxb.) Merr.

花杂性同株，雄花簇生于枝下部叶腋，雌花单生于枝上部叶腋，1~3 朵聚生。核果近球形，单生叶腋。花期 4 月，果期 10 月。

生于密林中。

分布于我国华南地区。菲律宾、印度尼西亚、马来西亚、缅甸、印度、越南和日本也有分布。

6. 日本粗叶木 Lasianthus japonicus Miq.

叶近革质或纸质，长圆形或披针状长圆形，长 9~15cm；托叶小，被硬毛，三角形。花 2~3 朵簇生，花冠淡红色或白色。核果球形，熟时蓝色，含 5 个分核。

生于林下。

分布于我国华南、华东、华中及西南地区。日本也有分布。

13. 黄棉木属 Metadina Bakh. f.

叶对生。头状花序顶生，花萼管分离；花冠高脚碟状或窄漏斗状；雄蕊生于花冠管上部，花丝短，花药伸出喉外。小蒴果，内果皮硬。种子不具翅。

莲花山白盆珠 1 种。

1. 黄棉木 Metadina trichotoma (Zoll. ex Mor.) Bakh. f.

叶对生，长披针形或椭圆状倒披针形，长 6~15cm，托叶三角形。头状花序顶生，花冠高脚碟状或漏斗状。小蒴果。种子三角形，不具翅。花果期 4~12 月。

生于山谷溪畔。

分布于我国华南、华中及西南地区。越南、马来西亚、缅甸和印度也有分布。

14. 盖裂果属 Mitracarpus Zucc. ex J. A. Schultes & J. H. Schultes

茎四棱形，下部木质。叶对生，披针形；托叶生于叶柄间，不脱落。花两性，头状花序。果双生，成熟时在中部或中部以下盖裂。种子长圆形或圆形。

莲花山白盆珠 1 种。

1. * 盖裂果 Mitracarpus villosus (Sw.) DC.

叶无柄，长圆形或披针形。花细小，簇生于叶腋内，有与萼近等长的线形小苞片。果近球形。种子深褐色。花期 4~6 月。

生于公路边的荒地，极少见。

分布于我国香港、云南。原产安的列斯群岛和南美洲。

15. 巴戟天属 Morinda L.

叶对生，稀 3 片轮生，托叶生于叶柄内，鞘状。头状花序腋生或顶生；花冠白色，漏斗状或高脚碟状，裂片 5~7 片。聚合果卵形、扁球形、近肾形或近球形。

莲花山白盆珠 2 种。

1. 鸡眼藤 Morinda parvifolia Bartl.

叶纸质，倒卵形或倒卵状椭圆形，长 2~7cm，托叶筒状。头状花序顶生组成伞形花序。聚花核果近球形，熟时橙红色。花期 4~6 月，果期 7~8 月。

生于路旁、旷野灌丛或疏林中。

分布于我国南部及东南部地区。越南、菲律宾也有分布。

2. 羊角藤 Morinda umbellata subsp. obovata Y. Z. Ruan

叶薄革质，对生，叶片长圆状披针形。花序顶生，伞形式排列，花 6~12 朵，花冠白色，4 裂。聚合果扁球形或近肾形。花期 5~7 月，果期 6~10 月。

生于灌丛或林中。

分布于我国华南及华中地区。

16. 玉叶金花属 Mussaenda L.

叶对生或轮生，托叶生于叶柄间，离生或合生。伞房状聚伞花序顶生，萼筒长圆形或陀螺形；裂片花瓣状，其中一片白色（称为花叶）。浆果肉质。

莲花山白盆珠 4 种。

1. 楠藤 *Mussaenda erosa* Champ. ex Benth.

叶对生，纸质，长圆形至长圆状椭圆形，长 6~12cm，托叶三角形。伞房状多歧聚伞花序顶生。浆果近球形或阔椭圆形。花期 4~7 月，果期 9~12 月。

常攀缘于疏林乔木树冠。

分布于我国华南、华东及西南地区。中南半岛也有分布。

2. 黐花 *Mussaenda esquirolii* Lévl.

嫩枝密被短柔毛。叶薄纸质，宽卵形或宽椭圆形，长 10~20cm。聚伞花序顶生；花叶倒卵形。浆果近球形。花果期 4~10 月。

生于海拔约 400m 的山地疏林下或路边。

我国特有，分布于广东、广西、江西、贵州、湖南、湖北、四川、安徽、福建和浙江。

3. 广东玉叶金花 *Mussaenda kwangtungensis* Li

枝褐色，小枝圆柱形，被灰色短柔毛。叶对生，薄纸质，披针状椭圆形。聚伞花序顶生；花叶长椭圆状卵形，花冠黄色，花冠裂片卵形。花期 5~9 月。

生于林中，常攀于林冠。

分布于我国广东。

4. 玉叶金花 *Mussaenda pubescens* Ait. f.

叶对生或轮生，卵状长圆形或卵状披针形；叶背、叶柄密被柔毛；托叶三角形。聚伞花序顶生；花叶宽椭圆形，花冠黄色。浆果近球形。花期 4~7 月，果期 6~12 月。

生于林下或路旁。

分布于我国长江以南各地区。越南也有分布。

17. 腺萼木属 *Mycetia* Reinw.

老枝草黄色或近白色。茎皮松软。叶对生，常一大一小，托叶叶状。聚伞花序顶生或腋生，花二型，苞片叶状，常具腺体，花冠黄色或白色。果肉质，浆果状。

莲花山白盆珠 1 种。

1. 华腺萼木 *Mycetia sinensis* (Hemsl.) Craib

叶近膜质，长圆状披针形至长圆形，长 8~20cm；托叶长圆形或倒卵形。聚伞花序顶生，基部有黄色腺体。果近球形。花期 7~8 月，果期 9~11 月。

生于溪边或路旁。

分布于我国华南、华中及西南地区。

18. 乌檀属 Nauclea L.

叶对生，托叶卵形、椭圆形或倒卵形，扁平，有龙骨。头状花序顶生或腋生，花 4~5 基数。聚花果。种子卵球形或椭圆形。

莲花山白盆珠 1 种。

1. 乌檀 **Nauclea officinalis** (Pierre ex Pitard) Merr. & Chun

叶纸质，椭圆形，近叶缘处联结，两面微隆凸。头状花序顶生，中部以下苞片早落。果序中的小果融合，熟时黄褐色。种子椭圆形。花期夏季，果期 7~9 月。

生于林中。

分布于我国华南地区。东南亚及马来西亚、印度尼西亚也有分布。

19. 蛇根草属 Ophiorrhiza L.

叶对生，纸质，全缘，托叶生于叶柄间，腋内有黏液腺毛。聚伞花序顶生，螺状或具螺状分枝。蒴果菱形、僧帽状或倒心状。种子多而小。

莲花山白盆珠 3 种。

1. 广州蛇根草 **Ophiorrhiza cantonensis** Hance

叶纸质，长圆状椭圆形，长 12~16cm，全缘。圆锥状或伞房状花序顶生，多花，花二型。蒴果僧帽状。种子多，小而有棱角。花期冬春季，果期春夏季。

生于沟谷密林。

分布于我国华南及西南地区。

2. 日本蛇根草 **Ophiorrhiza japonica** Bl.

叶片纸质，卵形至披针形。花序顶生，花二型，花柱异长，萼管陀螺状，花冠白色或粉红色，漏斗形。蒴果僧帽状。花期冬春季，果期春夏季。

生于林下或沟谷。

分布于我国华南、华中、华东及西南地区。日本、越南也有分布。

3. 短小蛇根草 **Ophiorrhiza pumila** Champ. ex Benth.

茎和分枝稍肉质，节上生根。叶对生，膜质或纸质，卵形或椭圆形。聚伞花序顶生，多花。蒴果菱形，被硬毛。花期早春季。果期 6~10 月。

生于林下潮湿处或水边岩石。

分布于我国华南及华东地区。越南也有分布。

20. 鸡矢藤属 Paederia L.

茎圆柱形，蜿蜒状。叶对生，托叶生于叶柄内，三角形。二歧或三歧圆锥聚伞花序，腋生或顶生，裂片 4~5 片。果球形或扁，外果皮膜质。

莲花山白盆珠 1 种。

1. 鸡矢藤 Paederia foetida (Lour.) Merr.

叶对生，膜质，卵形或披针形，长 5~10cm。圆锥花序腋生或顶生，花冠紫蓝色，被绒毛。果阔椭圆形；坚果浅黑色。花期 5~6 月，果期 10~12 月。

生于林缘及灌丛，常攀缘。

分布于我国长江以南地区。日本、印度、印度尼西亚也有分布。

21. 大沙叶属 Pavetta L.

叶对生，稀轮生；托叶锐尖，生于叶腋。伞房聚伞花序顶生或腋生；萼筒卵形或陀螺形，裂片 4 片；花冠白色或淡绿色，高脚碟状。浆果球形。种子 2 颗。

莲花山白盆珠 1 种。

1. 香港大沙叶 Pavetta hongkongensis Bremek.

叶膜质，长圆形或椭圆状倒卵形，托叶宽卵状三角形。伞房状聚伞花序生于侧枝顶部，多花，花冠白色。果球形。花期 3~8 月，果期 6~12 月。

生于疏林或灌丛。

分布于我国华南及西南地区。越南也有分布。

22. 槽裂木属 Pertusadina Ridsd.

叶对生；托叶窄三角形，跨褶，脱落。头状花序腋生，稀为顶生，花 5 数，近无梗，小苞片匙形至线状匙形。果序的小蒴果疏松。种子卵圆状三角形。

莲花山白盆珠 1 种。

1. 海南槽裂木 Pertusadina hainanensis (How) Ridsd.

叶厚纸质，椭圆形，顶端渐尖，基部楔形，两面无毛或被短柔毛。花冠黄色；花柱伸出，柱头倒卵圆形。小蒴果被稀疏的短柔毛。花期 6~7 月。

在密林中为常见种。

分布于我国广东、海南、广西、福建、浙江和湖南。泰国也有分布。

23. 九节属 Psychotria L.

直立，稀攀缘或缠绕。叶对生，托叶生于叶柄内。聚伞花序或丛生花序顶生；花小，两性；花冠漏斗状或近钟状，冠筒短，裂片 5 片。浆果或核果。

莲花山白盆珠 2 种。

1. 九节 Psychotria asiatica L.

叶对生，纸质或革质，长圆形至倒披针状长圆形，托叶短鞘状。聚伞花序顶生，呈伞房状或圆锥状；花冠白色。核果球形。花果期全年。

生于旷野、灌丛或林下。

分布于我国华南、华东及西南地区。日本、南亚、东南亚也有分布。

2. 蔓九节 Psychotria serpens L.

叶纸质或革质，形态变化大，常卵形、椭圆形至披针形；托叶膜质。圆锥状或伞房状聚伞花序顶生。浆果状核果。花期 4~6 月，果期全年。

生于灌丛或林中。

分布于我国华南及华东地区。东亚、东南亚也有分布。

24. 墨苜蓿属 Richardia L.

叶对生，托叶与叶柄合生成鞘状。花序头状，顶生，有叶状总苞片；花小，白色或粉红色，两性或杂性异株；花冠漏斗状。蒴果。

莲花山白盆珠 1 种。

1. * 墨苜蓿 Richardia scabra L

茎近圆柱形，被硬毛。叶厚纸质，卵形、椭圆形或披针形；托叶鞘状。头状花序顶生；总苞片阔卵形。分果瓣长圆形至倒卵形。花期春夏季。

生于田边和旷野。

分布于我国华南地区。原产热带美洲。

25. 茜草属 Rubia L.

常有糙毛或小皮刺。茎具棱或翅。叶常 4~6 片或多片轮生，具掌状脉或羽状脉，有托叶。聚伞花序腋生或顶生，花两性。果 2 裂，肉质浆果状。

莲花山白盆珠 1 种。

1. 金剑草 Rubia alata Wall..

叶 4 片轮生，纸质，线形至披针状线。花序腋生或顶生，圆锥花序式。浆果熟时黑色，球形或双球形。花期夏初至秋初，果期秋冬。

生于山坡林缘或灌丛。

分布于我国长江流域以南各地区。尼泊尔也有分布。

26. 丰花草属 Spermacoce L.

茎和枝通常四棱柱形。叶对生，膜质或薄革质；托叶与叶柄合生而成一截头状的鞘。花微小，无梗；苞片多数，线形。果为蒴果状。

莲花山白盆珠 2 种。

1. * 阔叶丰花草 Spermacoce alata Aubl.

被毛。茎和枝均为明显的四棱柱形，棱上具狭翅。叶椭圆形或卵状长圆形，边缘波浪形。花数朵丛生于托叶鞘内。蒴果椭圆形，被毛。花果期 5~7 月。

多见于废墟和荒地上，现在华南逸为野生。

分布于我国福建、广东、海南、台湾、浙江等地区。原产南美洲。

2. 光叶丰花草 Spermacoce remota Lam.

叶近无柄，纸质，窄椭圆形或披针形，顶端急尖，被毛或无毛；侧脉 2~3 对。花顶生或腋生；花冠近漏斗形。蒴果椭圆形。花果期 6 月至翌年 1 月。

生于草地和草坡。

分布于我国广东、台湾。广布于世界热带地区。

27. 乌口树属 Tarenna Gaertn.

叶对生，具柄；托叶生于叶柄间，基部合生或离生，常脱落。伞房状聚伞花序顶生；花冠漏斗状或高脚碟状，顶部 5 裂。浆果革质或肉质。

莲花山白盆珠 1 种。

1. 白花苦灯笼 Tarenna mollissima (Hook.& Arn.) Rob.

全株被灰褐色柔毛。叶纸质，披针形至卵状椭圆形，两面被毛；

托叶卵状三角形。伞房状聚伞花序顶生。果近球形。花期 5~7 月，果期 5 月至翌年 2 月。

生于林中或灌丛。

分布于我国华南、华东及西南地区。越南也有分布。

28. 钩藤属 **Uncaria** Schreber

叶对生，侧脉腋常有窝陷；托叶全缘或 2 裂。头状花序顶生或腋生；花 5 基数，小苞片线形或线状匙形，萼筒短。蒴果。种子小，两端具长翅。

莲花山白盆珠 1 种。

1. 钩藤 **Uncaria rhynchophylla** (Miq.) Miq. ex Havil.

叶纸质，椭圆形，长 5~12cm，叶背偶具白粉；托叶狭三角形。头状花序单生叶腋或单聚伞状排列；花冠裂片卵圆形。小蒴果，呈星状辐射。花果期 5~12 月。

生于沟谷疏林或灌丛。

分布于我国华南、华中及西南地区。日本也有分布。

29. 水锦树属 **Wendlandia** Bartl. ex DC.

单叶对生，托叶生于叶柄间，三角形。花小，聚伞圆锥花序顶生；花冠筒状、高脚碟状或漏斗状。蒴果小，球形。种子扁，种皮膜质，有网纹。

莲花山白盆珠 3 种。

1. 短筒水锦树 **Wendlandia brevituba** Chun & How ex W. C. Chen

小枝被紧贴的铁锈色短硬毛。叶纸质，椭圆状长圆形，长 5~15cm，宽 2~6.3cm，顶端短渐尖，基部楔形，纤细；托叶圆形。果球形。花期 4~5 月，果期 6~11 月。

生于山谷林中。

分布于我国广东信宜、封开、德庆、恩平，广西上思、龙州。

2. 水锦树 **Wendlandia uvariifolia** Hance

小枝被锈色硬毛。叶纸质，宽椭圆形至长圆状披针形，托叶宿存。圆锥状聚伞花序顶生。蒴果小，球形。花期 1~5 月，果期 4~10 月。

生于林下或溪边。

分布于我国华南及西南地区。越南也有分布。

3. 中华水锦树 **Wendlandia uvariifolia** subsp. **chinensis** (Merr.) Cowan

与原种的主要区别：叶较狭，长圆形或长圆状披针形，叶下被柔毛。花期 3~4 月，果期 4~7 月。

生于溪边、林中或灌丛。

分布于我国广东、广西、海南。

233. 忍冬科 Caprifoliaceae

叶对生，单叶或羽状复叶，全缘、具齿、羽状或掌状分裂。聚伞或圆锥花序；花两性，花冠合瓣，裂片 4~5 片。浆果、核果或蒴果。

莲花山白盆珠 3 属 9 种。

1. 忍冬属 **Lonicera** L.

单叶，对生，稀轮生，全缘稀波状或浅裂，无托叶。花常成对腋生，每双花有苞片和小苞片各 1 对；花 5 基数，整齐或唇形。浆果红色、蓝黑或黑色。

莲花山白盆珠 4 种。

1. 菰腺忍冬 **Lonicera hypoglauca** Miq.

幼枝、叶柄、叶下及总花梗被淡黄褐色柔毛。叶纸质，卵形至卵状矩圆形。双花单生至多朵集生成总状。果熟时黑色。种子淡黑褐色。花期 4~6 月，果期 10~11 月。

生于灌丛或疏林。

分布于我国长江流域以南各地区。日本、尼泊尔也有分布。

2. 忍冬 Lonicera japonica Thunb.

幼枝密被开展的硬直糙毛、腺毛。叶对生，纸质，卵形至矩圆状卵形。总花梗常单生叶腋；苞片叶状。浆果蓝黑色。花期4~6月，果期10~11月。

生于山坡灌丛或疏林中、乱石堆、山脚路旁及村庄篱笆边。

除西北及黑龙江外大部分地区有分布。日本和朝鲜也有分布。

3. 异毛忍冬 Lonicera macrantha (D. Don) Spreng

与原种的主要区别：叶背除有糙毛外，还有稠密的短糙毛组成的毡毛。花期4~5月，果期11~12月。

生于丘陵、山谷或灌丛。

分布于我国华南、华东、华中及西南地区。

4. 皱叶忍冬 Lonicera rhytidophylla Hand.-Mazz.

幼枝、叶柄和花序均被黄褐色毡毛。叶革质，宽椭圆形至矩圆形，长3~10cm。双花成腋生小伞房花序或圆锥状花序。果蓝黑色。花期6~7月，果期10~11月。

生于灌丛或林下。

分布于我国华南、华东及华中地区。

2. 接骨木属 Sambucus L.

奇数羽状复叶，对生；托叶叶状或退化成腺体。复聚伞或圆锥花序顶生；花整齐，5基数，白色或黄白色。浆果状核果。种子三棱形或椭圆形。

莲花山白盆珠1种。

1. 接骨草 Sambucus chinensis Lindl.

羽状复叶；托叶叶状或退化成蓝色腺体；小叶互生或对生，狭卵形，边缘具锯齿。复伞形花序顶生。果实红色。花期4~5月，果期8~9月。

生于山坡、林下、沟边或草丛。

分布于我国长江以南地区。日本也有分布。

3. 荚蒾属 Viburnum L.

单叶对生，稀轮生。花小，聚伞花序，集成顶生或侧生伞形、圆锥或伞房式花序；花辐射对称，5基数。核果，卵圆形或圆形。

莲花山白盆珠4种。

1. 伞房荚蒾 Viburnum corymbiflorum P. S. Hsu & S. C. Hsu

枝和小枝黄白色，无毛或近无毛。叶皮纸质，干后变榄绿色，侧脉4~6对。圆锥花序因主轴缩短而成圆顶的伞房状。果实红色。

花期 4 月，果期 6~7 月。

生于山谷和山坡密林或灌丛中湿润地。

分布于长江以南部分地区。

2. 南方荚蒾 Viburnum fordiae Hance

幼枝、叶柄、花各部被暗黄色绒毛。叶对生，纸质至厚纸质，宽卵形或菱状卵形。聚伞花序顶生。核果卵圆形。花期 4~5 月，果期 10~11 月。

生于山谷、灌丛或旷野。

分布于我国华南、华东、华中及西南地区。

3. 珊瑚树 Viburnum odoratissimum K. Gawl.

叶革质，椭圆形至倒卵形，长 7~20cm。圆锥花序顶生或生侧生短枝；总花梗长，有淡黄色瘤状凸起；花芳香。果卵圆形。花期 4~5 月，果期 7~9 月。

生于山谷或溪旁疏林。

分布于我国华南、华东、华北及西南地区。印度及东南亚也有分布。

4. 常绿荚蒾 Viburnum sempervirens K. Koch.

叶革质，椭圆形至椭圆状卵形，长 4~16cm，叶柄红紫色，叶背有褐色腺点。复伞形聚伞花序顶生，花冠白色。果卵圆形。花期 5 月，果期 10~12 月。

生于溪旁、山谷林中或灌丛。

分布于我国华南、华中、华东及西南地区。

238. 菊科 Compositae

叶互生，稀对生或轮生，全缘、具齿或分裂。花两性或单性，头状花序单生或排列成总状、聚伞状、伞房状或圆锥状。瘦果。

莲花山白盆珠 40 属 58 种。

1. 金纽扣属 Acmella Pers.

叶对生，有锯齿或全缘。头状花序单生于茎、枝顶或上部叶腋，总苞片 1~2 层，花黄色或白色，花冠舌状。瘦果长圆形，黑褐色。

莲花山白盆珠 1 种。

1. 金钮扣 Acmella paniculata (Wall. ex DC.) R. K. Jansen

叶卵形至椭圆形，长 3~5cm，全缘或具钝锯齿。头状花序单生或圆锥状排列，总苞片 2 层，花黄色，两性花花冠管状。瘦果长圆形。花果期 4~11 月。

生于田边、沟边、溪旁等潮湿地或荒山、路旁及灌丛。

分布于我国华南及西南地区。南亚、东南亚及日本也有分布。

2. 下田菊属 Adenostemma J. R. Forst. & G. Forst.

叶对生，边缘有锯齿。头状花序排成伞房状或圆锥花序；总苞钟状或半球形，总苞片2层；花两性，花冠白色。瘦果，具5棱，有腺点。

莲花山白盆珠1种。

1. 下田菊 Adenostemma lavenia (L.) Kuntze

叶膜质，中段叶矩圆状披针形；上部和下部叶渐小，叶缘具锯齿。头状花序排成伞房状或圆锥花序；总苞半球形，苞片2层。瘦果倒披针形。花果期8~10月。

生于林下阴湿处。

分布于我国长江以南各地区。世界温带、热带地区广布。

3. 藿香蓟属 Ageratum L.

叶对生或上部叶互生。头状花序于茎枝顶端排成伞房状或圆锥状花序；总苞钟状，总苞片2~3层；小花管状。瘦果具5纵棱，冠毛5枚。

莲花山白盆珠1种。

1. 藿香蓟 Ageratum conyzoides L.

叶对生，卵形至长圆形，边缘有圆锯齿；叶柄两面被白色短柔毛。头状花序在茎顶排成伞房花序，花淡紫色或浅蓝色。瘦果黑褐色，5棱。花果期全年。

生于荒坡、路旁。

分布于我国长江以南地区。原产中南美洲，逸为野生，现非洲、南亚及东南亚也有分布。

4. 兔耳风属 Ainsliaea DC.

叶互生、基生呈莲座状或密集茎中部，全缘、具齿或中裂，被毛。头状花序排成穗状或总状花序；总苞圆筒形，总苞片多层；花冠管状。瘦果圆柱状或纺锤形。

莲花山白盆珠2种。

1. 长穗兔耳风 Ainsliaea henryi Diels

根状茎粗短或伸长而微弯曲，直径4-6mm。茎直立，暗紫色。叶基生，莲座状，叶片厚，长卵形或长圆形，长3~8cm，边缘具齿。头状花序；总苞圆筒形，总苞片5层；花两性。瘦果圆柱形，冠毛污白色至污黄色。花期7~9月。

生于荒坡路旁或沟边。

分布于我国华南、华中、华东及西南地区。

2. 华南兔儿风 Ainsliaea walkeri Hook.f.

叶聚生于茎中下部，窄长圆形或线形，长3~7cm，边缘背卷。头状花序再排成圆锥花序。瘦果圆柱形，密被粗毛。花期10~12月。

生于荒地或路旁。

分布于我国华南地区。

5. 蒿属 Artemisia L.

叶互生，一至三回羽裂具锯齿。头状花序于茎或分枝上排成穗状或复头状花序；总苞片3~4层，卵形或椭圆状倒卵形。瘦果小，卵形、倒卵形或长圆状倒卵形。

莲花山白盆珠2种。

1. 五月艾 Artemisia indica Willd.

植株具浓香。叶形多变，羽状深裂。头状花序卵形，具短梗及小苞叶；两性花花冠管状，檐部紫色。瘦果长圆形或倒卵圆形。花果期8~10月。

生于林缘或路旁。

分布几遍全国。亚洲温带至热带地区广布。

2. 白苞蒿 Artemisia lactiflora Wall. ex DC.

叶薄纸质，叶形多变，羽状全裂。头状花序长圆形，排成密穗状花序；雌花花冠狭管状；两性花花冠管状。瘦果倒卵形或长圆状倒卵形。花果期8~11月。

生于林下、林缘或灌丛。

分布于我国秦岭以南地区。越南、老挝、印度、印度尼西亚也有分布。

6. 紫菀属 Aster L.

茎直立。叶互生，有齿或全缘。头状花序伞房状或圆锥伞房状排列，或单生；总苞片 2 至多层；两性花花冠管状。瘦果长圆形或倒卵圆形。

莲花山白盆珠 7 种。

1. 三褶脉紫菀 Aster ageratoides Turcz.

下部叶花期枯萎；中部叶椭圆形；上部叶渐小。头状花序排成伞房或圆锥伞房状。瘦果倒卵状长圆形，冠毛红褐色或白色，花果期 7~12 月。

生于路旁、草地。

分布于我国大部分地区。东亚也有分布。

2 狭叶三脉紫菀 Aster ageratoides var. gerlachii (Hance) Chang

与原种的主要区别：茎上部被微糙毛。叶线状披针形，长 5~8cm，宽 0.7~1cm，有浅锯齿，两端渐尖，薄纸质，上面被疏粗毛，下面近无毛。总苞片上端绿色；舌状花白色。

分布于广东、贵州。

3. 微糙三脉紫菀 Aster ageratoides var. scaberulus (Miq.) Ling

与原种的主要区别：叶常卵圆形或卵圆披针形，有 6~9 对浅锯齿，下部渐狭或急狭成具狭翅或无翅的短柄，质较厚，有腺点。总苞较大，总苞片上部绿色，舌状花白色或带红色。

生于林下、林缘、灌丛及山谷。

分布于我国华南、华东、华中及西南地区。越南也有分布。

4. 白舌紫菀 Aster baccharoides (Benth.) Steetz

下部叶匙状长圆形；中部叶长圆形或长圆状披针形；上部叶渐小。头状花序排成顶生圆锥状伞房花序。瘦果窄长圆形。花期 7~10 月，果期 8~11 月。

生于路旁、草地。

分布于我国华南、华中及华东地区。

5. 马兰 Aster indicus L.

开花时基生叶枯萎；茎生叶倒披针形或倒卵状长圆形，边缘从中部以上具小齿或羽状裂。头状花序单生，顶生。瘦果倒卵状长圆形，极扁。

生于路旁、草地。

分布于我国安徽、福建、甘肃、广东、广西、贵州等地区。亚洲南部及东部也有分布。

6. 钻叶紫菀 Aster subulatus (Michx.) Hort. ex Michx.

茎生叶多数，叶片披针状线形，极稀狭披针形，两面绿色。头状花序极多数；总苞钟形。瘦果线状长圆形。花期 9~11 月。

生于山坡，林缘，路旁。

分布于我国华南地区。主要产自北美地区的高山。

7. 三基脉紫菀 Aster trinervius Roxb. ex Roxb.

叶厚质或近革质，叶面被糙毛，叶背被粗毛及腺点。头状花序排成伞房或圆锥伞房状；总苞倒锥状或半球状，总苞片 3 层。瘦果倒卵圆形。花果期 7~12 月。

生于路旁、草地。

分布于我国西藏南部地区。尼泊尔、不丹、印度及缅甸也有分布。

7. 鬼针草属 Bidens L.

叶对生。头状花序顶生或排成伞房状圆锥花序丛；总苞钟状或半球形，苞片 1~2 层；花杂性，外围一层舌状花或全为筒状花。瘦果扁平或具 4 棱。

莲花山白盆珠 2 种。

1. 白花鬼针草 Bidens alba (L.) DC.

叶对生；茎下部叶为一回羽状复叶；茎上部叶为单叶，不分裂。头状花序排成顶生疏伞房状花序。瘦果条形，顶端芒刺 2 个。花期 6~11 月。

生于路旁荒地。

分布于我国华南、华中、华东及西南地区。热带、亚热带地区广布。

2. 鬼针草 Bidens pilosa L.

叶对生，三出复叶，小叶常 2~3；茎上部叶渐小，3 裂或不裂。头状花序排成顶生疏伞房状花序；总苞片 2 层。瘦果条形，顶端芒刺 3~4 个。花期 6~11 月。

生于路旁荒地。

分布于我国华南、华中、华东及西南地区。亚洲和美洲热带、亚热带地区也有分布。

8. 艾纳香属 Blumea DC.

叶互生，边缘具齿或羽状分裂。头状花序腋生和顶生，排成圆锥花序，异形小花。瘦果圆柱形或纺锤形，冠毛糙毛状。

莲花山白盆珠 3 种。

1. 东风草 Blumea megacephala (Randeria) C. C. Chang & Y. Q. Tseng

叶卵形至长椭圆形，边缘有疏齿或点状齿。头状花序腋生于枝顶排成总状或近伞房状，再组成大型具叶圆锥花序。瘦果圆柱形，冠毛白色。花期 8~12 月。

生于林缘或灌丛。

分布于我国华南及西南地区。越南也有分布。

2. 柔毛艾纳香 Blumea axillaris (Lam.) DC.

茎被白色长柔毛。叶片倒卵形，长 7~9cm，边缘有不规则密细齿，两面被绢状长柔毛。头状花序，3~5 个簇生。瘦果圆柱形，被短柔毛。花期几乎全年。

生于田边、旷野草地。

分布于我国华南、华中、华东及西南地区。南亚、非洲及大洋洲也有分布。

3. 长圆叶艾纳香 Blumea oblongifolia Kitam

基部叶花期枯萎；中部叶椭圆状长圆形；上部叶渐小。头状花序排成顶生圆锥花序；总苞球状钟形，总苞片 4 层。瘦果圆柱形。花期 8 月至翌年 4 月。

生于路旁、田边、旷野草地或溪边。

分布于我国华南及华东地区。印度、缅甸、越南也有分布。

9. 天名精属 Carpesium L.

茎直立，多有分枝。叶互生，全缘或具不规整的牙齿。花黄色，异形。瘦果细长，有纵条纹，先端收缩成喙状，顶端具软骨质环状物，无冠毛。

莲花山白盆珠 1 种。

1. 天名精 Carpesium abrotanoides L.

叶面粗糙，下面淡绿色，密被短柔毛，有细小腺点。雌花狭筒状，长 1.5mm；两性花筒状，长 2~2.5mm，向上渐宽，冠檐 5 齿裂。瘦果长约 3.5mm。花期 8~10 月。果期 10~12 月。

生于路旁、田边、旷野草地。

分布于华东、华南、华中、西南各地区及河北、陕西等地。

10. 石胡荽属 Centipeda Lour.

叶互生，楔状倒卵形，有锯齿。头状花序单生叶腋；总苞半球形，总苞片 2 层；边花雌性，花冠细管状；盘花两性，花冠宽管状。瘦果四棱形，无冠毛。

莲花山白盆珠 1 种。

1. 石胡荽 Centipeda minima (L.) A. Br. & Asch.

叶互生，楔状倒披针形，边缘有锯齿。头状花序单生叶腋，总苞半球形。瘦果椭圆形，具4棱，无冠毛。花果期6~10月。

生于路旁、旷野或水边。

分布于我国华南、华中、华东、西南、华北及东北地区。朝鲜、日本、印度、马来西亚及大洋洲也有分布。

11. 菊属 Chrysanthemum L.

叶不分裂或一回或二回掌状或羽状分裂。头状花序异形，单生茎顶。全部瘦果同形，近圆柱状而向下部收窄。

莲花山白盆珠1种。

1. 野菊 Chrysanthemum indicum L.

叶卵形、长卵形或椭圆状卵形，羽状半裂或浅裂。头状花序单生于茎枝顶端排成伞房圆锥花序；总苞片5层，边缘白色或褐色宽膜质，舌状花黄色。瘦果。花果期6~11月。

生于草地、灌丛、田边或路旁。

广布于我国华南、华中、华北、西北及西南各地。印度、日本也有分布。

12. 野茼蒿属 Crassocephalum Moench

叶互生。头状花序盘状或辐射状；小花管状，两性；总苞片1层，线状披针形；花冠细管状。瘦果窄圆柱形，冠毛白色，绢毛状，易脱落。

莲花山白盆珠1种。

1. 野茼蒿 Crassocephalum crepidioides (Benth.) S. Moore

叶互生，短圆状椭圆形，边缘有锯齿或基部羽裂。头状花序在茎顶端排成伞房状，总苞片1层，呈钟状。瘦果窄圆柱形，红色，冠毛白色。花期7~12月。

生于山坡路旁、水边、灌丛中。

分布于我国华南、华中及西南地区。泰国及东南亚和非洲也有分布。

13. 鱼眼草属 Dichrocephala DC.

叶互生，叶具齿缘或琴状羽裂。头状花序顶生，圆锥或总状排列；总苞1~2层，花管状，边花雌性，白色或黄色；中央两性花紫色或淡紫色。瘦果倒披针形，无冠毛或易脱落。

莲花山白盆珠1种。

1. 鱼眼草 Dichrocephala integrifolia (L. f.) Kuntze

叶卵形、椭圆形或披针形，被白色短毛。头状花序生于枝顶，呈伞房或圆锥状花序。瘦果倒披针形，无冠毛。花果期全年。

生于旷野、荒地。

分布我国长江以南各地区。

14 鳢肠属 Eclipta L.

茎被粗毛。叶对生。头状花序生于枝顶或叶腋，总苞钟状，苞片2层；花白色，边花舌状，中央花两性，花冠管状。瘦果三角形或扁四角形。

莲花山白盆珠1种。

1. 鳢肠 *Eclipta prostrata* (L.) L.

叶长圆状披针形或披针形，边缘具齿或波状，两面被密硬糙毛。头状花序。瘦果三角形或扁四角形。花果期 6~9 月。

生于田边、路旁或河边。

分布于我国各地。热带、亚热带地区广布。

15. 地胆草属 *Elephantopus* L.

被柔毛。叶互生，具羽状脉。头状花序密集成团球状复头状花序，在茎和枝端单生或排成伞房状；总苞圆柱形或长圆形。瘦果长圆形。

莲花山白盆珠 2 种。

1. 地胆草 *Elephantopus scaber* L.

基生叶丛生莲座状，匙形或倒披针状匙形，茎生叶少。头状花序在茎或枝端排列为复头状花序。瘦果长圆状线形，冠毛白色。花期 7~11 月。

生于山坡、路旁或林缘。

分布于我国华南、华东及西南地区。北半球热带地区广布。

2. 白花地胆草 *Elephantopus tomentosus* L.

下部叶长圆状倒卵形，基部渐狭成具翅的柄；上部叶椭圆形，近无柄。头状花序生于茎枝顶端，呈复头状花序。瘦果长圆状线形。花期 8 月至翌年 5 月。

生于旷野、路旁或灌丛。

分布于我国华南地区。热带地区广布。

16. 一点红属 *Emilia* Cass.

茎具白霜。叶互生，通常密集于基部，具叶柄；茎生叶少数，羽状浅裂。头状花序盘状。瘦果圆柱形，两端截形。

莲花山白盆珠 2 种。

1. 小一点红 *Emilia prenanthoidea* DC.

基部叶小，倒卵形；中部叶长圆形，箭形或具宽耳；上部叶小线状披针形。头状花序在茎枝端排列呈疏伞房状；花红色或紫红色。瘦果圆柱形。花果期 5~10 月。

生于路旁、疏林或林中潮湿处。

分布于我国华南、华东及西南地区。越南、印度、马来西亚也有分布。

2. 一点红 *Emilia sonchifolia* (L.) DC.

叶质厚；茎下部叶卵形，琴状分裂；上部叶小，常抱茎。头状花序于枝端排成伞房状，总苞圆柱形。瘦果圆柱形，冠毛白色。花果期 7~10 月。

生于荒地、田埂或路旁。

分布于我国华南、华中、华东及西南地区。热带地区均有分布。

17. 球菊属 *Epaltes* Cass.

叶互生，全缘，有锯齿或分裂。头状花序小，盘状，单生或排成伞房花序，各有多数异形小花。瘦果近圆柱形。

莲花山白盆珠 1 种。

1. 球菊 Epaltes australis Less.

茎枝铺散或匍匐状。叶片倒卵形或倒卵状长圆形，基部长渐狭，顶端钝，边缘有不规则的粗锯齿。头状花序多数。瘦果近圆柱形。花期 3~6 月和 9~11 月。

生于旱田中或旷野沙地上。

分布于我国华南、华东、华中、华北及西南地区。

18. 菊芹属 Erechtites Rafin

叶互生，近全缘，具锯齿或羽状分裂，无毛或被柔毛。头状花序盘状，具异形小花；花序托平或微凹。瘦果近圆柱形。

莲花山白盆珠 1 种。

1. 败酱叶菊芹 Erechtites valerianifolius (Link ex Spreng.) DC.

叶具长柄，长圆形至椭圆形，顶端尖或渐尖，基部斜楔形，边缘有不规则的重锯齿或羽状深裂。总苞圆柱状钟形。瘦果近圆柱形。花期 5 月。

生于田边、路旁。

分布于我国华南地区。原产南美洲，逸为野生。

19. 飞蓬属 Erigeron L.

叶互生，全缘或具锯齿。头状花序辐射状，单生或数个，伞房状或圆锥状花序；花全部结实。瘦果长圆状披针形或线状披针形。

莲花山白盆珠 2 种。

1. * 香丝草 Erigeron bonariensis (L.) Cronq.

根纺锤状，常斜升，具纤维状根。茎直立或斜升，高

20~50cm。叶密集，基部叶花期常枯萎；下部叶倒披针形或长圆状披针形。花期 5~10 月。

常生于荒地，田边、路旁。

分布于我国安徽、福建、甘肃、广东、广西、贵州等地区。原产南美洲，现广泛分布于热带及亚热带地区。

2. * 小蓬草 Erigeron canadensis (L.) Cronq.

根纺锤状，具纤维状根。茎直立，圆柱状，有条纹。叶密集，基部叶花期常枯萎。头状花序多数，小。瘦果线状披针形。花期 5~9 月。

常生于路边旷野或山坡荒地。

我国南北地区逸为野生。原产北美洲。

20. 泽兰属 Eupatorium L.

叶对生或轮生，单叶或 3 裂。头状花序于茎枝顶端排成复伞房花序或圆锥花序；总苞卵形、钟形或半球形。瘦果 5 棱，冠毛刚毛状。

莲花山白盆珠 1 种。

1. 白头婆 Eupatorium japonicum Thunb.

叶对生；中部茎叶多形，自中部向上及向下部的叶渐小，与茎中部的叶同形同质。头状花序多数在茎顶及枝端。瘦果淡黑褐色。花果期 6~11 月。

生于荒地、路旁。

分布于华南地区。原产南美洲，广布于东半球热带地区。

21. 田基黄属 Grangea Adans.

叶互生。头状花序顶生或与叶对生；总苞宽钟状，总苞片 2~3 层，草质；花冠管状；雌花线形，两性花檐部钟状。瘦果扁或近圆柱形，顶端平截。

莲花山白盆珠 1 种。

1. 田基黄 *Grangea maderaspatana* (L.) Poir.

茎被白色长柔毛。叶倒卵形至倒匙形，两面被短柔毛及棕黄色小腺点。头状花序单生茎或枝顶端，小花花冠外面被棕黄色小腺点。瘦果扁。花果期 3~8 月。

生于干燥荒地、河边沙滩、水旁向阳处以及疏林及灌丛中。

分布于我国华南及西南地区。南亚、东南亚也有分布。

22. 菊三七属 Gynura Cass.

无毛或有硬毛。叶互生，具齿或羽状分裂，稀全缘，有柄或无叶柄。头状花序盘状；小花全部两性，结实。瘦果圆柱形。

莲花山白盆珠 1 种。

1. 白子菜 *Gynura divaricata* (L.) DC.

高 30~60cm。茎直立。叶质厚，通常集中于下部；叶片卵形、椭圆形或倒披针形。小花橙黄色，有香气。瘦果圆柱形，长约 5mm，褐色。花果期 8~10 月。

生于山坡草地、荒坡和田边潮湿处。

分布于我国广东、海南、香港、云南。越南北部也有分布。

23. 旋覆花属 Inula L.

叶互生或基生，全缘或有齿。头状花序伞房状或圆锥状排列；雌雄同株，外缘雌花，花冠舌状，黄色；中央两性花。瘦果圆柱形。

莲花山白盆珠 1 种。

1. 羊耳菊 *Inula cappa* (Buch.-Ham.) DC.

全株被白色或浅褐色茸毛。叶多少开展，长圆形或长圆状披针形；网脉明显。头状花序倒卵圆形。瘦果长圆柱形。花期 6~10 月，果期 8~12 月。

生于荒地、灌丛或草地。

分布于我国华南、华东及西南地区。南亚、东南亚也有分布。

24. 黄瓜菜属 Paraixeris Nakai

叶互生，不分裂或羽状分裂，基生叶花期枯萎，极少生存。头状花序同形、舌状。瘦果黑色或褐色，椭圆形、长椭圆形或纺锤形。

莲花山白盆珠 1 种。

1. 黄瓜菜 *Paraixeris denticulata* (Houtt.) Nakai

茎单生，直立。中下部茎叶卵形，上部及最上部茎叶与中下部茎叶同形。头状花序多数。瘦果长椭圆形。花果期 5~11 月。

生于山坡林缘、林下、田边、岩石上或岩石缝隙中。

分布于我国华南及华东地区。日本、朝鲜也有分布。

25. 假福王草属 Paraprenanthes C. C. Chang ex C. Shih

叶不裂或羽状分裂。头状花序小，在茎枝端排成圆锥状或伞房状；总苞圆柱状，总苞片 3~4 层。瘦果黑色，纺锤状，冠毛 2~3 层，白色。

莲花山白盆珠 1 种。

1. 假福王草 Paraprenanthes sororia (Miq.) C. Shih

茎生叶羽状半裂或深裂，边缘具锯齿；上部叶不裂，戟形、披针形或长椭圆形。头状花序在茎枝顶端排成圆锥状，小花粉红色。瘦果黑色。花果期 5~8 月。

生于山坡、山谷灌丛、林下。

分布于我国华南、华中、华东及西南地区。日本、朝鲜及中南半岛也有分布。

26. 帚菊属 Pertya Sch.-Bip.

长枝上叶互生，短枝上叶簇生，全缘，具细齿。头状花序腋生、顶生或簇生；总苞钟形或圆筒状，总苞片多层。瘦果圆柱形、近纺锤形、倒卵形或倒锥形，冠毛污白色至褐色。

莲花山白盆珠 1 种。

1. 心叶帚菊 Pertya cordifolia Mattf.

小枝纤弱，紫红色。叶互生，纸质，阔卵形，边缘具细齿。头状花序上部叶腋排成团伞花序；总苞狭钟形，总苞片约 8 层。瘦果近纺锤形。花期 9~10 月。

生于山地林缘或灌丛。

分布于我国华南及华东地区。

27. 假臭草属 Praxelis Cass

叶对生，少有互生的，全缘、具齿或 3 裂。头状花序小或中等大小。瘦果 5 棱，顶端截形。

莲花山白盆珠 1 种。

1. * 假臭草 Praxelis clematidea R. M. King & H. Rob.

全株被长柔毛。叶对生，卵圆形至菱形，具腺点，边缘齿状，先端急尖，具 3 脉。头状花序生于茎、枝端；总苞钟形，蓝紫色。瘦果黑色。花果期全年。

生于荒地、路旁。

分布于华南地区。原产南美洲，广布于东半球热带地区。

28. 拟鼠麹草属 Pseudognaphalium Kirp.

全株密被绵毛。叶互生，全缘。头状花序顶生或腋生，排成聚伞花序或圆锥状伞房花序；总苞卵形或钟形。瘦果卵形、倒卵形或倒卵状圆柱形，冠毛白色。

莲花山白盆珠 1 种。

1. 鼠麹草 Pseudognaphalium affine (D. Don) Anderb.

叶匙状倒披针形或倒卵状匙形。头状花序在枝顶密集成伞房花序；总苞钟形；花黄色至淡黄色。瘦果倒卵形或倒卵状圆柱形。花期 1~4 月和 8~11 月。

生于干地或湿润草地。

分布于我国华南、华东、华中、华北、西北及西南地区。东亚、东南亚及南亚也有分布。

29. 翅果菊属 Pterocypsela Shih

叶分裂或不分裂。头状花序同形，花舌状，较大，在茎枝顶端排成伞房花序、圆锥花序或总状圆锥花序。瘦果倒卵形、椭圆形或长椭圆形。

莲花山白盆珠 1 种。

1. 翅果菊 Pterocypsela indica (L.) Shih

茎叶线形或长椭圆形，边缘具疏齿。头状花序沿茎枝顶端排成圆锥花序或总状圆锥花序，总苞片 4 层，舌状小花黄色。瘦果椭圆形。花果期 4~11 月。

生于山坡、灌丛、田间或路旁草丛。

分布于我国华南、西南、华东、华中、华北地区。俄罗斯及远东地区、日本、菲律宾、印度尼西亚及印度也有分布。

30. 假泽兰属 Mikania Willd.

通常光滑无毛。叶对生，通常有叶柄。头状花序小或较小，排列成穗状、总状、伞房状花序或圆锥状花序。瘦果有 4~5 棱，顶端截形。

莲花山白盆珠 1 种。

1. * 薇甘菊 Mikania micrantha Kunth

中部叶三角状卵形至卵形，边缘具齿，上部叶渐小。头状花序于枝端排成复伞房花序，花两性花。瘦果黑色。花期几乎全年。

生于路旁、灌丛或林缘。

分布于我国华南地区。原产中南美洲，现广泛传播到亚洲热带地区。热带、亚热带地区危害最严重的杂草之一。

31. 千里光属 Senecio L.

叶互生，形态变异大。头状花序排成顶生复伞房或圆锥聚伞花序；总苞半球形、钟状或圆柱形；舌片、花冠黄色。瘦果圆柱形。

莲花山白盆珠 1 种。

1. 千里光 Senecio scandens Buch-Ham. ex D. Don

叶卵状披针形或长三角形，边缘具齿或全缘。头状花序排成顶生复聚伞圆锥花序；总苞圆柱状钟形。瘦果圆柱形。花期 8 月至翌年 4 月。

生于林中、灌丛、岩石或溪边。

分布于我国华南、华东、华中、西南及西北地区。南亚、东南亚及日本也有分布。

32. 豨莶属 Sigesbeckia L.

单叶对生。头状花序排成疏散圆锥花序；外围雌性花舌状；中间两性花管状；总苞钟形或半球形，总苞片 2 层。瘦果倒卵状四棱形、倒卵形或长圆状四棱形，无冠毛。

莲花山白盆珠 2 种。

1. 毛梗豨莶 Sigesbeckia glabrescens (Makino) Makino

中部叶卵圆形；上部叶卵状披针形；全部叶两面被柔毛。多数头状花序在枝端排列成疏散的圆锥花序。瘦果倒卵形。花期 4~9 月，果期 6~11 月。

生于路边、旷野荒草地和山坡灌丛中。

分布于我国浙江、福建、安徽、江西、湖北、湖南、四川、广东及云南等省。日本、朝鲜也有分布。

2. 豨莶 Sigesbeckia orientalis L.

中部叶卵圆形或卵状披针形；上部叶卵状长圆形。头状花序聚生枝端，排成具叶圆锥花序。瘦果倒卵圆形，有 4 棱。花期 4~9 月，果期 6~11 月。

生于旷野、灌丛、林缘或林下。

分布于我国华南、华中、华东、西南及西北地区。日本、朝鲜也有分布。

33 裸柱菊属 Soliva Ruiz & Pav.

叶互生，通常羽状全裂，裂片极细。头状花序无柄，异型；盘花两性，通常不育。雌花瘦果扁平，边缘有翅，顶端有宿存的花柱，无冠状冠毛。

莲花山白盆珠 1 种。

1. * 裸柱菊 Soliva anthemifolia (Juss.) Sweet

茎平卧。叶互生，二至三回羽状分裂。头状花序生于茎基部；总苞片 2 层；中央两性花少数；花冠管状，黄色。瘦果倒披针形，有厚翅。花果期全年。

生于荒野或田野。

分布于我国广东、福建、江西及台湾。原产南美洲，大洋洲也有分布，逸为野生。

34. 苦苣菜属 Sonchus L.

叶互生，常抱茎。头状花序于茎枝顶排成伞房或圆锥花序；总苞卵状或钟状，总苞片 3~5 层；舌状小花黄色。瘦果卵形或长椭圆形，极少倒圆锥形，冠毛白色。

莲花山白盆珠 1 种。

1. 苣荬菜 Sonchus arvensis L.

茎下部叶倒披针形或长椭圆形，羽状分裂；茎上部叶披针形。头状花序于茎枝顶排成伞房状；总苞钟形，总苞片 3 层。瘦果长椭圆形。花果期 1~10 月。

生于草地或水边。

遍布全国各地。几乎遍布全球。

35. 蟛蜞菊属 Wedelia Jacq.

被短糙毛。叶对生、具齿。头状花序单生或 2~3 个生于叶腋或枝端；总苞钟形或半球形，总苞片 2 层。瘦果倒卵形、棒状或楔状长圆形，无冠毛或退化成冠毛环。

莲花山白盆珠 2 种。

1. 蟛蜞菊 Wedelia chinensis (Osbeck.) Merr.

叶椭圆形、长圆形或线形，全缘或有疏齿，两面被糙毛。头状花序单生于枝顶或叶腋；总苞钟形，总苞片 2 层。瘦果倒卵形，具冠毛环。花期 3~9 月。

生于路旁、山坡或疏林中。

遍布我国华南和西南地区。印度、菲律宾、日本也有分布。

2. * 南美蟛蜞菊 Wedelia trilobata (L.) Hitch.

茎平卧，节上生根。叶对生，椭圆形至披针形；常 3 裂，裂片三角形，具疏齿。头状花序腋生，具长梗；苞片披针形。瘦果棒状，具角，黑色。

生于路旁、山坡或疏林中。

分布于我国香港、广东、海南、台湾、福建。原产热带美洲，全球热带地区广布。

36. 金腰箭属 Synedrella Gaertn.

茎直立，分枝，被短或长柔毛。叶对生，具柄，边缘有不整齐的齿刻。头状花序小，异型；总苞卵形或长圆形。两性花的瘦果狭。

莲花山白盆珠 1 种。

1. * 金腰箭 Synedrella nodiflora (L.) Gaertn.

叶长椭圆形至卵形。头状花序常 2~7 个簇生叶腋，小花黄色；总苞卵形或长圆形，苞片数片。两性花瘦果倒锥形或倒卵状圆柱形。花期 6~10 月。

生于路旁、旷野、耕地及宅旁。

分布于我国东南至西南各地区。世界热带、亚热带地区广布。

37. 羽芒菊属 Tridax L.

叶对生，有缺刻状齿或羽状分裂。头状花序单生于茎、枝顶端；总苞卵圆形或钟形，总苞片数层。瘦果陀螺状或圆柱状，冠毛羽状。

莲花山白盆珠 1 种。

1. * 羽芒菊 Tridax procumbens L.

叶对生，披针形或卵形，边缘具粗齿或羽状裂。头状花序单生枝顶；总苞钟形；边花舌状，两性。瘦果密被毛，冠毛白色。花期 11 月至翌年 3 月。

生于旷野、荒地或路旁。

分布于我国南部地区。越南、印度也有分布。

38. 斑鸠菊属 Vernonia Schreb.

叶互生。头状花序排成圆锥状、伞房状、总状；总苞钟状或近球形，总苞片多层覆瓦状。瘦果圆柱状或陀螺状，具棱，冠毛 2 层。

莲花山白盆珠 3 种。

1. * 夜香牛 Vernonia cinerea (L.) Less.

中、下部叶具柄，菱状卵形；上部叶渐尖，窄长圆状披针形或线形。头状花序生于枝端呈伞房状圆锥花序；总苞钟状。瘦果圆柱形。花果期全年。

生于旷野、荒地、田边或路旁。

分布于我国华南、华东、华中及西南地区。印度、日本及中南半岛等地也有分布。

2. 毒根斑鸠菊 Vernonia cumingiana Benth.

叶厚纸质，卵状长圆形，具树脂状腺。头状花序枝端或叶腋排成圆锥花序；总苞卵状球形或钟状，总苞片 5 层。瘦果圆柱形。花期 10 月至翌年 4 月。

生于河边、山谷或疏林中。

分布于我国华南、华东及西南地区。东南亚也有分布。

3. 茄叶斑鸠菊 Vernonia solanifolia Benth.

叶具柄，卵形或卵状长圆形，全缘或具疏齿。头状花序小，在茎枝顶端排成具叶宽 20cm 的复伞房花序；总苞半球形。瘦果 4~5 棱。花期 11 月至翌年 4 月。

生于山谷、河边或疏林。

分布于我国华南及西南地区。南亚、东南亚也有分布。

39. 苍耳属 Xanthium L.

叶互生，全缘或略分裂。头状花序单性，雌雄同株，在叶腋单生或密集成穗状；雄头状花序着生于茎枝上端；雌头状花序单生或密集于茎枝下部。瘦果 2 个，无冠毛。

莲花山白盆珠 1 种。

1.* 苍耳 Xanthium sibiricum L.

叶三角状卵形或心形，近全缘或 3~5 浅裂，边缘具齿。雄性头状花序球形；雌性头状花序椭圆形；总苞片 2 层。瘦果，倒卵形。花期 7~8 月，果期 9~10 月。

生于路边或田边。

分布于我国华南、华北、西南、西北及东北地区。俄罗斯、伊朗、印度、朝鲜及日本也有分布。

40. 黄鹌菜属 Youngia Cassini

叶羽状分裂或不裂。头状花序在茎枝顶端或沿茎排成总状、伞房或圆锥状伞房花序；总苞圆柱状或钟形，总苞片 3~4 层。瘦果纺锤形。

莲花山白盆珠 1 种。

1. 黄鹌菜 Youngia japonica (L.) DC.

基生叶莲座状，倒披针形，大头羽状深裂，常无或极少茎生叶。头状花序于茎枝顶端排成伞房花序；总苞圆柱状。瘦果纺锤形。花果期 4~10 月。

生于山坡、山谷、山沟、林缘及林下。

除我国东北、西北地区以外广布全国。朝鲜、日本及东南亚也有分布。

239. 龙胆科 Gentianaceae

茎直立或斜升。单叶对生，全缘。聚伞花序或复聚伞花序；花两性，辐射对称，4~5 数；花萼筒状或钟状。蒴果 2 瓣裂。种子小，多数。

莲花山白盆珠 2 属 3 种。

1. 龙胆属 Gentiana Tourn. L.

直立或斜生，茎四棱形。叶常对生，全缘。复聚伞花序、聚伞花序或单生；花两性；花萼筒形或钟形；花冠漏斗形或钟形。蒴果 2 裂。种子小而多数。

莲花山白盆珠 1 种。

1. 华南龙胆 Gentiana loureiroi Griseb.

根略肉质。茎直立丛生。基生叶莲座状，狭椭圆形；茎生叶对生，椭圆形。花单生于小枝顶，花萼钟形，花冠紫色，漏斗形。蒴果倒卵形。花果期 2~9 月。

生于路旁或林下。

分布于我国华南、华中及华东地区。越南也有分布。

2. 双蝴蝶属 *Tripterospermum* Bl.

叶对生。聚伞花序或单生，花 5 数，花冠钟形，裂片间有褶。浆果或蒴果，2 瓣裂。种子多数，三棱形或近圆形。

莲花山白盆珠 2 种。

1. 双蝴蝶 *Tripterospermum chinense* (Migo) H. Smith

基生叶 2 对，卵形、倒卵形或椭圆形，密集呈双蝴蝶状；茎生叶卵状披针形。聚伞花序腋生，花萼钟形，花冠蓝紫色或淡紫色，钟形。蒴果椭圆形。种子淡褐色，近圆形。花果期 10~12 月。

生于疏林或林缘。

分布于我国华南及华东地区。

2. 香港双蝴蝶 *Tripterospermum nienkui* (Marq.) C. J. Wu

基生叶丛生，卵形；茎生叶卵状披针形，边缘波状。花单生或 2~3 朵呈聚伞花序。浆果紫红色。种子椭圆形或卵形。花果期 9 月至翌年 1 月。

生于山坡疏林或山谷林缘。

分布于我国华南、华中及华东地区。越南也有分布。

240. 报春花科 Primulaceae

叶互生、对生或轮生，或全基生。花单生或组成总状、伞形或穗状花序；花两性，5 基数，辐射对称。蒴果 5 齿裂或瓣裂，稀盖裂。

莲花山白盆珠 1 属 2 种。

1. 珍珠菜属 *Lysimachia* L.

常具腺体。叶互生、对生或轮生，全缘。单花腋生或排成顶生总状花序或伞形花序；花冠白色或黄色，5 深裂。蒴果近球形，常 5 瓣裂。

莲花山白盆珠 2 种。

1. 矮桃 *Lysimachia clethroides* Duby

茎直立，紫红色。叶互生，羽状分裂；小叶叶缘锯齿状。总状花序，生茎顶端，花小，花瓣白色。花期 4~5 月，果期 5~6 月。

生于路旁、溪边草丛。

分布于我国东北、华北、华东、中南、西南地区。东南亚也有分布。

2. 星宿菜 *Lysimachia fortunei* Maxim.

具横走根茎，紫红色。茎基部紫红色。叶互生，长圆状披针形至椭圆形，两面有黑腺点。总状花序顶生。蒴果褐色。花果期 6~8 月。

生于路旁、田边及溪边草地。

分布于我国华南、华中、华东、西南及西北地区。朝鲜、日本也有分布。

241. 白花丹科 Plumbaginaceae

单叶互生或旋叠状。穗状、圆锥或头状花序；花两性，辐射对称；花冠常合瓣，5 裂。瘦果或蒴果，包藏于宿存花萼内。

莲花山白盆珠 1 属 1 种。

1. 白花丹属 *Plumbago* L.

叶互生，全缘；叶柄基部扩大抱茎。穗状花序顶生；花冠高脚碟状，天蓝色、紫红色或白色。蒴果近基部周裂。

莲花山白盆珠 1 种。

1. 白花丹 *Plumbago zeylanica* L.

叶互生，纸质，卵圆形，长 4~10cm。穗状花序，花序轴有腺体；花萼管状具 5 棱。蒴果圆形。花期 10 月至翌年 3 月，果期 12 月至翌年 4 月。

生于阴湿沟边或村边路旁旷地。

分布于我国华南及西南地区。

242. 车前科 Plantaginaceae

叶螺旋状互生，呈莲座状，或茎生，单叶，叶柄基部常呈鞘状。头状或穗状花序腋生于花莛上，花小，两性，辐射对称；花冠白色、淡黄色或淡褐色，高脚碟状或筒状。周裂蒴果，种子 1 至多数。

莲花山白盆珠 1 属 1 种。

1. 车前属 Plantago L.

叶常基生，叶柄基部常扩大成鞘状。头状或穗状花序生于花莛上，花两性，花冠高脚碟状或筒状。蒴果膜质，周裂。种子 1 至多数。

莲花山白盆珠 1 种。

1. 大车前 Plantago major L.

根茎粗短。叶基生呈莲座状，纸质，宽卵形或宽椭圆形。穗状花序，花小而密，苞片绿色。蒴果椭圆形。种子卵圆形，具角。花期 6~8 月，果期 7~9 月。

生于荒地或路旁。

遍布我国各地。

243. 桔梗科 Campanulaceae

有乳汁。单叶互生。花两性，辐射对称，单生或排成各种花序；花冠管状或钟状，5 裂。蒴果开裂或浆果，顶冠宿存。种子多数。

莲花山白盆珠 1 属 1 种。

1. 党参属 Codonopsis Wall.

叶互生、对生、簇生或假轮生。花两性，辐射对称，单生于主茎与侧枝顶端。蒴果开裂或浆果。种子多数，椭圆状、长圆状或卵状。

莲花山白盆珠 1 种。

1. 羊乳 Codonopsis lanceolata (Sieb. & Zucc.) Trautv.

主茎上叶互生，披针形至椭圆形；枝顶 2~4 叶簇生，对生或轮生；叶菱状卵形或椭圆形。花单生或对生枝顶。蒴果。种子卵形。花果期 7~8 月。

生于灌丛、林下或沟边阴湿处。

分布于我国华南、华东、华中、华北、东北地区。俄罗斯远东地区及朝鲜、日本也有分布。

244. 半边莲科 Lobeliaceae

具乳汁，多有剧毒。单叶，常互生。花单生或排成总状或圆锥花序；花两性，两侧对称，5 数。浆果或蒴果，开裂。种子小。

莲花山白盆珠 1 属 2 种。

1. 半边莲属 Lobelia L.

花单生叶腋，稀形成总状花序，花梗长；花萼筒贴生于子房壁上。果为浆果或不开裂的干果，2 室。种子多数，扁球状、椭圆状或不规则的方形。

莲花山白盆珠 2 种。

1. 铜锤玉带草 Lobelia angulata Forst.

有白色乳汁。茎匍匐，被柔毛。叶互生，心形至卵圆形。花单生叶腋或与叶对生，花冠二唇形。浆果椭圆形。种子球形。花果期全年。

生于田边、路旁、草坡或疏林。

遍布我国华南、华东及西南地区。印度、缅甸也有分布。

2. 卵叶半边莲 Lobelia zeylanica L.

叶螺旋状排列，卵形，边缘锯齿状。花单生叶腋，花冠紫色、淡紫色或白色，二唇形。蒴果倒锥形至长圆形。种子三棱形。花果期全年。

生于水边、沟边或湿地。

分布于我国华南、华东及西南地区。东南亚及斯里兰卡也有分布。

246. 花柱草科 Stylidiaceae

单叶，互生、对生、簇生茎上或基生，呈莲座状。花小，两性或单性，组成穗状、总状或聚伞花序，稀单生。蒴果。种子多数。

莲花山白盆珠 1 属 2 种。

1. 花柱草属 Stylidium Sw. ex Willd.

具腺毛。叶小，互生、对生、簇生茎上或基生呈莲座状。聚伞或总状花序顶生，花小，两性，花冠两侧对称。蒴果 2 瓣裂。

莲花山白盆珠 2 种。

1. 狭叶花柱草 *Stylidium tenellum* Sw. ex Willd.

叶互生，圆状倒卵形至倒披针形，全缘。花单朵顶生或 2~3 朵组成穗状花序，花小，花冠白色或粉紫色。蒴果细柱状。花果期 10 月。

生于路旁、溪边湿地。

分布于我国华南及西南地区。缅甸、越南、老挝、柬埔寨、马来西亚、印度尼西亚也有分布。

2. 花柱草 *Stylidium uliginosum* Sw. ex Willd.

茎直立，丝状。叶基生，呈莲座状，卵形或倒卵形，全缘。穗状聚伞花序，花小，花萼二唇形，花冠白色。蒴果线形，纵裂为 2 果瓣。花期冬季。

生于溪边湿地。

分布于我国广东沿海地区。斯里兰卡和澳大利亚也有分布。

249. 紫草科 Boraginaceae

常被硬毛。单叶，基生叶丛生，茎生叶互生，无托叶。聚伞或镰状聚伞花序；花两性，辐射对称；花冠筒状、漏斗状或高脚碟状。核果。种子 1~4 颗。

莲花山白盆珠 3 属 4 种。

1. 斑种草属 Bothriospermum Bge.

被硬毛或短伏毛。叶基生及茎生，叶形多样。花小，蓝色或白色，镰状聚伞花序，裂片披针形，花冠短筒状，花萼钟状。小坚果 4。

莲花山白盆珠 1 种。

1. 柔弱斑种草 *Bothriospermum zeylanicum* (J. Jacq.) Druce.

茎细弱，多分枝，被糙伏毛。叶椭圆形，长 1~2.5cm，具小尖，两面被糙毛。花序柔弱，长 10~20cm，花冠蓝色或淡蓝色。小坚果肾形，腹面具环状凹陷。花果期 2~10 月。

生于路旁。

分布于我国大部分地区。朝鲜、日本、越南、印度也有分布。

2. 厚壳树属 Ehretia L.

叶互生，全缘或有锯齿。伞房状聚伞花序或呈圆锥状；花萼小，漏斗状，5 深裂；花冠筒状。核果近球形，黄色，无毛。

莲花山白盆珠 2 种。

1. 长花厚壳树 *Ehretia longiflora* Champ. ex Benth.

叶椭圆形，长 8~15cm，全缘，无毛。伞房状聚伞花序生于侧枝顶端，无苞片；花冠筒状钟形，白色或淡红色。核果球形，黄色。花期 4 月，果期 6~7 月。

生于林中。

分布于我国华南及西南地区。越南也有分布。

2. 厚壳树 *Ehretia thyrsiflora* (Sieb. & Zucc.) Nakai

树皮灰黑色，条裂。叶椭圆形，长 5~13cm，边缘有整齐锯齿。聚伞花序圆锥状；花多数，芳香；花冠钟状，白色。核果黄色，核具皱折。

生于山谷。

分布于我国华南、华东及西南地区。越南也有分布。

3. 天芥菜属 *Heliotropium* L.

被糙伏毛。叶互生。花小，镰状聚伞花序穗状，顶生及腋生；花萼 5 裂；花冠筒形、漏斗形或高脚碟状，多白色，被糙伏毛。核果开裂。

莲花山白盆珠 1 种。

1. 大尾摇 *Heliotropium indicum* L.

叶互生，卵形，长 4~10cm，叶缘微波状，两面被毛。穗状聚伞花序长 10~15cm，排列于花序轴一侧，芳香；花冠淡蓝色或蓝紫色。核果具微棱。花果期 4~10 月。

生于荒草地。

分布于我国华南、华东及西南地区。热带、亚热带地区广布。

250. 茄科 Solanaceae

叶互生，单叶或羽状复叶，无托叶。花单生或呈总状、圆锥状或伞形花序，顶生或腋生，花冠合瓣。浆果或蒴果。种子盘状或肾形。

莲花山白盆珠 3 属 7 种。

1. 颠茄属 *Atropa* L.

叶互生或大小不等的 2 叶双生，叶披针形或线状披针形，全缘，具柄。花单生叶腋；花萼宽钟状，5 深裂，叶状；花冠筒状钟形。浆果球形。种子扁平。

莲花山白盆珠 1 种。

1. * 癫茄 *Atropa belladonna* L.

茎及小枝具淡黄色细刺。叶阔卵形或椭圆形，长 5~10cm，边缘浅波状。聚伞花序腋外生，花梗细，花冠白色。浆果扁球状，橙红色，具细刺。花果期 6~9 月。

生于路旁及草丛。

分布于我国华南、华中、华东及西南地区。热带地区广布。

2. 酸浆属 *Physalis* L.

单叶互生或于枝顶 2 叶双生。花单生叶腋或枝腋；花萼钟状；花冠白色或黄色，辐状或辐状钟形。浆果球形，多汁。种子具网纹。

莲花山白盆珠 2 种。

1. * 苦蘵 *Physalis angulata* L.

叶片卵形至卵状椭圆形。花单生叶腋，花冠淡黄色，喉部有紫色斑纹。浆果球形，藏于宿萼内。种子圆盘状。花果期 5~12 月。

生于山谷、村旁湿润处。

分布于我国东部至西南部地区。东南亚及日本、澳大利亚和美洲也有分布。

2. * 小酸浆 *Physalis minima* L.

全株密生柔毛。叶片卵形至卵状披针形。花冠黄色，浆果球形。花期夏季，果期秋季。

生于湿地草丛。

分布于我国华南及西南地区。越南也有分布。

3. 茄属 Solanum L.

单叶互生或假双生，全缘或分裂。花两性，数朵成聚伞花序；花冠星状辐形或漏斗状辐形。浆果球形至椭圆形。种子扁平，具网纹状凹穴。

莲花山白盆珠 4 种。

1. * 少花龙葵 Solanum americanum Mill.

茎披散具棱。叶薄膜质，卵形至卵状长圆形近全缘，两面被柔毛。花序近伞形，腋外生，花 4~6 朵，花冠白色。浆果球状，黑色。种子近卵形。花果期几乎全年。

生于路旁、溪边阴湿处。

分布于我国华南、华东及华中地区。所有热带和温带地区均有分布。

2. * 假烟叶树 Solanum erianthum D. Don

枝密被星状毛。叶大而厚，卵状长圆形。圆锥状二歧花序顶生，花冠白色。浆果球状，具宿萼，黄褐色。种子扁平。花果期几乎全年。

生于灌丛或疏林。

分布于我国华南、华东及西南地区。热带地区广布。

3. 龙葵 Solanum nigrum L.

叶互生，卵形，近全缘。蝎尾状花序腋外生，萼浅杯状，花冠白色，筒部隐于萼内。浆果球形，熟时黑色。种子多数，近卵形。花期 5~8 月。果期 6~11 月。

生于田边、荒地及村旁。

分布于全国各地。欧洲、亚洲、美洲温带至热带地区广布。

4. * 水茄 Solanum torvum Sw.

小枝疏生淡黄色皮刺。叶单生或双生，卵形或椭圆形。伞房状聚伞花序腋外生，花冠白色。浆果球形，黄色。种子盘状。花果期几乎全年。

生于田边潮湿处。

分布于我国华南、华东及西南。热带地区广布。

251. 旋花科 Convolvulaceae

单叶互生，全缘，掌状或羽状分裂或退化成鳞片。花单生叶腋或组成聚伞状、总状、圆锥状或头状花序；花冠漏斗状或高脚碟状。蒴果或浆果。

莲花山白盆珠 3 属 5 种。

1. 番薯属 Ipomoea L.

茎常缠绕，偶平卧或直立。叶全缘、浅裂或掌状裂。花单生或组成腋生聚伞、伞形至头状花序；花冠漏斗状或钟状。蒴果球形或卵形。种子 4 颗或较少。

莲花山白盆珠 2 种。

1. * 五爪金龙 *Ipomoea cairica* (L.) Sweet

茎缠绕。叶掌状全裂，卵形或椭圆形。聚伞花序腋生，具花 1~3 朵；花冠紫红色、紫色或淡红色，漏斗状。蒴果近球形。种子被褐色柔毛。花期几乎全年。

生于平地或山地路边灌丛。

分布于我国南部地区。原产热带非洲和亚洲。

2. * 三裂叶薯 *Ipomoea triloba* L.

茎缠绕或平卧。叶近圆形，叶柄具小疣。花序腋生；苞片、萼片长圆形；花冠漏斗状，无色、淡红色或淡紫红色。蒴果近球形。种子无毛。

生于路旁、荒地或田野。

分布于我国广东、台湾。原产美洲热带。

2. 小牵牛属 Jacquemontia Choisy

叶具柄，大小和形状多变，通常心形，全缘，稀具齿或浅裂。花腋生，伞形或头状聚伞花序。蒴果球形。种子 4 颗或较少。

1. 小牵牛 *Jacquemontia paniculata* (Burm. f.) Hall. f.

叶卵形或卵状长圆形，长（3~）4~5（~6）cm，宽 2~4cm。花为少花至多花组成疏至密集的伞房状聚伞花序；花冠漏斗形或钟形。蒴果球形，淡褐色。

生于灌丛草坡或路旁。

我国广东、广西、云南及台湾等地区有分布。热带东非洲、马达加斯加至东南亚、中南半岛、热带大洋洲及马来西亚也有分布。

3. 鱼黄草属 Merremia Dennst. ex Endl.

叶全缘或掌状裂。单花腋生或排成聚伞或二歧聚伞花序；花冠漏斗状或钟状，黄色。蒴果 4 瓣或不规则开裂。种子 1~4 颗。

莲花山白盆珠 2 种。

1. 篱栏网 *Merremia hederacea* (Burm. f.) Hal. f.

叶卵形，全缘或具齿。二歧聚伞花序腋生，花冠黄色，钟状，纵带具 5 脉。蒴果扁球形或圆锥形。种子球形，被短柔毛。花果期 10 月至翌年 3 月。

生于荒地或水沟草丛。

分布于我国华南、华中及西南地区。亚洲、非洲热带地区也有分布。

2. 山猪菜 *Merremia umbellata* subsp. *orientalis* (H. Hallier) van Ooststroom

叶卵形至长圆形，具短尖头，全缘。聚伞花序腋生；花冠白色、黄色或淡红色，漏斗状。蒴果圆锥状球形，4 瓣裂。种子被长硬毛。花期几乎全年。

生于林缘、灌丛或林中。

分布于我国华南及西南地区。亚洲南部、东南部及非洲东部广布。

252. 玄参科 Scrophulariaceae

单叶对生。花单生或腋生或顶生总状、穗状或聚伞圆锥花序；花两性，花萼 5 裂，花冠合瓣，二唇形。蒴果。种子小，有时具翅；种皮常网状。

莲花山白盆珠 8 属 17 种。

1. 毛麝香属 Adenosma R. Br.

叶对生，有锯齿，被腺点。花单生叶腋或排成总状、穗状或头状花序；花冠筒状，二唇形。蒴果卵形或椭圆形，具喙。种子小，有网纹。

莲花山白盆珠 1 种。

1. 毛麝香 Adenosma glutinosum (L.) Druce

茎上部四棱形。叶对生或上部互生，披针状卵形或宽卵形，有黄色腺点。花单生叶腋或枝顶呈疏散、具苞叶的总状花序。蒴果卵形。种子长圆形。花果期 7~10 月。

生于林下阴湿处。

分布于我国华南及华东地区。广布于东南亚和大洋洲。

2. 石龙尾属 Limnophila R. Br

叶对生或轮生，叶背被腺点。花单生叶腋或排成顶生或腋生总状、穗状或团伞花序；花冠柱状或漏斗状，蒴果近球形，外被宿萼。种子具网纹。

莲花山白盆珠 1 种。

1. 紫苏草 Limnophila aromatica (Lam.) Merr.

茎无毛，散被腺点。叶对生或 3 片轮生，卵状披针形至披针形。花单生叶腋或排成顶生或腋生总状花序。蒴果近球形，藏于宿萼内。花果期 8~10 月。

生于旷野沼泽、田边或塘边。

分布于我国广东、福建、台湾、江西。日本、南亚至澳大利亚也有分布。

3. 母草属 Lindernia Allioni

叶对生，具羽状或掌状脉。花单生叶腋或排成顶生总状花序或集成伞形花序；花冠二唇形，紫色、蓝色或白色。蒴果近球形、椭圆形、圆柱形、线状披针形、条形或矩圆形。种子小。

莲花山白盆珠 7 种。

1. 长蒴母草 Lindernia anagallis (Burm.f.) Pennell

叶卵形至长圆形，边缘有浅齿，叶脉羽状。花单生叶腋；花冠白色或淡紫色，二唇形。蒴果线状披针形。种子卵球形。花期 4~9 月，果期 6~11 月。

生于潮湿处。

分布于我国华南、华中、华东及西南地区。亚洲热带、亚热带地区广布。

2. 泥花草 Lindernia antipoda (L.) Alston

叶长圆形至近线状披针形，叶脉羽状。花数朵排成顶生总状花序；花冠淡紫色、蓝紫色或白色，二唇形。蒴果圆柱形。花果期 4~10 月。

生于水库周边湿地。

分布于我国长江以南地区。东南亚和中南半岛也有分布。

3. 母草 Lindernia crustacea (L.) F. Muell.

叶卵形或宽卵形。花单生叶腋或排成顶生总状花序；花冠紫色或浅蓝色，二唇形。蒴果椭圆形。种子小而多。花果期全年。

生于水库周边湿地。

分布于我国长以南地区。广布于亚洲热带、亚热带地区。

4. 狭叶母草 Lindernia micrantha D. Don

叶片条状披针形至披针形或条形。花单生于叶腋；有长梗，梗在果时伸长达 35mm；花冠紫色、蓝紫色或白色，蒴果条形、圆柱形、椭圆形或矩圆形。花期 5~10 月，果期 7~11 月。

生于水田、河流旁。

分布于河南、湖北、安徽等地。日本、朝鲜南部、越南、老挝、柬埔寨等地也有分布。

5. 棱萼母草 Lindernia oblonga (Benth.) Merr. & Chun

茎具棱角。叶对生，卵形或卵状长椭圆形。假伞形花序腋生；花冠白色，二唇形。蒴果椭圆形或矩圆形。

生于林下。

分布于我国福建、广东、云南。

6. 旱田草 Lindernia ruellioides (Colsm.) Pennell

直立或具卧地分枝。叶长圆形、椭圆形、卵状长圆形或圆形，羽状脉。花 2~10 朵排成顶生总状花序；花冠紫红色。蒴果圆柱形。花期 6~9 月，果期 7~11 月。

生于田边、林下或草丛。

分布于我国长江以南地区。东南亚也有分布。

7. 粘毛母草 Lindernia viscosa (Hornem.) Merr.

下部叶卵状矩圆形；上部叶渐宽短。花序总状，花 6~10 朵，花冠白色或微黄色。蒴果近球形。种子小，椭圆状长方形。花期 5~8 月，果期 9~11 月。

生于林中及岩石旁。

分布于我国华南及西南地区。印度尼西亚、菲律宾、缅甸、越南、泰国也有分布。

4. 通泉草属 Mazus Lour.

叶多基生呈莲座状；茎上部叶多互生，边缘有锯齿。总状花序顶生，苞片小。蒴果包于宿存花萼内，球形、卵形至倒卵形。种子小，多数。

莲花山白盆珠 1 种。

1. 匍茎通泉草 Mazus miquelii Makino

茎直立或匍匐。基生叶莲座状，倒卵状匙形；茎生叶互生或对生，有短柄。总状花序顶生；花冠紫色或白色有紫斑。蒴果卵形至倒卵形，开裂。种子小而多。

生于路旁、荒地及疏林。

分布于我国华南、华东及华中地区。日本也有分布。

5. 泡桐属 Paulownia Sieb. & Zucc.

叶对生或 3 叶轮生，心形或长卵状心形，全缘或 3~5 浅裂。花排成聚伞花序，漏斗状钟形或管状漏斗形。蒴果室背开裂，果皮木质。种子有膜质翅。

莲花山白盆珠 1 种。

1. 白花泡桐 Paulownia fortunei (Seem.) Hemsl.

幼枝、叶、花和幼果各被黄褐色绒毛。叶对生，长卵状心脏形。聚伞花序，花冠管状漏斗形。蒴果长圆形。种子具膜翅。花期 4~5 月，果期 8~10 月。

生于疏林内。

分布于我国长江以南地区。越南、老挝也有分布。

6. 野甘草属 Scoparia L.

叶对生或轮生，全缘或有齿，常具腺点。花腋生，单生或常成对生，花冠白色，辐状。蒴果球形或卵圆形。种子倒卵圆形；种皮蜂窝状。

莲花山白盆珠 1 种。

1. * 野甘草 Scoparia dulcis L.

叶对生或 3 片轮生，菱状卵形或菱状披针形，具紫色腺点。花单朵或成对生于叶腋。蒴果卵圆形或球形。花期 4~8 月，果期 5~10 月。

生于路旁、山坡。

分布于我国南岭以南地区。热带、亚热带地区均有分布。

7. 独脚金属 Striga Lour.

叶下部对生，上部互生，线形或退化成鳞片。花单生叶腋或集成顶生穗状花序。蒴果长圆形。种子多数；种皮具网纹。

莲花山白盆珠 1 种。

1. 独脚金 Striga asiatica (L.) Kuntze

叶基部近对生，狭披针形，其余互生条形或鳞片状。花单生叶腋或排成顶生穗状花序；花冠高脚碟状，二唇形。蒴果卵状。花期秋季。

生于草地、田边或荒地。

分布于我国长江以南地区。亚洲热带、亚热带地区广布。

8. 蝴蝶草属 Torenia L.

叶对生，边缘有齿。顶生总状花序或单生于叶腋或枝顶；花冠筒状，檐部二唇形。蒴果长椭圆形，藏于宿萼。种子多数，具蜂窝状皱纹。

莲花山白盆珠 4 种。

1. 二花蝴蝶草 Torenia biniflora Chin & Hong

植株疏被短毛。叶卵形或窄卵形，边缘具粗齿。腋生花序具 2 花，顶生具 4~6 朵；花冠黄色、白色微带蓝色。蒴果长椭圆形。花果期 6~10 月。

生于疏林或湿地。

分布于我国华南地区。

2. 单色蝴蝶草 *Torenia concolor* Lindl.

茎四棱形，节上生根。叶三角状卵形或长卵形。花单朵腋生或顶生，花冠蓝色或深紫色。花果期 5~11 月。

生于田边、河边草地、路旁或灌丛。

分布于我国华南、华东及西南地区。日本、越南也有分布。

3. 黄花蝴蝶草 *Torenia flava* Buch.-Ham. ex Benth.

叶片卵形或椭圆形。总状花序顶生，苞片长卵形，花萼筒状，具 5 枚凸起的棱，花冠黄色。蒴果窄长椭圆形。花果期 6~11 月。

生于荒地或疏林。

分布于我国华南地区。东南亚也有分布。

4. 紫萼蝴蝶草 *Torenia violacea* (Azaola) Pennell

叶片卵形或长卵形。花单生叶腋或排成顶生伞形花序；花萼矩圆状纺锤形，具 5 翅；花冠淡黄色或白色。花果期 8~11 月。

生于草地、林下、田边及路旁。

分布于我国华东、华南、西南、华中地区及台湾。

253. 列当科 Orobanchaceae

以吸根寄生于其他植物根系。叶鳞片状，螺旋状或覆瓦状排列。花腋生或于茎顶排成总状花序，花冠二唇形。蒴果室背裂开。种子小；种皮具网纹。

莲花山白盆珠 1 属 1 种。

1. 野菰属 *Aeginetia* L.

叶退化成鳞片状。花单生苞腋，于茎顶排成总状花序；花冠筒状或钟状，裂片 5。蒴果 2 瓣开裂。种皮网状。

莲花山白盆珠 1 种。

1. 野菰 *Aeginetia indica* L.

叶鳞片状，肉质，红色，卵状披针形。花常单生苞腋；花冠白色带紫色。蒴果卵球形，2 瓣裂。种子黄色，种皮网状。花期 4~8 月，果期 8~10 月。

生于林下或草丛。

分布于我国长江流域以南地区。菲律宾、日本也有分布。

254. 狸藻科 Lentibulariaceae

叶基部轮生呈莲座状,羽状分裂,具捕虫囊。花两性,两侧对称,于花茎排成总状花序;花冠二唇形。蒴果 2~4 瓣裂。种子小而多数。

莲花山白盆珠 1 属 4 种。

1. 狸藻属 Utricularia L.

茎枝变态成匍匐枝、假根和叶。叶莲座状,基生或互生。捕虫囊生于叶或匍匐枝上,卵球形。花单生或呈总状花序,花冠二唇形。蒴果球形或卵形。种子具翅。

莲花山白盆珠 4 种。

1. 挖耳草 Utricularia bifida L.

匍匐枝丝状。叶生于匍匐枝上,线形,膜质,全缘。捕虫囊生于叶及匍匐枝,卵球形。花数朵排成总状花序。蒴果椭圆球形。种子多数。花果期 6~12 月。

生于湿地。

分布于我国华南地区。东南亚、日本等地也有分布。

2. 短梗挖耳草 Utricularia caerulea L.

匍匐枝丝状。叶基生于莲座状和散生于匍匐枝,线形或倒卵形。捕虫囊生于匍匐枝及侧叶。花 1~15 朵,花冠紫色、蓝色、粉红色或白色。蒴果。种子多数。

生于水边湿地。

分布于我国华南、华中、华东及西南地区。南亚、中南半岛、马来半岛及澳大利亚等地也有分布。

3. 圆叶挖耳草 Utricularia striatula J. Smith

匍匐枝丝状。叶簇生莲座状和散生于匍匐枝,倒卵形或圆形。捕虫囊散生于匍匐枝。花冠白色、粉红色或淡紫色。蒴果。种子梨形。花期 6~10 月,果期 7~11 月。

生于水边湿地。

分布于我国华南、华中、华东及西南地区。南亚、中南半岛、马来半岛等地也有分布。

4. 齿萼挖耳草 Utricularia uliginosa Vahl

叶器生于匍匐枝上,倒卵形至狭线形。花冠蓝色、淡紫色或白色。蒴果宽椭圆球形,背腹扁,室背开裂。花期 7~10 月,果期 8~11 月。

生于沼泽地、溪边及潮湿的沙地上。

分布于我国广东南部、海南和台湾。印度、孟加拉国、斯里兰卡、马来西亚、印度尼西亚、日本、澳大利亚和中南半岛也有分布。

256. 苦苣苔科 Gesneriaceae

叶对生、互生或根生,全缘或有齿缺。花序腋生、顶生或生于花莛上。浆果或蒴果。种子椭圆形或纺锤形。

莲花山白盆珠 4 属 6 种。

1. 漏斗苣苔属 Didissandra Clarke

具匍匐茎。叶基生,狭卵形或椭圆形,具羽状脉。聚伞花序腋生,具 1~10 花;花冠筒状漏斗形,白色、紫色、紫蓝色或橙红色，檐部二唇形。

莲花山白盆珠 1 种。

1. 长筒漏斗苣苔 *Didissandra macrosiphon* (Hance) W. T. Wang

草本。具匍匐茎。叶集生于茎顶，卵状椭圆形。聚伞花序腋生，具 1~3 花；花冠橙红色，细筒状。花期 7~8 月。

生于路旁及林下潮湿岩石。

分布于我国广东。

2. 双片苣苔属 *Didymostigma* W. T. Wang

具茎。叶对生，卵形。聚伞花序腋生；花冠淡紫色或白色，筒细漏斗状，檐部二唇形。蒴果。种子椭圆形。

莲花山白盆珠 1 种。

1. 双片苣苔 *Didymostigma obtusum* (Clarke) W. T. Wang

茎渐升或直立，被毛。叶对生，卵形，长 2~10cm，斜圆形，边缘具齿，两面被毛。花序腋生，具花 2~10 朵；花冠淡紫色或白色，筒部细漏斗形。蒴果长 4~8cm。种子椭圆形。花期 6~10 月。果期 10 月

生于林中或溪边阴湿处。

分布于我国广东、福建。

3. 马铃苣苔属 *Oreocharis* Benth.

根状茎短而粗。叶基生。聚伞花序腋生，具花 1 至数朵；花冠钟状、钟状筒形或钟状细筒形。蒴果倒披针形或长圆形。种子卵圆形。

莲花山白盆珠 3 种。

1. 石上莲 *Oreocharis benthamii* var. *reticulata* Dunn

根状茎粗短。叶厚，椭圆形或卵状椭圆形，边缘有小齿；叶脉密被黄褐色柔毛。聚伞花序。蒴果线形或线状长圆形，具短尖。花期 8 月，果期 10 月。

生于山地岩石。

分布于我国华南地区。

2. 毛柄马铃苣苔 *Oreocharis pilosopetiolata* L. H. Yang & M. Kang

由于叶柄及花梗上显著的毛被特征而命名为毛柄马铃苣苔。植株莲座状，细长花序轴将宽筒状的花朵撑在叶面上。

莲花山白盆珠新发现物种。

3. 绢毛马铃苣苔 *Oreocharis sericea* H. Lév.

根状茎短而粗。叶基生，长圆状椭圆形，边缘具齿，被柔毛。聚伞花序，具花 4~6 朵；花冠细筒状，紫色或紫红色。蒴果线状长圆形。花期 6~7 月，果期 8 月。

生于山坡、山谷、林下岩石上。

分布于我国华南、华中及西南地区。

4. 线柱苣苔属 Rhynchotechum Bl.

叶对生，长圆形或椭圆形。聚伞花序腋生，二至四回分枝；花冠钟状粗筒形，檐部二唇形。浆果近球形，白色。种子椭圆形，光滑。

莲花山白盆珠 1 种。

1. 线柱苣苔 *Rhynchotechum ellipticum* (Wall. ex Dietr.) A. DC.

叶对生，具柄；叶片纸质，倒披针形或长椭圆形。聚伞花序 1~2 生叶腋，具梗；花冠白色或带粉红色，无毛。浆果白色，宽卵球形。花期 6~10 月。

生于山谷林中或溪边阴湿处。

分布于我国西南、华南部分地区。越南、老挝、泰国、缅甸及印度东北部也有分布。

259. 爵床科 Acanthaceae

叶对生，极少羽裂，无托叶。花两性，总状、穗状、聚伞或头状花序；苞片常较大；花萼 5 或 4 裂；花冠高脚碟形、漏斗形或钟形。蒴果室背开裂为 2 果片。

莲花山白盆珠 9 属 13 种。

1. 穿心莲属 Andrographis Wall. ex Nees

叶全缘。花序顶生或腋生；圆锥或总状花序呈头状；花冠管筒状或膨大，冠檐二唇形，裂片覆瓦状排列。蒴果，压扁状。种子通常长圆形、四方形。种皮骨质。

莲花山白盆珠 1 种。

1. * 穿心莲 *Andrographis paniculata* (Burm.f.) Nees

叶卵状长圆形或长圆状披针形，长 4~8cm。总状花序顶生和腋生，呈大型圆锥花序，花冠白色。蒴果扁，疏生腺毛。种子四方形，有皱纹。

生于草地。

分布于我国华南、华中及西南地区。澳大利亚也有栽培。

2. 十万错属 Asystasia Bl.

疏松，铺散，几具长匍匐茎。叶蓝色或变化于黄色和蓝色之间，全缘或稍有齿。花排列成顶生的总状花序或圆锥花序；花冠通常钟状。蒴果长椭圆形。

莲花山白盆珠 1 种。

1. 白接骨 *Asystasia neesiana* (Wall.) Nees.

茎四棱形，白色，含黏液。叶纸质，卵形至椭圆状矩圆形，两面凸起，疏被微毛。总状花序顶生；花单生或对生；花冠淡紫红色，漏斗状。蒴果。种子 4 颗。花期 7~9 月，果期 10 月到翌年 1 月。

生于林下或溪边。

分布于我国长江以南地区。印度、泰国、越南也有分布。

3. 钟花草属 Codonacanthus Nees

叶对生，椭圆状卵形或窄披针形。花顶生或腋生，总状或圆锥花序；花在花序上互生，相对一侧无花苞片，苞片和小苞片钻形。蒴果。种子近圆形。

莲花山白盆珠 1 种。

1. 钟花草 *Codonacanthus pauciflorus* Nees

叶薄纸质，椭圆状卵形或狭披针形，长6~9cm。花序疏花，花冠白色或淡紫色。蒴果下部实心似短柄状。花期10月。

生于林下或山谷。

分布于我国华南、华东及西南地区。孟加拉国、印度、越南也有分布。

4. 狗肝菜属 Dicliptera Juss.

叶对生，全缘或浅波状。花序腋生，头状花序组成聚伞状或圆锥状；总苞片2片，叶状，对生，内有花数朵。蒴果卵形。种子近圆形，具疣点或乳凸。

莲花山白盆珠1种。

1. 狗肝菜 Dicliptera chinensis (L.) Juss.

茎具6条钝棱和浅沟，节膨大膝曲状。叶卵状椭圆形，长2~7cm，纸质，深绿色，近无毛。聚伞花序，花冠淡紫红色，上唇有紫红色斑点。蒴果被柔毛。花期9月到翌年1月，果期11月到翌年2月。

生于路旁、疏林或溪边。

分布于我国华南、华东及西南地区。孟加拉国、印度、中南半岛也有分布。

5. 水蓑衣属 Hygrophila R. Br

叶对生，全缘或略具小齿。花2至多朵簇生于叶腋，花萼5裂，花冠二唇形。蒴果圆筒状或长圆形。种子被紧贴长白毛。

莲花山白盆珠1种。

1. 水蓑衣 Hygrophila salicifolia (Vahl) Nees

茎四棱形。叶近无柄，纸质，长椭圆形、披针形或线形，长4~11cm，两面被白色长硬毛。花簇生叶腋，苞片披针形，小苞片线形。蒴果。花期秋季。

生于潮湿处。

分布于我国华南、华中、华东及西南地区。亚洲东部、东南部也有分布。

6. 爵床属 Justicia Nees

叶对生。穗状花序顶生；苞片交互对生，每苞片中有花1朵；花冠短，二唇形。蒴果小，基部具坚实柄状结构。种子每室2颗。

莲花山白盆珠1种。

1. 爵床 Justicia procumbens L.

叶椭圆形或椭圆状长圆形，长1.5~3.5cm，被短硬毛。穗状花序顶生或生于上部叶腋；花萼裂片4；花冠粉红色，二唇形。蒴果。种子4颗，有皱纹。花果期几乎全年。

生于林间草丛。

分布于我国秦岭以南。亚洲及澳大利亚也有分布。

7. 鳞花草属 Lepidagathis Willd.

叶全缘。穗状花序，花密，苞片革质，花冠二唇形。蒴果长圆形。种子近圆形。

莲花山白盆珠1种。

1. 鳞花草 Lepidagathis incurva Buch-Ham. ex D. Don

小枝四棱形。叶纸质，长椭圆形至披针形，长4~10cm。穗状花序顶生或近枝侧生；苞片顶端具刺状小凸起；花冠白色。蒴果无毛。花期早春。

生于草地、灌丛。

分布于我国华南及西南地区。中南半岛、印度至喜马拉雅山脉等地也有分布。

8. 叉柱花属 Staurogyne Wall.

常单茎。叶对生或上部互生，全缘，具羽状脉。花序总状或穗状，顶生或腋生；花冠管短，喉部狭，近钟形。蒴果延长。种子球形，有小凹点。

莲花山白盆珠2种。

1. 弯花叉柱花 Staurogyne chapaensis Benoist

茎缩短。叶对生成丛，呈莲座状，卵形至窄长圆形，长3~15cm，基部心形。总状花序顶生或腋生；花冠淡蓝紫色，冠檐裂片5。果实未见。花期3~5月。果期6~8月。

生于林下。

分布于我国华南及西南。越南也有分布。

2. 叉柱花 Staurogyne concinnula (Hance) O. Kuntze

茎缩短，被长柔毛。叶对生或丛生，呈莲座状，匙形至披针形。总状花序顶生或近顶腋生，疏花；花冠红色，芳香，5裂。果实未见。花期3~5月。

生于林下。

分布于我国广东、海南、福建及台湾。日本也有分布。

9. 马蓝属 Strobilanthes Bl.

多为一次性结实。茎幼时四棱形。叶对生。穗状花序；花冠淡蓝紫色、黄色、粉红色或白色，漏斗状。蒴果。种子被柔毛。

莲花山白盆珠4种。

1. 翅柄马蓝 Strobilanthes atropurpureus Nees

茎四棱形。叶卵圆形，边缘具锯齿。穗状花序偏向一侧，呈“之”字形；花单生或成对，苞片叶状；花冠淡紫色或蓝紫色，冠管圆柱形。种子卵圆形。花期6~10月。

生于林中。

分布于我国华南及西南地区。尼泊尔、越南也有分布。

2. 板蓝 Strobilanthes cusia (Nees) Kuntze

嫩枝、花序被锈色毛。叶纸质，柔软，椭圆形或卵形，长10~20cm，边缘有锯齿。穗状花序。蒴果棒状，种子卵形。花期11月，果期12月至翌年2月。

生于潮湿处。

分布于我国华南、华东及西南地区。南亚及中南半岛也有分布。

3. 曲枝马蓝 Strobilanthes dalzielii (W. W. Sm.) Benoist

枝呈“之”字形。上部叶几无柄，卵形或卵状披针形。穗状或聚伞花序顶生或腋生，具花2~4朵。蒴果椭圆形。种子卵形。花果期10月至翌年1月。

生于林下。

分布于我国华南及西南地区。老挝、泰国、越南也有分布。

4. 四子马蓝 Strobilanthes tetraspermus (Champ. ex Benth.) Druce

茎细瘦。叶纸质，卵形或椭圆形，长 2~7cm。穗状花序短而紧密，具花数朵；花冠淡红色或淡紫色。蒴果，被柔毛。花期秋季。

生于密林中。

分布于我国华南、华东及西南地区。越南也有分布。

263. 马鞭草科 Verbenaceae

叶常对生，单叶或掌状复叶，无托叶。聚伞、总状、穗状、伞房状聚伞或圆锥花序；花两性，左右对称，花冠筒圆柱形。核果浆果状，稀蒴果。

莲花山白盆珠 5 属 14 种。

1. 紫珠属 Callicarpa L.

叶对生，稀 3 叶轮生，常被毛及腺点，具锯齿。聚伞花序腋生；花冠紫色、红色或白色，4 裂。浆果状核果，熟时紫色、红色或白色。

莲花山白盆珠 7 种。

1. 短柄紫珠 Callicarpa brevipes (Benth.) Hance

嫩枝及花序梗被黄褐色毛。叶片披针形或狭披针形，基部钝，长 9~24cm。聚伞花序，花冠白色。果小。花期 4~6 月，果期 7~10 月。

生于山坡林下。

分布于我国华南、华东地区。越南也有分布。

2. 杜虹花 Callicarpa formosana Rolfe

小枝、叶柄、叶背及花序密被灰黄色星状毛。叶卵状椭圆形或椭圆形，长 6~15 cm。聚伞花序，花冠淡紫色或紫色。果球形，紫色。花期 5~7 月，果期 8~11 月。

生于林中或灌丛。

分布于我国华南、华东及西南地区。菲律宾也有分布。

3. 全缘叶紫珠 Callicarpa integerrima Champ.

嫩枝、叶柄及花序密被灰黄色茸毛。宽卵形或椭圆形，长 7~15cm。聚伞花序，花冠紫色。果球形，紫色。花期 6~7 月，果期 8~11 月。

生于林中。

分布于我国华南及华东地区。

4. 藤紫珠 Callicarpa integerrima var. **chinensis** (P'ei) S. L. Chen

与原种的主要区别：老枝棕褐色，圆柱形，无毛，幼枝、叶柄和花序梗被黄褐色星状毛和分枝茸毛。叶片宽椭圆形或宽卵形。花冠紫红色至蓝紫色。花期 5~7 月。

生于山坡林中、林边或谷地溪边。

分布于我国湖北西部、四川东部、江西、广东西北部、广西东部。

5. 枇杷叶紫珠 Callicarpa kochiana Makino

小枝、叶柄、叶背与花序密生黄褐色茸毛。叶片长椭圆形至长椭圆状披针形，长 12~22cm。聚伞花序，花冠淡红色或紫红色。果实球形。花期 7~8 月，果期 9~12 月。

生于山谷林中或灌丛。

分布于我国华南、华中及华东地区。越南也有分布。

6. 红紫珠 Callicarpa rubella Lindl.

小枝及花序被黄褐色星状毛并杂有腺毛。叶片倒卵形，边缘具齿；叶背被毛，有黄色腺点。聚伞花序，花萼有腺点。果实紫红色。花期 5~7 月，果期 7~11 月。

生于林中或灌丛。

分布于我国华南、华东及西南地区。南亚、东南亚也有分布。

7. 钝齿红紫珠 Callicarpa rubella f. crenata P'ei

与原种的主要区别是：小枝、叶片和花序均被单毛和腺毛。叶形较小。花序梗较短。花期 6~7 月，果期 7~12 月。

生于山坡、谷地、溪边的林中或灌丛。

分布于我国华南、华东及西南地区。越南也有分布。

2. 大青属 Clerodendrum L.

单叶对生，稀 3~5 叶轮生。聚伞花序或组成伞房状或圆锥状花序；花萼色艳，钟状或杯状；花冠高脚杯状或漏斗状，常 5 裂。浆果状核果。

莲花山白盆珠 2 种。

1. 白花灯笼 Clerodendrum fortunatum L.

叶纸质，长椭圆形或倒卵状披针形，长 5~17cm；叶背密生黄色小腺点。聚伞花序腋生，花 3~9 朵；花冠淡红色或白色带紫色。核果近球形。花果期 6~11 月。

生于丘陵、山坡、路旁、村边及旷野。

分布于我国华南地区及江西南部。菲律宾、越南也有分布。

2. 赪桐 *Clerodendrum japonicum* (Thunb.) Sweet

小枝四棱形。叶圆心形，长 8~35cm。圆锥状聚伞花序顶生，花萼红色，花冠红色，稀白色。果椭圆状球形，绿色或蓝紫色。花果期 5~11 月。

生于山谷、溪边或疏林。

分布于我国华南、华东及西南地区。南亚、东南半岛及马来西亚、日本也有分布。

3. 马缨丹属 *Lantana* L.

有强烈气味。茎 4 棱，有或无皮刺。单叶对生，叶面多皱。头状花序顶生或腋生，花冠 4~5 浅裂。核果，中果皮肉质。

莲花山白盆珠 1 种。

1.* 马缨丹 *Lantana camara* L.

单叶对生，揉烂后有强烈气味；叶片卵形至卵状长圆形，表面有皱纹和短毛。花密集呈头状，顶生或腋生。果圆球形。花果期全年。

生于沙滩或旷野。

分布于我国华南地区。原产于美洲热带地区。

4. 马鞭草属 *Verbena* L.

叶常对生，具齿或羽状深裂。穗状花序顶生或为圆锥状或伞房状花序；花蓝色或淡红色，生于苞腋；花冠管 5 裂。蒴果熟后 4 裂。

莲花山白盆珠 1 种。

1. 马鞭草 *Verbena officinalis* L.

叶对生，卵圆形至长圆状披针形；基生叶边缘常具齿和缺刻；茎生叶 3 深裂，两面被硬毛。穗状花序，花冠淡紫色至蓝色。果长圆形。花期 6~8 月，果期 7~10 月。

生于路旁、溪边或林缘。

分布于我国华南、华中、华东、西南及西北地区。全世界的温带和热带均有分布。

5. 牡荆属 *Vitex* L.

掌状复叶，对生，小叶 3~8，稀单叶。圆锥状、穗状及伞房状聚伞花序；花萼钟状或管状；花冠白色、淡蓝色、淡蓝紫色或淡黄色，二唇形。核果球形或倒卵圆形。

莲花山白盆珠 3 种。

1. 黄荆 *Vitex negundo* L.

小枝、叶背及花序梗密被灰白色绒毛。小枝四棱形。掌状复叶，长圆状披针形或披针形，全缘。聚伞花序呈圆锥状。核果球形。花期 4~6 月，果期 7~10 月。

生于山坡路旁或灌丛。

分布于我国长江以南地区。非洲、东南亚也有分布。

2. 牡荆 Vitex negundo var. **cannabifolia** (Sieb. & Zucc.) Hand.-Mazz.

与原种的主要区别：叶对生；小叶片边缘有粗锯齿背面淡绿色，通常被柔毛。圆锥花序顶生，长 10~20cm。果实黑色。花期 6~7 月，果期 8~11 月。

生于山坡路旁或灌丛。

分布于我国华南、华中及西南地区。日本及东南亚也有分布。

3. 山牡荆 Vitex quinata (Lour.) Will.

掌状复叶对生，3~5 小叶，倒卵形至倒卵状椭圆形，表面具灰白色小窝点；叶背有金黄色腺点。聚伞花序对生轴上。核果球形或倒卵形。花期 5~7 月，果期 8~9 月。

生于林中。

分布于我国华南、华中及西南地区。东南亚及日本、印度也有分布。

264. 唇形科 Lamiaceae

常具含芳香油的表皮，有柄或无柄的腺体。茎常具 4 棱及沟槽。单叶；全缘至具有各种锯齿，浅裂至深裂，稀为复叶；对生。轮伞花序组成总状、圆锥状、穗状复合花序；花常两性，两侧对称，二唇形。果实常裂为 4 枚小坚果。

莲花山白盆珠 16 属 21 种。

1. 藿香属 Agastache J. Clayton ex Gronov.

叶具柄，边缘具齿；通常卵形，有时较狭。花两性；轮伞花序多花，聚集成顶生穗状花序；花萼管状倒圆锥形，有脉 15 条，内无毛环；花冠淡紫蓝色；花盘平顶，具不太明显的裂片。小坚果卵状长圆形，顶端被毛。

莲花山白盆珠 1 种。

1. 紫花香薷 Agastache rugosa (Fischer & C. Meyer) Kuntze

茎四棱形，具槽，紫色，槽内被白色短柔毛。叶卵形至阔卵形，长 2~6cm，穗状花序由 8 花的轮伞花序组成；花冠玫瑰红紫色。小坚果长圆形。花果期 9~11 月。

生于山坡灌丛、林下、溪旁及河边草地。

分布于我国华南、华东、华中及西南地区。日本也有分布。

2. 筋骨草属 Ajuga L.

直立或具匍匐茎；四棱形。单叶对生，纸质；边缘具齿或缺刻，较稀近于全缘。轮伞花序 2 至多花，组成间断或密集或下部间断上部密集的穗状花序；花两性，花萼卵状或球状，钟状或漏斗状；萼齿 5；花冠紫色或蓝色，稀黄色或白色，二唇形。小坚果倒卵球状三棱形，背部具网纹，侧腹面具宽大果脐。

莲花山白盆珠 1 种。

1. 金疮小草 Ajuga decumbens Thunb.

具匍匐茎。叶片薄纸质，匙形或倒卵状披针形，长 3~6cm，先端钝至圆形，基部渐狭，下延，两面疏被毛。轮伞花序多花密集呈穗状；花冠淡蓝色或淡红紫色，筒状。坚果小。花期 3~7 月，果期 5~11 月。

生于溪边、路旁或草地湿润处。

分布于我国长江以南地区。朝鲜、日本及东亚也有分布。

3. 广防风属 Anisomeles R. Br.

叶具齿。长穗状轮伞花序多花；苞片线形，细小；花冠二唇形，2 强雄蕊。小坚果近圆球形，黑色，具光泽。

莲花山白盆珠 1 种。

1. 广防风 Anisomeles indica (L.) Kuntze

茎四棱形，具浅槽，密被白色贴生短柔毛。叶阔卵圆形，草质；叶背具极密的白色短绒毛。穗状轮伞花序生于枝顶。小坚果黑色。花期 8~9 月，果期 9~11 月。

生于路旁或林缘。

分布于我国华南、华东、华中及西南地区。印度及东南亚也有分布。

4. 风轮菜属 Clinopodium L.

叶具齿。轮伞花序组成圆锥花序；苞片线形或针形；花萼、花冠二唇形，花冠紫红色、淡红色或白色。小坚果卵球形或近球形，褐色。

莲花山白盆珠 1 种。

1. 细风轮菜 Clinopodium gracile (Benth.) Matsum.

最下部叶圆卵形，细小；其余叶卵形，较大，长 1~4cm。轮伞花序分离或呈短总状花序；花冠白色至紫红色，唇形。小坚果卵球形。花期 6~8 月，果期 8~10 月。

生于路旁、沟边、旷野、林缘或灌丛。

分布于我国华南、华东、华中、西南及西北地区。印度、缅甸、日本及东南亚也有分布。

5. 锥花属 Gomphostemma Wall. ex Benth.

叶大，宽卵形至倒披针形，具齿及柄，两面被毛。聚伞花序或组成穗状或圆锥花序，腋生或基生。小坚果卵形、倒卵形、倒卵状三棱形，核果状。

莲花山白盆珠 1 种。

1. 中华锥花 Gomphostemma chinense Oliv.

叶椭圆形或卵状椭圆形，草质，叶背灰白色，被绒毛。聚伞花序单生或组成圆锥花序，生于茎基部。小坚果倒卵状三棱形，褐色。花期 7~8 月，果期 10~12 月。

生于山谷。

分布于我国华南及华东地区。越南也有分布。

6. 山香属 Hyptis Jacq.

叶对生，具齿缺。头状、穗状或圆锥花序；花冠二唇形，5 裂。小坚果卵形或长圆形。

莲花山白盆珠 2 种。

1. * 短柄吊球草 Hyptis brevipes Poit.

叶卵状长圆形或披针形，长 5~7cm，宽 1.5~2cm。头状花序腋生，花冠白色，外被微柔毛。小坚果卵形，深褐色，基部具 2 白色着生点。

生于低海拔开旷荒地。

分布于我国台湾及广东、海南。原产墨西哥，现成为全热带杂草。

2.* 吊球草 **Hyptis rhomboidea** Mart. & Gal.

茎四棱形，具浅槽及细条纹。叶披针形，长 8~18cm，纸质。花密集成球形小头状花序；花冠乳白色，二唇形，小坚果长圆形，栗褐色。

生于开旷荒地。

分布于我国广东、广西及台湾。原产热带美洲，广布于热带地区。

7. 香茶菜属 **Isodon** (Schrad. ex Benth.) Spach

叶具齿。聚伞花序 3 至多花，排成总状或圆锥状花序；花萼钟形；花冠二唇形。小坚果圆球形、卵球形或长圆状三棱形。

莲花山白盆珠 1 种。

1. 纤花香茶菜 **Isodon lophanthoides** var. **graciliflora** (Benth.) H. Hara

植株高大，高 30~150cm。茎四棱形。叶大，卵形，长 20cm。圆锥状聚伞花序尖塔形，花冠二唇形。小坚果。

生于林下或灌丛。

分布于我国华南及西南地区。南亚、东南亚也有分布。

8. 野芝麻属 **Lamium** L.

叶具柄，常具钝齿。轮伞花序 4~14 花；花萼管状钟形至钟形，5 或 10 脉。小坚果长圆状或倒卵状三棱形。

莲花山白盆珠 1 种。

1. 宝盖草 **Lamium amplexicaule** L.

一年生或二年生植物。叶片圆形或肾形，先端圆。轮伞花序 6~10 花；花萼管状钟形；花冠紫红色或粉红色。小坚果倒卵球形，具 3 棱。花期 3~5 月，果期 7~8 月。

生于路旁、林缘、等地。

分布于我国华南、华东、华中、西南、西北各地。欧洲，亚洲均有广泛的分布。

9. 冠唇花属 **Microtoena** Prain

叶具齿。聚伞花序常呈二歧状，腋生，或组成顶生圆锥花序；花萼钟形；花冠黄色，稀白色，上唇常为紫红色或褐色，冠筒十分伸出，直伸。小坚果三棱形卵圆形、卵圆形，深褐色。

莲花山白盆珠 1 种。

1. 冠唇花 **Microtoena insuavis** (Hance) Prain ex Dunn

叶卵圆形或阔卵圆形，长 6~10cm，宽 4.5~7.5cm，先端急尖。聚伞花序二歧；花冠红色。小坚果卵圆形。花期 10~12 月，果期 12 月至翌年 1 月。

生于林下或林缘。

分布于广东、云南南部及贵州西南部。越南，印度尼西亚也有分布。

10. 石荠苎属 **Mosla** Buch.-Ham. ex Maxim.

揉之具香味。叶具齿，叶背有凹陷腺点。轮伞花序 2 花，组成顶生总状花序；花冠白色、粉红色或紫红色。小坚果近球形。

莲花山白盆珠 3 种。

1. 小花荠苎 Mosla cavaleriei Lévl.

茎四棱形，具槽。叶纸质，卵形或卵状披针形，长 2~5cm。总状花序，花冠紫色或粉红色。小坚果近球形。花期 9~11 月，果期 10~12 月。

生于疏林或山坡草地。

分布于我国华南、华东、华中及西南地区。越南也有分布。

2. 小鱼仙草 Mosla dianthera (Buch.-Ham. ex Roxb.) Maxim.

叶卵状披针形或菱状披针形，长 1.2~3.5cm，边缘具锐尖的疏齿，下面灰白色，散布凹陷腺点。总状花序顶生。小坚果灰褐色，近球形。花果期 5~11 月。

生于山坡、路旁或水边。

分布于我国江苏、浙江、江西等地。印度、巴基斯坦、尼泊尔等地也有分布。

3. 石荠苎 Mosla scabra (Thunb.) C. Y. Wu & H.W. Li

叶卵形或卵状披针形，长 1.5~3.5cm，纸质；叶背灰白色，密布凹陷腺点。总状花序生于枝顶。小坚果黄褐色。花期 5~11 月，果期 9~11 月。

生于山坡、灌丛或路旁。

分布于我国华南、华东、华中及西北地区。越南、日本也有分布。

11. 罗勒属 Ocimum L.

叶具柄，有齿。轮伞花序掌中 6 花，多排成具梗穗状或总状花序，单一顶生或多数组成圆锥花序，花常白色，冠檐二唇形。小坚果卵球形或近球形。

莲花山白盆珠 1 种。

1. 罗勒 Ocimum basilicum L.

茎直立，钝四棱形。叶卵圆形至卵圆状长圆形，长 2.5~5cm，边缘具齿，下面具腺点。总状花序。小坚果卵球形。花期 7~9 月，果期 9~12 月。

生于沙质壤土或腐殖质壤土。

分布于我国华南、华中、华东、华北及西南地区，南部各地区有逸为野生的。非洲至亚洲温暖地带也有分布。

12. 紫苏属 Perilla L.

有香味。茎四棱形，具槽。叶具齿，紫色或紫黑色。轮伞花序 2 花，组成总状花序，花小；花冠白色或紫红色，近二唇形。小坚果近球形。

莲花山白盆珠 2 种。

1. * 紫苏 Perilla frutescens (L.) Britton

叶宽卵形或圆形，长 7~13cm，具粗锯齿，膜质或草质，两面被柔毛。轮伞总状花序；花冠被微柔毛。小坚果灰褐色，近球形。花果期 8~12 月。

生于村边、路旁。

分布于我国华北、华中、华南及西南地区。印度、缅甸、日本、朝鲜、韩国、印度尼西亚和俄罗斯也有分布。

2. 野生紫苏 *Perilla frutescens* var. *purpurascens* (Hayata) H. W. Li

与原种的主要区别：果萼小，下部被疏柔毛，具腺点。茎被短疏柔毛；叶较小，卵形；两面被疏柔毛。小坚果土黄色。

生于村边、路旁。

分布于我国华南、华中、华东、西北及西南迁地。日本也有分布。

13. 刺蕊草属 *Pogostemon* Desf.

叶对生，通常较宽，卵形或狭卵形，边缘具齿缺，通常多少被毛或被绒毛。轮伞花序多花或少花，多数。小坚果卵球形或近球形，稍压扁，光滑。

莲花山白盆珠 1 种。

1. 水珍珠菜 *Pogostemon auricularius* (L.) Hassk.

茎具槽，密被黄色长硬毛。叶长圆形或卵状长圆形，长 2.5~7cm，草质。穗状花序；花冠淡紫色至白色。小坚果近球形，褐色。花果期 4~11 月。

生于疏林、溪边。

分布于我国华南、华东及西南地区。南亚、东南亚也有分布。

14. 鼠尾草属 *Salvia* L.

单叶或羽状复叶。轮伞花序 2 至多花，组成总状、圆锥状或穗状花序；花冠二唇形。小坚果卵球状三棱形、长圆状三棱形或椭圆形，光滑。

莲花山白盆珠 1 种。

1. 蕨叶鼠尾草 *Salvia filicifolia* Merr.

三至四回羽状复叶。轮伞花序具 6~10 花，组成顶生或腋生具梗总状花序；小坚果褐色，椭圆形。花期 5~9 月。

生于石边或沙地。

分布于我国广东、湖南。

15. 黄芩属 *Scutellaria* L.

茎生叶常具齿。总状或穗状花序；花萼短筒形；花冠二唇形，冠筒伸出。小坚果扁球形或卵圆形。

莲花山白盆珠 2 种。

1. 韩信草 *Scutellaria indica* L.

茎四棱形，深紫色。叶草质至纸质，心状卵形或椭圆形，具圆齿，两面被毛。总状花序对生枝顶。小坚果暗褐色，卵圆形。花果期 2~6 月。

生于丘陵山地、疏林、路旁或草地。

分布于我国华南、华东、华中及西南地区。东亚、东南亚也有分布。

2. 南粤黄芩 Scutellaria wongkei Dunn

茎近木质，钝四棱形。叶片坚纸质，卵圆形。花腋生于小枝叶腋；花冠淡蓝色，具腺疏柔毛。花果期 6 月。

生于草地上。

分布于我国广东。

16. 香科属 Teucrium L.

单叶具羽状脉。轮伞花序 2~3 花，组成顶生穗状、总状或总状圆锥花序；花冠单唇，冠檐 5 裂。小坚果倒卵形、扁球形。

莲花山白盆珠 1 种。

1. 血见愁 Teucrium viscidum Bl.

叶卵形或卵状长圆形，长 3~10cm，具重圆齿。轮伞花序 2 花，集成穗状花序。小坚果扁球形，黄褐色。花期广东及云南南部 6~11 月。

生于山地林下湿润处。

分布于我国华南、华东及西南地区。东亚、南亚、东南亚也有分布。

280. 鸭跖草科 Cammelinaceae

叶互生，叶鞘开口或闭合。蝎尾状聚伞花序或集成圆锥花序，顶生或腋生；花两性，花瓣 3 片，分离。蒴果室背开裂。种子大，具网纹。

莲花山白盆珠 5 属 9 种。

1. 穿鞘花属 Amischotolype Hassk.

根状茎不分枝。叶阔，椭圆形。蝎尾状聚伞花序组成头状花序，无总梗，辐射对称，紫色。蒴果三棱状球形或三棱状卵形。假种皮红色。

莲花山白盆珠 1 种。

1. 穿鞘花 Amischotolype hispida (Less. &. A. Rich.) Hong

叶鞘密生褐黄色细长硬毛；叶椭圆形，顶端尾状。头状花序花数多，苞片卵形，花瓣长圆形。蒴果三棱状球形。花期 7~8 月，果期 9~10 月。

生于林下或山谷溪边。

分布于我国华南、华东及西南地区。东南亚及日本等地也有分布。

2. 鸭跖草属 Commelina L.

茎上升或匍匐生根，多分枝。叶 2 列。蝎尾状聚伞花序，花两侧对称，花瓣离生，蓝色。蒴果包于总苞片内。种子椭圆状，黑色或褐色。

莲花山白盆珠 4 种。

1. 饭包草 Commelina bengalensis L.

叶柄明显，叶卵形，叶鞘口有疏长睫毛。花序梗细长，不育花 1~3 朵，花瓣蓝色。蒴果椭圆形。种子多具皱网纹。花期夏秋季。

生于水库周边湿地。

分布于我国华南、华东及西南地区。亚洲、非洲热带、亚热带地区广布。

2. 鸭跖草 *Commelina communis* L.

茎匍匐生根，多分枝。叶披针形至卵状披针形。总苞片佛焰苞状，与叶对生；花瓣深蓝色。蒴果椭圆形。种子棕黄色。花期夏季。

生于湿地、田边。

分布于我国华南、华东及西南地区。东亚、东南亚及北美洲也有分布。

3. 节节草 *Commelina diffusa* Burm. f.

叶披针形至长圆形，叶鞘有红色小斑点。蝎尾状聚伞花序，单生于枝顶叶腋；花瓣蓝色或前面一片白色。蒴果长圆状三棱形。种子黑色。花果期 5~11 月。

生于林中或溪旁湿润处。

分布于我国华南、华东及西南地区。世界热带、亚热带广布。

4. 大苞鸭跖草 *Commelina paludosa* Bl.

叶披针形或卵状披针形，鞘口密生棕色长刚毛。佛焰苞漏斗状，蝎尾状聚伞花序。蒴果卵球状三棱形。种子黑褐色。花期 8~10 月，果期 10 月至翌年 4 月。

生于林下或山谷。

分布于我国华南、华东及西南地区。东南亚也有分布。

3. 聚花草属 *Floscopa* Lour.

叶互生。聚伞花序，组成圆锥花序，顶生或腋生，呈扫帚状，辐射对称；花被片分离，萼片舟状。蒴果果皮光滑有光泽。种子具棱或小疣体。

莲花山白盆珠 1 种。

1. 聚花草 *Floscopa scandens* Lour.

根状茎极长，节上密生须根。叶椭圆形至披针形，长 4~12cm。圆锥花序顶生或腋生，组成扫帚状复圆锥花序。蒴果卵圆状。种子半椭圆状。花果期 7~11 月。

生于湿地。

分布于我国华南、华东、华中及西南地区。印度、缅甸至越南、澳大利亚也有分布。

4. 水竹叶属 *Murdannia* Royle

带状叶互生或基生莲座状。蝎尾状聚伞花序单生或组成圆锥花序，辐射对称，花瓣分离。蒴果 2~3 片裂。种子具纹饰。

莲花山白盆珠 2 种。

1. 大苞水竹叶 *Murdannia bracteata* (C. B. Clarke) J. K. Morton ex Hong

基生叶线形或阔线形，长 10~24cm；茎生叶线形或长圆状披针形。聚伞花序密集枝顶呈头状。蒴果长圆形。种子 2 颗。花期 5 月，果期 8~11 月。

生于水沟边及密林下。

分布于我国广东、广西。越南、泰国也有分布。

2. 裸花水竹叶 *Murdannia nudiflora* (L.) Brenan

叶茎生，叶片禾叶状或披针形。蝎尾状聚伞花序排成顶生圆锥花序，总梗纤细，花瓣紫色。蒴果卵圆状三棱形。种子黄棕色。花果期 6~10 月。

生于水边湿地。

分布于我国华南、华东、华中及西南地区。中南半岛、南亚及日本等地也有分布。

5. 杜若属 *Pollia* Thunb.

圆锥花序顶生或披散成伞状、蝎尾状聚伞花序，辐射对称，花瓣 3 片，分离，卵圆形。浆果黑色或蓝黑色。种子扁或多角形。

莲花山白盆珠 1 种。

1. 杜若 *Pollia japonica* Thunb.

叶片长椭圆形，长 10~30cm。蝎尾状聚伞花序呈轮状排列，花序轴和花梗密被钩状毛。果球状，黑色。种子灰带紫色。花期 7~9 月，果期 9~10 月。

生于山谷林下。

分布于我国华南、华东、华中及西南地区。日本、朝鲜也有分布。

283. 黄眼草科 Xyridaceae

叶基生，扁平，基部鞘状，剑状、线形或丝状。头状或穗状花序；花莛直立坚挺；花两性，无梗，两侧对称或辐射对称。蒴果室背开裂。种子小，具纵条纹。

莲花山白盆珠 1 属 1 种。

1. 黄眼草属 *Xyris* L.

叶基生，基部有鞘。头状花序生于花莛顶部；花冠辐射对称，黄色或白色，卵圆形。蒴果卵圆形。种子椭圆形，具纵纹。

莲花山白盆珠 1 种。

1. 黄眼草 *Xyris indica* L.

叶剑状线形，长 15~60cm，海绵质，无毛。头状花序，花瓣淡黄至黄色。蒴果倒卵圆形或球形。种子卵形，黄棕色。花期 9~11 月，果期 10~12 月。

生于草地、田边或山谷、平地。

分布于我国南部地区。南亚、东南亚至澳大利亚也有分布。

285. 谷精草科 Eriocaulaceae

叶狭窄，质薄，常具半透明方格状“膜孔”。头状花序，花莛细长，花单性；花萼合成佛焰苞状。蒴果室背开裂。种子棕红色或黄色。

莲花山白盆珠 1 属 3 种。

1. 谷精草属 *Eriocaulon* L.

茎短。叶丛生狭窄，膜质。头状花序，花单性，混生，花瓣具黑色腺体。蒴果室背开裂。种子椭圆形，橙红色或黄色。

莲花山白盆珠 3 种。

1. 毛谷精草 *Eriocaulon australe* R. Br.

叶狭带形，丛生。花序熟时近球形，基部平截，灰白色，坚实，不压扁；花药黑色。花果期夏秋季。

生于水塘、湿地。

分布于我国江西、福建、湖南、广东、海南。大洋洲也有分布。

2. 白药谷精草 Eriocaulon cinereum R. Br.

叶丛生，狭线形，半透明，具横格。花莛扭转具 4 棱；花序熟时近球形，淡黄色至墨绿色；总花托有密毛；雌花花瓣缺。种子椭圆形。花期 6~8 月，果期 9~10 月。

生于稻田、沟边。

分布于我国华南、华中、华东、西南及西北地区。南亚、东南亚及日本、澳大利亚也有分布。

3. 华南谷精草 Eriocaulon sexangulare L.

叶丛生，线形，叶较厚。花莛长达 60cm，4~6 棱；鞘状苞片，总苞片倒卵形，平展，背面有白短毛。种子表面具横格及“T”字形毛。花果期夏秋至冬季。

生于稻田、水坑或池塘。

分布于我国华南及华东地区。南亚、东南亚也有分布。

286. 凤梨科 Musaceae

叶互生，狭长，常基生，莲座式排列，平行脉，单叶，叶上面凹陷。花两性，少单性，辐射对称或稍两侧对称。浆果、蒴果或有时为聚花果。

莲花山白盆珠 1 属 1 种。

1. 凤梨属 Ananas Mill.

叶狭长，莲座式排列，全缘或有细齿。花茎短，具叶，顶有一稠密、球果状的穗状花序；花两性，无柄，生于苞腋内；花瓣青紫色。果肉质，球果状，顶常冠有叶丛。

莲花山白盆珠 1 种。

1. * 凤梨 Ananas comosus (L.) Merr.

茎短。叶多数，莲座式排列，剑形，顶端渐尖，全缘或有锐齿，生于花序顶部的叶变小，常呈红色。花瓣长椭圆形。聚花果肉质，长 15cm 以上。花期夏季至冬季。

我国我国福建、广东、海南、广西、云南有栽培。原产美洲热带地区。

287. 芭蕉科 Musaceae

叶鞘包叠形成粗壮假茎，基部有时膨大成坛状。叶长圆形，螺旋状集生茎顶，具羽状平行侧脉。穗状花序顶生，苞片大，佛焰苞状，常有色；花单性。肉质浆果。

莲花山白盆珠 1 属 1 种。

1. 芭蕉属 Musa L.

假茎基部不膨大。叶大，长圆形，叶柄伸长。花序顶生，花两性或单性，下部苞片花为雌花，上部苞片花为雄花。肉质浆果。

莲花山白盆珠 1 种。

1. 野蕉 Musa balbisiana Colla

假茎丛生。叶片卵状长圆形，基部耳形，两侧不对称，叶面被蜡粉。花序下垂，雌花苞片脱落，中性花及雄花宿存。浆果倒卵形。种子扁球形，褐色，具疣。花期夏秋季。

生于山谷中。

分布于我国华南及西南地区。东南亚也有分布。

290. 姜科 Zingiberaceae

具根状茎，地上茎基部常具鞘，有香气。叶基生或茎生，有叶舌。花两性，单生或成穗状、总状或圆锥花序，两侧对称，具苞片。蒴果浆果状。种子有假种皮。

莲花山白盆珠 1 属 7 种。

1. 山姜属 Alpinia Roxb.

具根状茎，地上茎发达。叶长圆形或披针形。圆锥、总状或穗状花序顶生；总苞片佛焰苞状；花萼陀螺状、管状。蒴果干燥或肉质。种子有假种皮。

莲花山白盆珠 7 种。

1. 从化山姜 Alpinia conghuaensis J. P. Liao & T. L. Wu

株高 30~80cm。叶 3~9 片，坚纸质，叶片、叶柄及叶舌被短柔毛。穗状花序，总苞片纸质，宿存；花冠 3 裂，淡白色。蒴果无柄，白色，假种皮膜质。花期 3~4 月，果期 6 月。

生于林下。

分布于我国广东。

2. 红豆蔻 Alpinia galanga (L.) Willd.

高达 2m。叶长圆形或披针形，叶舌近圆形。圆锥花序密生多花，花序轴被毛，花绿白色，花萼筒状，花冠裂片长圆形。蒴果长圆形。花期 5~8 月，果期 9~11 月。

生于山谷林中。

分布于我国华南地区。印度、泰国、越南也有分布。

3. 狭叶山姜 Alpinia graminifolia D. Fang & J. Y. Luo

茎丛生。叶片线形，顶端长渐尖，基部楔形，近无毛，边具短缘毛。总状花序直立；唇瓣卵形；子房密被短柔毛。花期 5~6 月。

生于山谷林下。

分布于我国广东、广西。

4. 草豆蔻 Alpinia hainanensis K. Schum

高达 3m。叶线状披针形，顶端渐尖且有螺旋状尾尖。总状花序直立，被黄色绢毛；花萼钟形，顶端 2 齿，具缘毛。蒴果球形，被黄色粗毛。花期 4~6 月，果期 5~8 月。

生于山地林中。

分布于我国华南地区。越南也有分布。

5. 华山姜 Alpinia oblongifolia Hayata

叶披针形或卵状披针形，叶舌膜质，具缘毛。狭圆锥花序分枝短，花 2~4 朵，白色。蒴果红色球形。花期 5~7 月，果期 6~12 月。

生于林下。

分布于我国华南、华东、华中及西南地区。越南、老挝也有分布。

6. 花叶山姜 Alpinia pumila Hook.f.

无地上茎。叶茎生，2~3 片一丛，椭圆形或长圆状披针形，叶舌短 2 裂，叶鞘红褐色。总状花序从叶鞘抽出，花成对生长。果球形。花期 4~6 月，果期 6~11 月。

生于山谷阴湿处。

分布于我国华南及西南地区。

7 **密苞山姜 Alpinia stachyodes** Hance

叶片椭圆状披针形，长 20~40cm，具细尾尖，边缘及先端密被绒毛。穗状花序顶生，苞片密集，密被绒毛，花芳香。果球形，顶端有宿萼。花果期 6~8 月。

生于山谷密林中。

分布于我国华南及西南地区。

292. 竹芋科 Marantaceae

有根茎或块茎。叶大，羽状平行脉，具叶枕和叶鞘。花两性，不对称，顶生穗状、总状或圆锥花序，或花序单独由根状茎抽出。蒴果或浆果状。种子坚硬。

莲花山白盆珠 1 属 1 种。

1. 柊叶属 Phrynium Willd.

根茎匍匐。叶基生，长圆形，具长柄及鞘。穗状花序集生成头状，由叶鞘或根茎伸出；苞片内有花 2 至多朵。果球状，果皮坚硬，具薄膜质假种皮。

莲花山白盆珠 1 种。

1. **柊叶 Phrynium rheedei** Suresh & Nicolson

高约 1m。叶数片基生，1 片茎生，叶柄长 60cm，叶枕无毛。头状花序无柄，苞片紫红色。果具 3 棱，栗色，外果皮质硬。种子具浅槽痕。花期 5~7 月。

生于林中阴湿处。

分布于我国华南、西南地区。印度、越南也有分布。

293. 百合科 Liliaceae

状常具根状茎、块茎或鳞茎。叶基生或茎生，常具弧形平行脉，少网状脉。花两性，辐射对称，花被片 6，花冠状。蒴果或浆果，稀坚果。种子具丰富胚乳。

莲花山白盆珠 9 属 12 种。

1. 天门冬属 Asparagus L.

根状茎粗厚，根稍肉质，或有纺锤状块根。小枝近叶状，扁平、锐三棱形或近圆柱形。花每 1~4 朵腋生或多朵组成总状或伞形花序。浆果球形。

莲花山白盆珠 1 种。

1. **天门冬 Asparagus cochinchinensis** (Lour.) Merr.

叶状枝常 3 枚成簇，扁平或略呈锐三棱形。茎上鳞片状叶基部延伸为硬刺。花常 2 朵腋生，淡绿色。浆果熟时红色。花期 5~6 月，果期 8~10 月。

生于海拔 1750m 以下的山坡、路旁、疏林下、山谷或荒地上。

几乎分布全国。朝鲜、日本、老挝和越南也有分布。

2. 蜘蛛抱蛋属 Aspidistra K. Gawl.

匍匐根状茎有密节。叶从根状茎抽出，单生或 2~4 片簇生。花单生于花序梗顶端或延长花莛上；花被钟状或坛状，紫色或淡紫色。浆果球形。

莲花山白盆珠 2 种。

1. 九龙盘 *Aspidistra lurida* K. Gawl.

叶狭披针形，宽 3~8cm。花被上部 6~8 裂，裂片内面有 2~4 条不明显的隆起，花被片淡紫色或紫黑色。

生于山坡林下或沟旁。

分布于我国广东、福建、台湾、浙江、江西、湖北、湖南、四川、贵州和广西。

2. 小花蜘蛛抱蛋 *Aspidistra minutiflora* Stapf

根状茎圆柱状，密生节和鳞片。叶 2~3 枚簇生，带形或带状倒披针形。花单生，花小；花被坛状，青绿色具紫色细点；裂片小，三角状卵形。花期 7~10 月。

生于路旁及石上。

分布于我国广东、广西和贵州。

3. 白丝草属 *Chionographis* Maxim.

叶基生，近莲座状，长圆形、披针形或椭圆形。花莛生于叶丛中央，穗状花序，无苞片，花杂性同序，两侧对称。蒴果室背开裂。种子近梭形。

莲花山白盆珠 1 种。

1. 中国白丝草 *Chionographis chinensis* Krause

叶椭圆形至矩圆状披针形，边缘皱波状。穗状花序，花多，芳香，白色至淡黄色。蒴果狭倒卵状。种子多数，近梭形，下端有尾。花期 4~5 月，果期 6 月。

生于山坡或路旁。

分布于我国华南、华东地区。

4. 山菅兰属 *Dianella* Lam.

根状茎通常分枝。叶近基生或茎生，2 列，窄长而坚挺。花常排成顶生圆锥花序，花小，花被片离生。浆果常蓝色。种子黑色。

莲花山白盆珠 1 种。

1. 山菅 *Dianella ensifolia* (L.) DC.

叶狭条状披针形，基部收狭成鞘状。顶生圆锥花序，常多朵生于侧枝上端；花绿白色、淡黄色至青紫色。浆果近球形。种子卵形。花果期 3~8 月。

生于路旁、山坡或熟林。

分布于我国华南、华东及西南地区。亚洲热带及非洲也有分布。

5. 萱草属 *Hemerocallis* L.

根状茎很短。叶基生，2 列，带状。花莛生于叶丛中央，总状或圆锥花序顶生。蒴果钝三棱状椭圆形，室背开裂。种子黑色，有棱角。

莲花山白盆珠 2 种。

1. 黄花菜 *Hemerocallis citrina* Baroni

根近肉质，中下部常有纺锤状膨大。叶阔线形，长 50~100cm。花多数；花被淡黄色。蒴果钝三棱状椭圆形，长 3~5cm。花果期 5~9 月。

生于山坡、山谷、荒地或林缘。

分布于我国秦岭以南各地区以及河北、山西和山东。日本、韩国也有分布。

2. 萱草 **Hemerocallis fulva** (L.) L.

根近肉质，中下部有纺锤状膨大。叶阔线形，长 30~60cm。花莛高 60~100cm，有花 6 至 10 余朵；花橘红色至橘黄色，边缘波状。花果期 5~7 月。

生于灌木丛中。

我国各地常见栽培，秦岭以南各地区有野生的。印度、日本、韩国也有分布。

6. 山麦冬属 **Liriope** Lour.

茎短。叶基生成丛，禾叶状。花莛生于叶丛中央，总状花序多花，花小。果早期外果皮开裂，露出种子。种子浆果状，熟后暗蓝色。

莲花山白盆珠 2 种。

1. 阔叶山麦冬 **Liriope muscari** (Decne.) L. H. Bailey

根细长，有时局部膨大成纺锤形的小块根。叶密集成丛，线形，革质。花莛通常长于叶；花 4~8 朵簇生于苞片腋内。果球形。花果期 7~11 月。

生于山地、山谷的疏、密林下或潮湿处。

分布于我国广东、广西、福建等地。日本也有分布。

2. 山麦冬 **Liriope spicata** (Thunb.) Lour.

叶基部常包褐色叶鞘。总状花序，具多花，常 3~5 朵簇生于苞片腋内；花被片淡紫色或淡蓝色。种子近球形。花期 5~7 月，果期 8~10 月。

生于林下。

分布于我国华北以南地区。日本、越南也有分布。

7. 球子草属 **Peliosanthes** Andr.

茎匍匐状。叶 2~5 片，基生或簇生茎上，披针形或条形。总状花序，花单生或 2~5 朵簇生于苞片腋内。蒴果。种子小核果状。

莲花山白盆珠 1 种。

1. 大盖球子草 **Peliosanthes macrostegia** Hance

叶基生，2~5 片，披针状狭椭圆形，弧形主脉 5~9 条。总状花序长 9~25cm，每一苞片着生一朵花，花紫色。种子近圆形。花期 4~6 月，果期 7~9 月。

生于灌丛。

分布于我国华南及西南地区。越南也有分布。

8. 油点草属 Tricyrtis Wall.

叶互生，卵形至椭圆形，抱茎。花单生或簇生，排成顶生和生于上部叶腋的二歧聚伞花序；花被片 6，离生，绿白色、黄绿色或淡紫色。蒴果具 3 棱。

莲花山白盆珠 1 种。

1. 油点草 *Tricyrtis macropoda* Miq.

茎上部疏生或密生短糙毛。叶卵状椭圆形、矩圆形。二歧聚伞花序顶生或生于上部叶腋；花被片绿白色或白色。蒴果直立。花果期 6~10 月。

生于林下、草丛或岩缝。

分布于我国华南、华东、华中及西南地区。日本也有分布。

9. 藜芦属 Veratrum L.

根状茎粗短，茎圆柱形，包于叶鞘，基部残存叶鞘分裂成纤维状。叶互生，椭圆形或线形。圆锥花序顶生，花绿白色或暗紫色。蒴果。

莲花山白盆珠 1 种。

1. 牯岭藜芦 *Veratrum schindleri* (Baker) Loes. F.

基部具棕褐色纤维网眼。叶基生及茎生，宽椭圆形至带状。圆锥花序顶生，具多数侧生总状花序；花被片 6。蒴果。花果期 8~10 月。

生于林下或路旁。

分布于我国华南、华东及华中地区。

297. 菝葜科 Smilacaceae

茎枝有刺或无刺。叶互生，具 3~7 条主脉和网状细脉；叶柄两侧常具翅状鞘，有卷须或无。伞形花序或组成复伞形花序。浆果球形。

莲花山白盆珠 2 属 8 种。

1. 肖菝葜属 Heterosmilax Kunth

叶纸质，有 3~5 主脉和网状变脉；叶柄有或无卷须。伞形花序生于叶腋或鳞片腋内，雌雄异株，花被片 3 合生成花被筒。浆果球形。

莲花山白盆珠 1 种。

1. 肖菝葜 *Heterosmilax japonica* Kunth

叶纸质，卵形、卵状披针形或心形。伞形花序有 20~50 朵，生于叶腋或褐色苞片内，花序梗扁。浆果扁球形，熟时黑色。花期 6~8 月，果期 7~11 月。

生于山坡路旁。

分布于我国华南、华东地区。不丹、日本及印度东北部也有分布。

2. 菝葜属 Smilax L.

有坚硬根状茎。枝圆柱形或四棱形，常有刺。叶互生，掌状脉，叶鞘上方常有 1 对卷须。伞形花序腋生或再组成圆锥或穗状花序。浆果常球形。

莲花山白盆珠 7 种。

1. 弯梗菝葜 *Smilax aberrans* Gagnep.

叶薄纸质，椭圆形或卵状椭圆形，被乳突状短柔毛，无卷须。伞形花序生于叶腋抽出的幼枝，花几朵至20朵。浆果。花期3~4月，果期12月。

生于林中、灌丛或山谷、溪旁阴湿处。

分布于我国华南及西南地区。越南也有分布。

2. 菝葜 Smilax china L.

叶薄革质或坚纸质，圆形或卵形，长3~10cm；叶背淡绿色或苍白色，具鞘，有卷须。伞形花序生于小枝，呈球形。浆果熟时红色。花期2~5月，果期9~11月。

生于山坡灌丛。

分布于我国长江以南地区。东南亚也有分布。

3. 土茯苓 Smilax glabra Roxb.

叶革质，卵状矩圆形、卵形至狭椭圆形；叶背苍白色，掌状脉5条，具卷须。伞形花序腋生。浆果球形。花期7~11月，果期12月至翌年4月。

生于林下或灌丛。

分布于我国长江以南地区。越南、泰国、印度也有分布。

4. 粉背菝葜 Smilax hypoglauca Benth.

叶革质，卵状长圆形、卵形或窄椭圆形；叶背粉白色，主脉5条，常有卷须。伞形花序腋生，有花10~20朵，花绿黄色。浆果熟时暗红色。花期7~8月，果期12月。

生于疏林或灌丛边缘。

分布于我国华南及西南地区。

5. 折枝菝葜 Smilax lanceifolia var. elongata (Warb.) Wang & Tang

小枝迴折状。叶厚纸质或革质，长披针形或矩圆状披针形。总花梗比叶柄长；花药近圆形。浆果熟时黑紫色。花期3~4月，果期10~11月。

生于林下或山坡阴处。

分布于我国华南、华东及西南地区。

6. 暗色菝葜 Smilax lanceifolia var. opaca A. DC.

叶革质，卵状矩圆形至披针形，表面有光泽，常具卷须。伞形花序单生叶腋，花黄绿色。浆果球形。花期9~11月，果期11月至翌年4月。

生于林下或灌丛。

分布于我国华南、华东及西南地区。不丹、印度、缅甸、老挝、越南和泰国也有分布。

7. 大果菝葜 Smilax macrocarpa A. DC.

叶纸质，卵形或椭圆形，具卷须。圆锥花序常具 2 个伞形花序，具 1 枚与叶柄相对的鳞片。浆果熟深红色。花期 10~12 月，果期 5~6 月。

生于林下或灌丛。

分布于我国华南及西南地区。老挝、越南、马来西亚等地也有分布。

302. 天南星科 Araceae

叶单生或少数，常基生，2 列或螺旋状排列。叶全缘或掌状、鸟足状、羽状或放射状分裂，多具网状脉。花小，两性或单性；花被 2 轮，花被片 2~3 枚。浆果。

莲花山白盆珠 5 属 6 种。

1. 菖蒲属 Acorus Linnaeus

根茎匍匐，肉质，分枝。叶 2 列，基生而嵌列状，箭形，无柄，具叶鞘。佛焰苞叶状，箭形，直立，宿存；花序生于当年生叶腋。浆果长圆形，黄绿色或红色。

莲花山白盆珠 1 种。

1. 金钱蒲 Acorus gramineus Soland

根茎短，根肉质。叶片厚，线形，无中肋，具平行脉多数，叶鞘棕色。叶状佛焰苞短；肉穗花序黄绿色。果黄绿色。花期 5~6 月，果期 7~8 月。

生于山涧石缝。

分布于我国华南、华中及西南地区。日本、韩国也有分布。

2. 海芋属 Alocasia (Schott) G. Don

茎粗厚。叶幼时盾状，成熟叶多箭状心形，叶柄长。佛焰苞管部卵形或长圆形。肉穗花序圆柱形，直立。浆果红色。

莲花山白盆珠 1 种。

1. 海芋 Alocasia macrorrhiza (L.) Schott

根茎粗，圆柱形，有节。叶柄粗厚，叶片革质，草绿色，箭状卵形，侧脉 9~12 对。佛焰苞管部卷成卵形或短椭圆形。浆果红色。花期 4~7 月。

生于疏林、溪边、路旁或灌丛。

分布于我国南部地区。南亚及东南亚也有分布。

3. 天南星属 Arisaema Mart.

具块茎。叶柄略具长鞘，叶片鸟足状或放射状分裂，3 裂，卵形或卵状披针形。佛焰苞管部集卷；肉穗花序单性或两性。浆果倒卵圆状。种子球状卵圆形。

莲花山白盆珠 1 种。

1. 一把伞南星 Arisaema erubescens (Wall.) Schott

块茎扁球形。鳞叶绿白色、粉红色，有紫色斑纹。叶片 1，叶片放射状分裂。佛焰苞绿色；肉穗花序单性，花密。浆果红色，种子球状卵圆形。花期 5~7 月，果期 9 月。

生于林下、灌丛、草坡。

我国除新疆、内蒙古及东北外，大部地区都有分布。南亚及泰国也有分布。

4. 石柑属 Pothos L.

下部枝具根，上部枝披散。叶柄具宽翅，叶线状披针形至椭圆形。花序梗腋生或腋下生。浆果椭圆状，红色。种子 1~3 颗。

莲花山白盆珠 1 种。

1. 石柑子 Pothos chinensis (Raf.) Merr.

叶片纸质，椭圆形、披针状卵形至披针状长圆形，具芒状尖头。花序腋生；佛焰苞卵状；肉穗花序短，椭圆形。浆果红色。花果期四季。

生于林中石上或缠绕树上。

分布于我国长江以南各地区。东南亚也有分布。

5. 崖角藤属 Rhaphidophora Hassk.

茎匍匐或攀缘。叶 2 列，叶片披针形或长圆形，多少不等侧，全缘或羽状分裂。花序顶生，花密集，两性，无花被。浆果黏合，红色。

莲花山白盆珠 2 种。

1. 爬树龙 Rhaphidophora decursiva (Roxb.) Schott

茎粗壮，绿色，节上生根。叶大，长圆形，长 40 ~ 50cm，羽状深裂几达中脉。肉穗花序无柄，圆柱形，外托 1 白色大型佛焰苞片。

生于阴湿密林、岩上或大树上。

分布于我国广东、云南。缅甸、老挝、越南也有分布。

2. 狮子尾 Rhaphidophora hongkongensis Schott

匍匐于地面、石上或攀缘于树上。生气生根，气生根与叶柄对生，肉质。叶片纸质或亚革质，通常镰状椭圆形。浆果黄绿色。花期 4~8 月，果熟期翌年。

常攀附于热带沟谷雨林内的树干上或石崖上。

分布于我国福建南部、广东及其沿海岛屿、广西等地。缅甸、越南、老挝、泰国以及加里曼丹岛均有分布。

306. 石蒜科 Amaryllidaceae

叶基生或茎生。花两性，辐射对称，单生或多朵于花茎顶排成伞形花序，具 1 至数枚佛焰状总苞片，花被花瓣状。蒴果，稀浆果。

莲花山白盆珠 1 属 1 种。

1. 石蒜属 Lycoris Herb.

鳞茎近球形或卵形。叶带状。花茎单一，直立，顶生伞形花序，有花 4~8 朵，花被漏斗状，上部 6 裂，基部合生成筒状。蒴果具 3 棱。种子近球形，黑色。

莲花山白盆珠 1 种。

1. 石蒜 Lycoris radiata (L' Hérit.) Herb.

鳞茎近球形。秋季出叶，叶狭带状，长约 15cm，深绿色，中间有粉绿色带。伞形花序有花 4~7 朵，花鲜红色。花期 8~9 月，果期 10 月。

生于阴湿山坡和溪沟边。

分布于我国华南、华中、华东及西南地区。日本也有分布。

310. 百部科 Stemonaceae

叶互生、对生或轮生，具柄或无柄。花序腋生或贴生于叶片中脉；花两性，整齐，常花叶同期。蒴果卵圆形，稍扁。

莲花山白盆珠 1 属 1 种。

1. 百部属 Stemona Lour.

块根肉质、纺锤状，成簇。茎攀缘或直立。叶通常每 3~4(~5) 枚轮生，主脉基出，横脉细密而平行。花两性，辐射对称，单朵或数朵排成总状、聚伞状花序；花被片 4 片。

莲花山白盆珠有 1 种。

1. 大百部 *Stemona tuberosa* Lour.

块根通常纺锤状。叶对生或轮生，卵状披针形、卵形或宽卵形。花单生或 2~3 朵排成总状花序。蒴果倒卵形。花果期 4~8 月。

生于山坡丛林下、溪边、路旁以及山谷和阴湿岩石中。

分布于长江流域以南各地区。中南半岛和菲律宾、印度北部也有分布。

311. 薯蓣科 Dioscoreaceae

叶互生或对生，单叶或掌状复叶，叶柄扭转或基部有关节。花小，单性，花单生或簇生或排列成穗状、总状或圆锥花序。蒴果、浆果或翅果。种子有翅或无。

莲花山白盆珠 1 属 6 种。

1. 薯蓣属 Dioscorea L.

具根状茎或块茎。单叶或掌状复叶，互生，或中部以上对生。花单性，多雌雄异株，排成穗状或圆锥花序；花被片 6 片。蒴果三棱形。种子具膜质翅。

莲花山白盆珠 6 种。

1. 大青薯 *Dioscorea benthamii* Prain & Burkill

叶纸质，常对生，卵状披针形、长圆形或倒卵状长圆形。花雌雄异株，花序轴呈“之”字状曲折，雌花序穗状着生叶腋。蒴果三棱形。花期 5~6 月，果期 7~9 月。

生于山地、山坡、山谷、水边或路旁。

分布于我国华南及华东地区。

2. 黄独 *Dioscorea bulbifera* L.

块茎棕褐色，密生长须根。叶互生，卵状心形。花单生，花序穗状簇生叶腋；花被片披针形。蒴果三棱状长圆形。种子扁卵形。花期 7~10 月，果期 8~11 月。

生于林中或路旁。

分布于我国华南、华东、西南及华北地区。东亚、东南亚及非洲也有分布。

3. 薯莨 *Dioscorea cirrhosa* Lour.

叶革质，长椭圆状卵形至披针形，具三角状缺刻。花序穗状单生叶腋。蒴果三棱状扁圆形。种子具膜状翅。花期 4~6 月，果期 7 月至翌年 1 月。

生于林中。

分布于我国华南、华东及西南地区。越南也有分布。

4. 山薯 *Dioscorea fordii* Prain & Burkill

单叶，在茎下部的互生，中部以上的对生；叶片纸质，宽披针形、长椭圆状卵形或椭圆状卵形。蒴果三棱状扁圆形。花期10月至翌年1月，果期12月至翌年1月。

生于山坡、山凹、溪沟边或路旁的杂木林中。

分布于我国浙江南部、福建、广东、广西、湖南南部。

5. 日本薯蓣 *Dioscorea japonica* Thunb.

叶纸质，三角状披针形或长卵形，全缘。雄花序穗状生叶腋，绿白色或淡黄色。蒴果三棱状扁圆形。种子有膜质翅。花期5~10月，果期7~11月。

生于林缘或灌丛。

分布于我国华南及华东地区。亚洲及非洲也有分布。

6. 五叶薯蓣 *Dioscorea pentaphylla* L.

掌状复叶有3~7小叶，小叶倒卵状椭圆形，两面被柔毛，叶腋内有珠芽。蒴果三棱状长椭圆形，黑色。花期8~10月，果期11月至翌年2月。

生于林缘或灌丛。

分布于我国华南、华东及西南地区。亚洲及非洲亚热带地区也有分布。

314. 棕榈科 Palmae

茎干常不分枝，单生或丛生。叶互生，聚生枝顶，羽状或掌状分裂。花小，单性或两性，雌雄同株或异株，离生或合生。核果或硬浆果。

莲花山白盆珠1属2种。

1. 省藤属 *Calamus* L.

叶鞘圆筒形，具刺；叶柄基部呈囊状凸起；叶轴具刺，顶端延伸为带爪状刺纤鞭或无；叶羽状全裂。花雌雄异株。果球形或卵形。

莲花山白盆珠2种。

1. 杖藤 *Calamus rhabdocladus* Burret

叶羽状全裂，裂片整齐排列，线形，边缘及脉上具短刺毛。肉穗花序纤鞭状，小穗状花序多而稠密。果球形或卵形。种子卵形。花期 4~5 月，果期翌年 3~6 月。

生于林下。

分布于我国华南、华东及西南地区。老挝、越南也有分布。

2. 白藤 Calamus tetradactylus Hance

丛生，叶羽状全裂。小穗状花序。果实球形，直径 8~10mm，顶端具小锥状的喙。花果期 5~6 月。

生于森林灌木丛或村庄周围。

分布于我国福建、广东南部及西南部、香港、海南及广西南部。越南也有分布。

318. 仙茅科 Hypoxidaceae

有块状根或球茎。叶常基生，有明显纵脉。花两性或单性，辐射对称，黄色，单生或排成稠密头状花序；花被片长或缺，6 裂。蒴果或肉质浆果。

莲花山白盆珠 2 属 4 种。

1. 仙茅属 Curculigo Gaern.

根茎块状。叶基生，数枚，披针形，具折扇状脉。花茎生于叶腋；花序总状、近头状或穗状；花黄色，两性或单性。浆果。种子小，具纵凸纹。

莲花山白盆珠 3 种。

1. 短莛仙茅 Curculigo breviscapa S. C. Chen

叶披针形，纸质，具折扇状脉。花茎短，被棕色绒毛，头状花序近球形。浆果卵状椭圆形。种子黑色，近球形，有明显种脐。

生于山谷密林或水旁。

分布于我国华南地区。

2. 大叶仙茅 Curculigo capitulata (Lour.) Kuntze.

根状茎粗厚，走茎细长。叶纸质，长圆状披针形或近长圆形，全缘，具折扇状脉。花茎生于叶腋，总状花序密生多花。浆果近球形。花期 5~6 月，果期 8~9 月。

生于林中、草地或荒坡。

分布于我国华南、华东及西南地区。东南亚及日本也有分布。

3. 仙茅 Curculigo orchioides Gaertn.

根状茎圆柱状。叶较窄，线形或披针形，两面被疏柔毛或无毛。花茎短；苞片披针形；总状花序呈伞房状。浆果纺锤状，具长喙。花果期 4~9 月。

生于林中、草地或荒坡。

分布于我国华南、华东及西南地区。东南亚至日本也有分布。

2. 小金梅草属 Hypoxis L.

具块茎或球形根状茎。叶基生，窄长线形，无柄。花茎纤细；顶生伞形或总状花序或单花；花被片 6 片，离生，宿存。蒴果。

莲花山白盆珠 1 种。

1. 小金梅草 *Hypoxis aurea* Lour.

矮小，根状茎肉质。叶基生，线形，基部膜质，疏被黄褐色长柔毛。花茎纤细，花 1~2 朵，被淡褐色疏柔毛，花黄色。蒴果棒状。种子近球形，具瘤状突起。

生于山野荒地。

分布于我国华南、华东、华中及西南地区。东南亚及日本也有分布。

320. 假兰科 Apostasiaceae

叶生于茎上，折扇状。花序有时分枝；花近辐射对称；萼片相似或侧萼片略有不同。果实浆果状或蒴果状。种子具坚硬的外种皮。

莲花山白盆珠 1 属 1 种。

1. 拟兰属 Apostasia Bl.

茎较纤细，具多叶。叶密集，先端常具管状长芒。总状或圆锥状花序顶生或腋生，辐射对称。蒴果，细圆柱形，3 棱。种子黑色；种皮坚硬。

莲花山白盆珠 1 种。

1. 深圳拟兰 *Apostasia shenzhenica* Z. J. Liu & L. J. Chen

与多枝拟兰(*A. ramifera* S. C. Chen & K. Y. Lang)和日本拟兰(*A. nipponica* Masamune) 相近，本种根有块根，退化雄蕊明显长于花柱，上部约 1/3 不贴生于花柱。

生于林下或山谷阴湿处。

分布于我国广东南部地区。

323. 水玉簪科 Burmanniaceae

单叶，茎生或基生，全缘，或退化为鳞片状。花两性，辐射对称或两侧对称，单生或簇生茎顶，或为聚伞花序，花被基部联合成管状，具翅。蒴果。

莲花山白盆珠 1 属 3 种。

1. 水玉簪属 Burmannia L.

草叶绿色或退化成鳞片状，茎生或呈莲座状。花单生或数朵簇生茎顶呈头状，或组成二歧蝎尾状聚伞花序。蒴果，具宿存花被。种子长圆形或椭圆形。

莲花山白盆珠 3 种。

1. 水玉簪 *Burmannia disticha* L.

基生叶多数，莲座状，线形或披针形，茎生叶少数。二歧蝎尾状聚伞花序或仅为 1 花簇；花被管具翅，花被裂片微黄色。蒴果倒卵圆形。花果期 9~10 月。

生于溪边、山地及灌丛。

分布于我国华南、华东及西南地区。亚洲热带地区及大洋洲也有分布。

2. 纤草 *Burmannia itoana* Makino

无基生叶，茎生叶退化成鳞片状，卵形或披针形。花 1~2 朵顶生，具短梗；苞片与茎生叶相似；花被管的翅紫色。果棱状球形，紫色。花果期秋季。

生于林下。

分布于我国华南地区。日本也有分布。

3. 亭立 Burmannia wallichii (Miers) J. D. Hooker

茎生叶鳞片状，披针状椭圆形，长约 2mm，有明显的中脉。花 1~2 朵顶生，直立而具短梗，翅白色或浅蓝色。花期 8 月。果期 7~11 月。

生于茂密森林中的潮湿地区

分布于我国广东南部。南亚至东南亚也有分布。

326. 兰科 Orchidaceae

具根状茎或假鳞茎。叶基生或茎生。花莛或花序顶生或侧生，总状或圆锥花序；花两性，两侧对称。蒴果，稀荚果。

莲花山白盆珠 21 属 26 种。

1. 开唇兰属 Anoectochilus Bl.

叶互生，稍肉质，常具网脉。总状花序顶生；中萼片与花瓣黏合呈兜状；唇瓣基部呈球状小囊，中部收窄成爪，两侧具流苏状裂条或锯齿，具囊或距。

莲花山白盆珠 1 种。

1. 金线兰 Anoectochilus roxburghii (Wall.) Lindl.

株高 8~18cm。根状茎匍匐，肉质，具节，节上生根。茎具 3~4 片叶。叶卵形，叶面暗紫色，具金红色脉网。总花序具花 2~6 朵；唇瓣上方，呈"Y"字形。花期 9~11 月。

分布于我国长江以南地区。

生于常绿阔叶林或潮湿的山谷。东南亚、日本也有分布。

2. 竹叶兰属 Arundina Bl.

根状茎粗壮，茎直立，数个簇生。叶 2 列，禾叶状。花序顶生，少花；苞片小，花大，萼片相似，花瓣宽于萼片，唇瓣 3 裂，无距；花粉团 8 个，蜡质。

莲花山白盆珠 1 种。

1. 竹叶兰 Arundina graminifolia (D. Don) Hochr.

根状茎基部呈卵球形膨大。茎丛生直立，细竹秆状。叶薄革质，线状披针形。花序长 2~8cm，具花 2~10 朵；唇盘有 3~5 朵褶片。蒴果长圆形。花果期 9~11 月。

生于沟谷向阳处。

分布于我国长江以南地区。东南亚也有分布。

3. 石豆兰属 Bulbophyllum Thou.

具或不具假鳞茎。叶革质，常 1 枚。单花或多朵呈总状或伞形花序；花瓣较萼片小；唇瓣肉质，较花瓣小，有蕊柱足；花粉团 4 个，蜡质。

莲花山白盆珠 1 种。

1. 广东石豆兰 Bulbophyllum kwangtungense Schltr.

根状茎疏生假鳞茎。顶生 1 叶，革质，长圆形，长 2.5cm。花莛 1 个，总状花序伞状，具花 2~7 朵；花白色或淡黄色；萼片离生，披针形；唇瓣肉质。花期 5~8 月。

生于石上。

分布于我国华南及西南地区。

4. 虾脊兰属 Calanthe R. Br

假鳞茎粗短。叶少数，常宽大，叶鞘和叶柄常包卷成假茎。花莛直立，总状花序；萼片近相似，花瓣较小；唇瓣基部与蕊柱翅合生成管；花粉团蜡质，8 个。

莲花山白盆珠 1 种。

1. 长距虾脊兰 Calanthe sylvatica (Thou.) Lindl.

株高达 80cm。无明显根状茎；假鳞茎圆锥形。花期叶全展开，椭圆形或倒卵形，长 20~40cm。花莛从叶丛抽出，总状花序疏生数朵花，苞片宿存。花期 4~9 月。

生于林下或沟谷旁边阴湿处。

分布于我国华南、华中及西南地区。东南亚、马来半岛、中南半岛及非洲也有分布。

5. 叉柱兰属 Cheirostylis Bl.

根状茎肉质，呈莲藕状或毛虫状。茎较短，下部生 2~5 叶。叶互生，卵形或心形，具柄。总状花序顶生，花 2 至数朵；唇瓣基部呈囊状。

莲花山白盆珠 1 种。

1. 大鲁阁叉柱兰 Cheirostylis tatewakii Masamune ex S. S. Ying

株高 13~18cm。根状茎肉质，灰绿色，具节，毛虫状。叶片心形，长 1~2.5cm，肉质。总状花序具花 3~7 朵，花小，唇瓣白色。花期 3~4 月。

生于林下、沟谷或岩石。

分布于我国广东、台湾和香港。

6. 贝母兰属 Coelogyne Lindl.

根状茎长；节较密；假鳞茎粗厚，顶生 1~2 叶。叶质厚。花莛顶生于假鳞茎，具多枚二列套叠颖片；总状花序具数朵花，花常白色或绿黄色；唇瓣有斑纹。

莲花山白盆珠 1 种。

1. 流苏贝母兰 Coelogyne fimbriata Lindl.

根状茎匍匐。假鳞茎相距 2~5cm。叶长圆形，纸质。花莛生于假鳞茎顶端；总状花序有花 1~2 朵；唇瓣有红色斑纹。蒴果倒卵形。花期 8~10 月，果期 4~8 月。

生于岩石或树上。

分布于我国华南及西南地区。中南半岛也有分布。

7. 兰属 Cymbidium Sw

假鳞茎常包于叶鞘。叶数枚，带状，2 列，有关节。花莛生于假鳞茎基部；总状花序具数花；萼片与花瓣离生；唇瓣 3 裂；花粉团 2 对，蜡质。

莲花山白盆珠 1 种。

1. 兔耳兰 Cymbidium lancifolium Hook.

叶 2~4 片顶端聚生，倒披针状长圆形，长 6~17cm。花莛生于假鳞茎下部节上，具花 2~6 朵；花瓣中脉紫栗色；唇瓣有紫栗色斑。蒴果窄椭圆形。花期 5~8 月。

生于林下。

分布于我国华南、华东及西南地区。日本也有分布。

8. 蛇舌兰属 Diploprora Hook. f.

叶扁平，狭卵形至镰刀状披针形，先端具 2~3 尖裂。总状花序侧生于茎；唇瓣位于花上方，先端叉状 2 裂，基部无距；花粉团蜡质，4 个。

莲花山白盆珠 1 种。

1. 蛇舌兰 Diploprora championii (Lindl.) Hook. f.

茎扁圆柱形。叶纸质，镰状披针形或斜长圆形，长 3~12cm，先端具 2~3 尖齿。总状花序与叶对生；萼片和花瓣淡黄色；唇瓣白色带玫瑰色，蒴果圆柱形。花期 2~8 月。

生于树上。

分布于我国华南及西南地区。印度、中南半岛也有分布。

9. 毛兰属 Eria Lindl.

茎常膨大成假鳞茎。叶常生于假鳞茎顶端。花序总状，稀单花；萼片离生，唇瓣无距，常 3 裂；花粉团 8 个，蜡质。蒴果圆柱形。

莲花山白盆珠 1 种。

1. **半柱毛兰 *Eria corneri*** Rchb. f.

植株无毛。假鳞茎长圆形或椭圆形，顶生 2~3 叶。叶椭圆状披针形。花序 1 个，萼片和花瓣均具白色线状突起物。蒴果倒卵状圆柱形。花期 8~9 月，果期 10~12 月。

生于林中树上或石壁。

分布于我国华南及西南地区。日本、越南也有分布。

10. 钳唇兰属 *Erythrodes* Bl.

根状茎肉质，节上生根。叶稍肉质，互生。总状花序顶生；萼片离生，背面有毛，中萼片与花瓣黏贴呈兜状，侧萼片张开；唇瓣基部具距；花粉团 2 个，粒粉质。

莲花山白盆珠 1 种。

1. **钳唇兰 *Erythrodes blumei*** (Lindl.) Schltr.

高达 60cm。茎直立，下部具 3~6 叶。叶片卵形，长 4.5~10cm，基脉 3 出。总状花序顶生；苞片红褐色；萼片带红褐色或褐绿色；花瓣与萼片近同色。花期 4~5 月。

生于林下。

分布于我国华南及西南地区。中南半岛及印度也有分布。

11. 斑叶兰属 *Goodyera* R. Br.

根状茎匍匐，节上生根。叶稍肉质，互生，叶面常具杂色斑纹。总状花序顶生；萼片离生，背面常被毛，中萼片与花瓣黏合呈兜状；花粉团 2 个，粒粉质。

莲花山白盆珠 2 种。

1. **高斑叶兰 *Goodyera procera*** (K. Gawl.) Hook.

高达 80cm。根状茎粗短，具节，无毛，具 6~8 枚叶。叶片长圆形，叶面无斑纹。花茎长 12~50cm；总状花序密生多花；花瓣白色。花期 4~5 月。

生于林下沟边。

分布于我国华南及西南地区。喜马拉雅地区至日本也有分布。

2. **歌绿斑叶兰 *Goodyera seikoomontana*** Yamamoto

高 15~18cm。根状茎匍匐，具节，具 3~5 片叶。叶片椭圆形，颇厚，具 3 条脉。总状花序具花 1~3 朵；中萼片与花瓣黏合呈兜状，唇瓣基部凹陷呈囊状。花期 2 月。

生于林下。

分布于我国华南及西南地区。

12. 玉凤花属 *Habenaria* Willd.

块茎肉质。叶稍肥厚，基部鞘状抱茎。总状或穗状花序顶生，具少数或多数花，中萼片常与花瓣靠合呈兜状；唇瓣常 3 裂，具长距；花粉团 2 个，粒粉质。

莲花山白盆珠 1 种。

1. **橙黄玉凤兰 *Habenaria rhodocheila*** Hance

块茎长圆形，茎粗壮。叶片线状披针形。总状花序具花 2~10 朵；唇瓣橙黄色、红色；中萼片与花瓣靠合呈兜状。蒴果纺锤形。花期 7~8 月，果期 10~11 月。

分布于我国华南及西南地区。广布于东南亚各国。

13. 翻唇兰属 Hetaeria Bl.

根状茎伸长，茎状，匍匐，肉质，具节，节上生根。叶稍肉质，互生。花序顶生，总状，具多数花。蒴果直立。

莲花山白盆珠 1 种。

1. 白肋翻唇兰 Hetaeria cristata Bl.

植株高 10~25cm。叶片偏斜的卵形或卵状披针形，长 3~9cm，宽 1.5~4cm。花小，红褐色，半张开；花瓣偏斜，卵形，白色。花期 9~10 月。

生于山坡林下。

分布于我国香港、台湾。日本、菲律宾、印度尼西亚（爪哇岛）也有分布。

14. 盂兰属 Lecanorchis Bl.

根状茎圆柱状。茎纤细，疏生鳞片状鞘。无绿叶。总状花序顶生；子房顶端和花序基部具杯状物；萼片与花瓣离生；唇瓣有爪，无距；花粉团 2 个，粒粉质。

莲花山白盆珠 1 种。

1. 全唇盂兰 Lecanorchis nigricans Honda

高 25~40cm。具坚硬根状茎。无绿叶。总状花序顶生，具花数朵；苞片卵状三角形；花梗和子房紫褐色；萼片狭倒披针形；花瓣倒披针状线形。花期不定，常见于夏秋季。

生于林下阴湿处 5。

分布于我国华南地区。日本也有分布。

15. 羊耳蒜属 Liparis Rich.

具假鳞茎或肉质茎。叶基生或生于假鳞茎顶端。花莛顶生；总状花序多花；花瓣线形或丝状；唇瓣常有胼胝体，无距；花粉团 4 个。蒴果具 3 棱。

莲花山白盆珠 3 种。

1. 镰翅羊耳蒜 Liparis bootanensis Griff.

假鳞茎密集，卵形，顶生 1 叶。叶长圆状披针形，纸质。总状花序具花数朵，花黄绿色；唇瓣前缘常有细齿。蒴果倒卵状椭圆形。花期 8~10 月，果期翌年 3~5 月。

生于阴湿石壁。

分布于我国华南、华中及西南地区。东南亚及日本也有分布。

2. 见血青 Liparis nervosa (Thunb. ex A. Murray) Lindl.

茎或假鳞茎圆柱状，肉质，有节。叶 2~5 片，卵形或卵状椭圆形，膜质或草质。总状花序具花数朵；唇瓣微凹。蒴果倒卵状长圆形。花期 2~7 月，果期 10 月。

生于林下、溪边、草丛或岩石土中。

分布于我国华南、华东及西南地区。广布世界热带、亚热带地区。

3. 长茎羊耳蒜 Liparis viridiflora (Bl.) Lindl.

假鳞茎密集，圆柱形，顶生2叶。叶线状倒披针形，纸质。花莛顶生，总状花序具花数十朵；唇瓣无胼胝体。蒴果倒卵状椭圆形。花期9~12月，果期翌年1~4月。

生于林中、树上或岩石上。

分布于我国华南及西南地区。世界热带、亚热带地区也有分布。

16. 兜兰属 Paphiopedilum Pfitz.

茎短、包于二列叶基内。叶基生，2列，对折，叶片狭椭圆形。花莛生于叶丛；花瓣变异大；2侧萼片常呈合萼片；唇瓣深囊状或倒盔状。蒴果。

莲花山白盆珠1种。

1. 紫纹兜兰 Paphiopedilum purpuratum (Lindl.) Stein

叶基生，2列，叶3~8片，狭椭圆形，叶面具黄绿相间网格斑。花莛直立；中萼片白色具紫红色粗脉纹；唇瓣紫褐色，有淡黄绿色晕。花期10月至翌年1月。

生于林下腐殖质丰富的多石处或溪谷旁苔藓砾石丛或岩石上。

分布于我国华南及西南地区。越南也有分布。

17. 阔蕊兰属 Peristylus Bl.

块茎肉质。叶散生或集生于茎上。花序总状，顶生，多花，花绿白或白色；中萼片与花瓣靠合呈兜状；唇瓣3深裂；花粉团2个，粒粉质。蒴果长圆形。

莲花山白盆珠1种。

1. 触须阔蕊兰 Peristylus tentaculatus (Lindl.) J. J. Smith

块茎球形。叶卵状长圆形。总状花序具多花，花小，绿色或带黄绿色；唇瓣基部与花瓣基部合生，3深裂，侧裂片叉开，与中裂片成直角，丝状。花期2~4月。

生于林下。

分布于我国华南地区。

18. 石仙桃属 Pholidota Lindl. ex Hook.

具匍匐根状茎。假鳞茎顶生1~2叶。花莛生于假鳞茎顶端；总状花序，具花数朵；苞片大，2列；花小；唇瓣凹入呈浅囊状；花粉团4个，蜡质。

莲花山白盆珠1种。

1. 石仙桃 Pholidota chinensis Lindl.

根状茎匍匐；假鳞茎窄卵状长圆形，顶生叶2片。叶倒卵状椭圆形，具3条明显脉。总状花序具多数花；唇瓣略3裂。蒴果倒卵状椭圆形。花期4~5月，果期9月至翌年1月。

生于林中树上或石上。

分布于我国华南及西南地区。中南半岛也有分布。

19. 绶草属 Spiranthes Rich.

根指状，肉质，簇生。叶基生，稍肉质，椭圆形。总状花序顶生，密生多花似穗状，稍螺旋状扭转；花小，不完全展开；花粉团2个，粒粉质。

莲花山白盆珠1种。

1. 香港绶草 *Spiranthes hongkongensis* S. Y. Hu & Barretto

根指状，肉质。叶基生，肉质，线形至卵形。总状花序顶生，具多数密生小花，螺旋状扭转；中萼片与花瓣靠合呈兜状；唇瓣基部有 2 胼胝体或具短爪。

生于林下阴湿处。

广布于我国各地。原产北美洲。

20. 带唇兰属 *Tainia* Bl.

假鳞茎肉质，顶生 1 叶。叶大，纸质，折扇状，具长柄。花莛侧生于假鳞茎基部；总状花序；萼片和花瓣相似；唇瓣直立；花粉团 8 个，蜡质。

莲花山白盆珠 2 种。

1. 带唇兰 *Tainia dunnii* Rolfe

假鳞茎暗紫色，圆柱形。叶窄长圆形，具 3 条脉。总状花序疏生多花，花黄褐或棕紫色；萼片窄长圆状披针形，具 3 朵脉；唇瓣前部 3 裂，具 3 朵褶片。花期 3~4 月。

生于林下。

分布于我国华南、西南地区。

2. 香港带唇兰 *Tainia hongkongensis* Rolfe

假鳞茎卵球形，顶生 1 叶。花莛直立，出自假鳞茎基部；总状花序疏生数朵花，花带紫褐色斑点和条纹；唇瓣白色带黄绿色条纹，倒卵形，唇盘具 3 条窄褶片。花期 4~5 月。

生于林下。

分布于我国华南地区。越南也有分布。

21. 线柱兰属 *Zeuxine* Lindl.

根状茎匍匐，肉质，节上生根。叶互生，稍肉质。总状花序顶生；中萼片与花瓣黏合呈兜状；唇瓣基部与蕊柱贴生呈囊状；花粉团 2 个，粒粉质。蒴果。

莲花山白盆珠 2 种。

1. 宽叶线柱兰 *Zeuxine affinis* Benth. ex Hook.f.

根状茎匍匐，肉质，具节。茎暗红褐色，具 4~6 片叶。叶片卵形，常红色。花茎被柔毛；总状花序具花数朵；花较小；唇瓣白色，呈“Y”字形。花期 2~4 月。

生于林下。

分布于我国华南及西南地区。喜马拉雅山脉至东南亚也有分布。

2. 白花线柱兰 *Zeuxine parviflora* (Ridl.) Seidenf.

植株高 15~22cm。根状茎伸长，匍匐，肉质，具节。叶片卵形至椭圆形，花开放时常凋萎，向下垂。总状花序具 3~9 朵花；花苞片淡红色，花较小，白色。花期 2~4 月。

生于林下阴湿处地上或岩石上覆土中。

分布于我国台湾、海南、香港、云南。东亚、东南亚部分国家也有分布。

327. 灯心草科 Juncaceae

茎丛生，具纵沟，有髓心或中空。叶基生或茎生，线形、圆筒形或披针形。花单生，穗状或头状花序顶生或腋生，花两性。蒴果室背开裂。种子卵球形。

莲花山白盆珠 1 属 3 种。

灯心草属 Juncus L.

茎丛生，直立，具纵沟。叶基生和茎生，扁平或圆柱状。聚伞或头状花序顶生或假侧生；花被淡绿色或褐色，花被片 6。蒴果 3 瓣裂。种子卵形。

莲花山白盆珠 3 种。

1. 灯心草 Juncus effusus L.

根状茎粗壮横走。茎丛生，直立。叶退化为刺芒状。聚伞花序假侧生；花被片线状披针形，黄绿色。蒴果长圆形。种子卵形。花期 4~7 月，果期 6~9 月。

生于路旁、沟边。

分布于我国大部分地区。全球温暖地区广布。

2. 笄石菖 Juncus prismatocarpus R.Brown

具根状茎。茎丛生，圆柱形或稍扁，下部节生不定根。叶基生及茎生，线形，扁平。蒴果三棱状圆锥形，褐色。花期 3~6 月，果期 7~8 月。

生于沟边。

分布于我国华南、华东、华中及西南地区。东南亚、大洋洲及日本也有分布。

3. 圆柱叶灯心草 Juncus prismatocarpus subsp. teretifolius K. F. Wu

与原种的主要区别：植株常较高大。叶圆柱形，干后稍压扁，具明显的完全横隔膜，单管。

生于林下、沟边。

分布于我国华南及西南地区。

331. 莎草科 Cyperaceae

多具根状茎或匍匐茎。秆三棱形。叶基生或秆生，常具闭合叶鞘和狭长叶片。小穗一至多花；花两性或单性，雌雄同株。小坚果三棱形、倒卵形或球形。

莲花山白盆珠 16 属 46 种。

1. 球柱草属 Bulbostylis Kunth

秆丛生。叶基生，很细；叶鞘顶端有长柔毛或长丝状毛。小穗具多数花；花两性；鳞片覆瓦状排列。小坚果倒卵形、三棱形。

莲花山白盆珠 1 种。

1. 丝叶球柱草 Bulbostylis densa (Wall.) Hand.-Mzt.

秆丛生。叶纸质，线形，全缘，边缘微外卷，顶端渐尖，背面叶脉间疏被微柔毛；叶鞘薄膜质，仅顶端具长柔毛。小坚果倒卵形。花果期 4~12 月。

生于海边、河边沙地、荒坡上、路边及松林下。

分布于我国河北、山东、江苏等地。印度至美国均有分布。

2. 薹草属 Carex L.

具根状茎。秆丛生或散生，直立，三棱形，基部具无叶片的鞘。叶基生或兼具秆生叶。花单性，单朵雌雄花组成 1 个支小穗。小坚果三棱状、平凸状或卵状椭圆形。

莲花山白盆珠 8 种。

1. 广东薹草 Carex adrienii E. G. Camus

状茎近木质。叶片狭椭圆形、狭椭圆状倒披针形，少有狭椭圆状带形。小坚果卵形，三棱形，成熟时褐色；花柱基部增粗，柱头 3 个。花果期 5~6 月。

生于常绿阔叶林林下、水旁或阴湿地。

分布于我国福建、湖南、广东、广西、四川南部、云南东南部。越南、老挝也有分布。

2. 浆果薹草 *Carex baccans* Nees

根状茎丛生，木质，茎三棱柱形。秆中下部具叶，基部具红褐色叶鞘，叶线形。圆锥花序复出，叶状，小穗多数，圆柱形。果囊倒卵形，红色。花果期 8~12 月。

生于水边。

分布于我国华南及西南地区。日本、菲律宾、越南、马来西亚、印度也有分布。

3. 褐果薹草 *Carex brunnea* Thunb.

根状茎短，无地下匍匐茎。叶长于或短于秆，宽 2~3mm。小坚果紧包于果囊内，近圆形，扁双凸状，黄褐色，基部无柄；花柱基部稍增粗，柱头 2 个。花果期 8-12 月。

生于山坡、山谷的疏密林下或灌木丛中、河边、路边的阴处或水边的阳处。

分布于我国江苏、浙江、福建等地。日本、朝鲜、越南、印度、菲律宾、澳大利亚、尼泊尔也有分布。

4. 十字薹草 *Carex cruciata* Wahl.

根状茎木质，具匍匐枝。秆丛生，三棱形。叶基生或秆生，基部具暗褐色叶鞘。圆锥花序复出，小穗多数，两性。果囊淡褐白色。小坚果卵状椭圆形。花果期 5~11 月。

生于林边、沟边草地。

分布于我国华南、华东及西南地区。印度、马达加斯加、印度尼西亚也有分布。

5. 隐穗薹草 *Carex cryptostachys* Brongn.

根状茎木质。秆侧生，扁三棱形，花莛状。叶长于秆，两面平滑，革质。苞片刚毛状，小穗长圆形或圆柱形。果囊微三棱状。小坚果三棱状菱形。花期冬季，果期翌年春季。

生于林下或溪边。

分布于我国华南及西南地区。越南、泰国、马来半岛也有分布。

6. 蕨状薹草 *Carex filicina* Nees

根状茎粗壮。秆密丛生。叶长于秆，基部具紫红色叶鞘。圆锥花序复出，支圆锥花序 4~8，单生，小穗多数，长圆形。果囊淡褐色。小坚果三棱状菱形。花果期 5~11 月。

生于林下。

分布于我国华东、华中、华南至西南地区。南亚、东南亚也有分布。

7. 条穗薹草 *Carex nemostachys* Steud.

根状茎粗短。秆粗壮，三棱形，基部具黄褐色纤维状老叶鞘。叶长于秆，上部平展，下部苞片叶状，上部刚毛状。顶生小穗。早坚果三棱形。花果期 9~12 月。

生于沟边。

分布于我国华南、华东、华中、西南地区。南亚、东南亚及日本也有分布。

8. 花莛薹草 *Carex scaposa* C. B. Clarke

根状茎匍匐，木质。秆侧生，三棱形。叶基生和秆生，基生叶丛生，狭椭圆形至椭圆状带形。苞片与秆生叶同形；圆锥花序复出。小坚果椭圆形、三棱形。花果期 5~11 月。

生于林下、水旁或山坡阴处。

分布于我国华南、华东及西南地区。

3. 莎草属 Cyperus L.

秆丛生，稀散生，三棱柱状。叶生于秆基部，具叶鞘，叶片窄长。简单或复出聚伞花序，花两性。小坚果三棱状、宽椭圆形或倒卵形。

莲花山白盆珠 9 种。

1. 砖子苗 Cyperus cyperoides (L.) Kuntze

根状茎短。秆疏丛生。叶短于秆或几与秆等长，叶鞘褐色或红棕色。小坚果三棱状狭长圆形，初期麦秆黄色，表面具微突起细点。花果期 4~10 月。

生于山坡阳处、路旁草地、溪边以及松林下。

分布于我国陕西、湖北、湖南等地。非洲等多个地区也有分布。

2. 多脉莎草 Cyperus diffusus Vahl

叶基生。苞片 6~12 枚，叶状，长于花序；长侧枝聚伞花序多次复出；小穗单生，长圆形或线状长圆形。小坚果三棱状狭长圆形。花果期 6~9 月。

生于山坡草丛中或河边潮湿处。

分布于我国云南、广西、广东。印度、马来西亚、印度尼西亚也有分布。

3. 移穗莎草 Cyperus eleusinoides Kunth

秆粗壮。叶短于秆，宽 6~12mm，平张，边缘粗糙。叶鞘长，呈棕色。叶状苞片 6 片，下面的 2~3 片苞片长于花序；穗状花序长圆形或圆筒形；小穗多列，排列紧密。花果期 9~12 月。

生于山谷湿地或疏林下潮湿处。

分布于华南、华东、西南等地区。印度、日本、越南也有分布。

4. 高秆莎草 Cyperus exaltatus Retzius

根状茎短，具许多须根。叶鞘长，紫褐色。穗状花序具柄。小坚果三棱状倒卵形或椭圆形，长不及鳞片的 1/2，光滑。花果期 6~8 月。

生于阴湿多水的地方。

分布于我国广东、海南岛、江苏。越南、印度、印度尼西亚、马来西亚、菲律宾以及大洋洲、非洲也有分布。

5. 畦畔莎草 Cyperus haspan L.

根状茎短。秆丛生或散生，棱形。叶短于秆。叶状苞片 2 片；聚伞花序；小穗 3~6 个排于枝顶。小坚果三棱状。花果期几乎全年。

生于田边或浅水塘边。

分布于我国华南及西南地区。日本、越南、非洲也有分布。

6. * 风车草 Cyperus involucratus Rottb.

叶退化成鞘，包裹茎基部，鞘棕色。总苞片叶状，螺旋状排列如伞状；聚伞花序，花小；小穗轴不具翅。小坚果三棱状椭圆形。花果期 8~11 月。

生于池塘、沼泽或水边。

我国南北广泛栽培。原产非洲。

7. 碎米莎草 *Cyperus iria* L.

秆丛生，扁三棱状。基部具少数叶，叶鞘短，红棕色或紫棕色。具叶状苞片；花序于长侧枝排成复出聚伞花序；小穗长圆形至披针形。小坚果三棱状。花果期 6~10 月。

生于田间、山坡及路旁阴湿处。

分布于我国南北各地。日本、韩国、印度也有分布。

8. 毛轴莎草 *Cyperus pilosus* Vahl

匍匐根状茎细长。叶短于秆，边缘粗糙，叶鞘短，淡褐色。穗状序卵形，具较多小穗，小穗轴具白色狭边。鳞片稍疏松排列，宽卵形。小坚果宽椭圆形、倒卵形或三棱形。花果期 8~11 月。

生于田间、河边潮湿处。

分布于我国华南、华东及西南地区。日本、越南、澳大利亚及南亚喜马拉雅山脉也有分布。

9. 窄穗莎草 *Cyperus tenuispica* Steud.

叶短于秆。叶状苞片 2 片，1 片长于花序；聚伞花序；小穗 3~12 指状排列，线形，具 10~40 朵花，小穗轴无翅。鳞片椭圆形。小坚果倒卵形。花果期 9~11 月。

生于旷野或疏林。

分布于我国华南、华中及西南地区。非洲、马来半岛、南亚及日本、朝鲜等地也有分布。

4. 荸荠属 *Eleocharis* R. Br.

根状茎不发育或短，常匍匐。秆丛生或单生，除基部外裸露。叶减退后只留叶鞘无叶片。苞片缺如，小穗 1 个，顶生。鳞片螺旋状排列。小坚果三棱形。

莲花山白盆珠 1 种。

1. 螺旋鳞荸荠 *Eleocharis spiralis* (Rottb.) Roem. & Schult.

根状茎长而匍匐。秆多数，丛生，三棱柱状。叶缺如，秆基部有 3~4 个叶鞘。小穗圆柱状；鳞片全有花，紧密覆瓦状排列。小坚果倒卵形。花果期 11 月至翌年 1 月。

生于旷野有水处。

分布于我国广东、海南。越南、缅甸和印度也有分布。

5. 飘拂草属 *Fimbristylis* Vahl

具根状茎或无。秆丛生或不丛生，较细。叶基生，偶无叶片。聚伞花序顶生，小穗单生或簇生。小坚果倒卵形、近于圆形、三棱形或双凸状。

莲花山白盆珠 9 种。

1. 夏飘拂草 *Fimbristylis aestivalis* (Retz.) Vahl

无根状茎。秆密丛生，纤细，扁三棱形，基部具少数叶。叶短于秆，叶鞘棕色。苞片 3~5 片，丝状；聚伞花序；小穗单生多花。小坚果倒卵形。花期 7~10 月。

生于荒草地、沼地或田中。

分布于我国华南、华东及西南地区。日本、印度、尼泊尔及澳大利亚也有分布。

2. 扁鞘飘拂草 *Fimbristylis complanata* (Retz.) Link

根状茎或长或短。叶短于秆，平张，厚纸质。小穗单生，长圆形或卵状披针形。小坚果倒卵形或宽倒卵形，钝三棱形。花果期 7~10 月。

生于山谷潮湿处、草地、山径旁和小溪旁。

分布于我国山东、江苏、浙江等地。印度、马来西亚、朝鲜、日本以及非洲也有分布。

3. 矮扁鞘飘拂草 *Fimbristylis complanata* var. *exaltata* (T. Koyama) Y. C. Tang ex S. R. Zhang & T. Koyama

与原种的主要区别：秆丛生，扁三棱形或四棱形。鞘两侧扁。苞片 2~4 枚，近于直立；鳞片卵形。

生于溪边、沼泽地。

分布于我国安徽、福建、广东等地。日本、韩国也有分布。

4. 两歧飘拂草 *Fimbristylis dichotoma* (L.) Vahl

秆丛生，无毛或被疏柔毛。叶线形，略短于秆或等长，鞘革质。苞片 3~4 片；聚伞花序；小穗单生于辐射枝顶，卵形、椭圆形。小坚果宽倒卵形。花果期 7~10 月。

生于稻田或空旷草地。

分布于我国华南、华东、西南、华北及东北地区。印度、澳大利亚及非洲也有分布。

5. 知风飘拂草 *Fimbristylis eragrostis* (Nees & Meyen) Hance

无根状茎。秆丛生，高 20~50cm，基部有少数根生叶。小穗单生于辐射枝顶端，长圆形、长圆状卵形或卵形。小坚果宽倒卵形，有疣状突起。花果期 6~9 月。

生于山坡草丛中或草地上。

分布于我国广东、海南岛、福建、台湾等地。泰国、越南、澳大利亚也有分布。

6. 暗褐飘拂草 *Fimbristylis fusca* (Nees) Benthamex C. B. Clarke

无根状茎。秆丛生，具根生叶。叶线形，两面被毛。苞片 2~4 片，叶状；聚伞花序；小穗单生枝顶，披针形或长圆状披针形。小坚果倒卵形。花果期 6~9 月。

生于山顶、草地及田中。

分布于我国华南、华东及华中地区。马来西亚、印度、泰国、越南、缅甸及喜马拉雅山脉也有分布。

7. 水虱草 *Fimbristylis littoralis* Gaudich.

无根状茎。秆丛生，扁四棱形，具纵槽；鞘侧扁，鞘口斜裂。叶长于或短于秆或与秆等长，侧扁，套褶；鞘侧扁。小穗单生于辐射枝顶端。小坚果倒卵形或宽倒卵形。

生于田地边缘、开阔的斜坡或靠近水的泥泞的地方。

全国各地区都产。印度、马来西亚、泰国、越南、老挝、朝鲜、日本、波利尼西亚、澳大利亚也有分布。

8. 少穗飘拂草 Fimbristylis schoenoides (Retzius) Vahl

无状茎极短。秆丛生，细长，具纵槽，基部具叶。小穗无柄或具柄，宽卵形、卵形或长圆状卵形，具多数花。小坚果圆倒卵形或近于圆形。花期 8~9 月，果期 10~11 月。

生于溪旁、荒地、沟边、路旁、水田边等低洼潮湿处。

分布于我国福建、台湾、广东、海南岛、广西、云南。东南亚及大洋洲北部也有分布。

9. 锈鳞飘拂草 Fimbristylis sieboldii Miq. ex Franch. & Sav.

根状茎短。小穗单生于辐射枝顶端，长圆状卵形、长圆形或长圆状披针形，顶端急尖，少有钝的，圆柱状。小坚果倒卵形或宽倒卵形，有很短的柄。花果期 6~8 月。

生于海边或盐沼地里。

分布于我国福建、台湾、广东、海南岛。印度、及琉球群岛、全世界温暖地区的沿海地方也有分布。

6. 芙兰草属 Fuirena Rottb.

植物体通常被毛。秆丛生或近丛生。叶狭长，鞘具膜质叶舌。小穗聚生成圆簇，具少数至多数两性花。小坚果三棱形、倒卵形，具子房柄，平滑或具纹理。

莲花山白盆珠 1 种。

1. 芙兰草 Fuirena umbellata Rottb.

根状茎短。秆近丛生，近五棱形，具槽，上部被疏柔毛。圆锥花序狭长，由顶生和侧生的长侧枝聚散花序所组成。小坚果倒卵形。花果期 6~11 月。

生于湿地草原、河边等处。

分布于我国广东、海南、广西、台湾。印度、越南、印度尼西亚（苏门答腊岛）也有分布。

7. 黑莎草属 Gahnia J. R. Forst. & G. Forst.

秆高而粗壮，圆柱状，有节，具叶。叶席卷呈圆柱状或线形。圆锥花序大而疏散或呈穗状，小穗具 1~2 花。小坚果骨质。

莲花山白盆珠 1 种。

1. 黑莎草 Gahnia tristis Nees

丛生。秆粗壮，圆柱状，空心。叶基生和秆生，鞘红棕色，叶片窄长。苞片叶状，具长鞘；圆锥花序具 7~15 个穗状花序。小坚果倒卵状长圆形。花果期 3~12 月。

生于荒坡或山脚灌丛。

分布于我国华南及华中地区。日本也有分布。

8 割鸡芒属 Hypolytrum L. C. Rich.

分营养苗、繁殖苗或不分。基生叶 2 列，叶片平展，基部具不闭合叶鞘。穗状花序排成伞房状圆锥；苞片叶状，小苞片鳞片状。小坚果双凸形、圆卵形，骨质。

莲花山白盆珠 1 种。

1. 宽叶割鸡芒 Hypolytrum nemorum (Vahl) Spreng.

根状茎粗短，匍匐或斜升，密被坚韧带红色的鳞片，具少数坚硬的须根。叶超过秆长，近革质。穗状花序排列成伞房花序或复伞房花序。小坚果圆卵形。花果期 4~8 月。

生于林中湿地或灌木丛中。

分布于我国广东、广西、台湾、云南。印度、泰国（两地为模式产地）、缅甸和越南也有分布。

9. 水蜈蚣属 Kyllinga Rottb.

具匍匐根状茎或无。秆丛生或散生，扁三棱状，纤细。叶基生或秆生，具叶鞘。叶状苞片 3~4 片；小穗多数，穗状花序 1~3 个。坚果。

莲花山白盆珠 1 种。

1. 单穗水蜈蚣 Kyllinga monocephala Rottb.

根状茎匍匐。秆散生或疏丛生，扁锐三棱形，基部不膨大。叶短于秆，边缘具疏锯齿。穗状花序 1 个，具多小穗；苞片 3~4 片。小坚果长圆形。花果期 5~8 月。

生于林下、沟边或田边。

分布于我国华南及西南地区。印度和东南亚、美洲也有分布。

10. 鳞籽莎属 Lepidosperma Labill.

丛生，匍匐根状茎粗壮，刚硬无毛。秆圆柱状，直立粗壮。叶基生，有叶鞘，叶片圆柱状。圆锥花序具多数小穗。小坚果三棱形、椭圆形。

莲花山白盆珠 1 种。

1. 鳞籽莎 Lepidosperma chinense Nees

具匍匐根状茎和须根。秆丛生，圆柱状，基部被枯萎紫黑色叶鞘。叶圆柱状，基生。苞片具鞘；圆锥花序穗状。小坚果椭圆形。花果期 7~12 月。

生于山边或山谷疏阴处。

分布于我国华南及华中地区。马来西亚也有分布。

11. 湖瓜草属 Lipocarpha R. Br.

叶基生，叶片平张。叶状苞片 2~3 片；穗状花序 2~5 个簇生呈头状，少单生；小穗具 2 片小鳞片和 1 朵两性花。小坚果三棱状，双凸或平凸状。

莲花山白盆珠 1 种。

1. 华湖瓜草 Lipocarpha chinensis (Osbeck) J. Kern

叶宽 2~4mm。穗状花序 3~7 个簇生，银白色，小总苞片顶端宽而近截平，具直立的短尖头。

生于水边和沼泽中。

我国东北至西南及台湾等地区有广泛分布。日本、越南、印度也有分布。

12. 扁莎属 Pycreus P. Beauv.

秆多丛生，基部具叶。苞片叶状；长侧枝聚伞花序简单或复出；小穗排列成穗状或头状。小坚果两侧压扁。

莲花山白盆珠 1 种。

1. 多枝扁莎 Pycreus polystachyos (Rottb.) P. Beauv.

根状茎短，具许多须根。秆密丛生，扁三棱形，坚挺，平滑。叶短于秆，平张，或有时折合，稍硬。小坚果近于长圆形或卵状长圆形。花果期 5~10 月。

生于稻田旁、山谷阴湿的沙土上或有时生于盐沼泽边上。

分布于我国福建、台湾、广东、海南岛。印度、越南、朝鲜、日本也广泛分布。

13. 刺子莞属 Rhynchospora Vahl

丛生。秆三棱形或圆柱状。叶基生或秆生，具合生的鞘。苞片叶状，具鞘；圆锥花序或头状花序，鳞片紧包。小坚果扁，双凸状、长圆倒卵形、倒卵形。具花纹或刺状突起。

莲花山白盆珠 3 种。

1. 三俭草 Rhynchospora corymbosa (L.) Britton

具短而粗的根状茎。秆直立，粗壮，三棱形，兼具基生叶和秆生叶。叶狭长，线形，扁平，平滑，边缘粗糙。小坚果长圆倒卵形。花果期 3~12 月。

生于溪旁或山谷湿草地中。

分布于我国广东、海南岛、台湾及云南。全球热带及亚热带地区也有分布。

2. 刺子莞 Rhynchospora rubra (Lour.) Makino

根状茎短。秆丛生，圆柱状，具细条纹。叶基生，叶片钻状线形，纸质。苞片 4~10 片，叶状；头状花序顶生；小穗多数。小坚果倒卵形。花果期 5~11 月。

生于路缘、草坡、潮湿的地方。

分布于我国长江以南各地区。亚洲、非洲和大洋洲也有分布。

3. 白喙刺子莞 Rhynchospora rugosa subsp. brownii (Roemer & Schultes) T. Koyama

与原种的主要区别：秆纤细。叶鞘闭合，无毛，鞘口具极短叶舌；秆生叶少而疏，顶端渐尖。圆锥花序，顶生枝花序复出，松散，花柱基表面被白色粉状物。小坚果淡锈色，顶端具宿存的花柱基（喙）。花果期 6~10 月。

生于沼泽或河边湿地。

分布于我国华南、华东、华中及西南地区。全球热带及亚热带地区广布。

14. 水葱属 Schoenoplectus (Rchb.) Palla

散生或丛生，秆三棱形，具节。叶秆生或基生，扁平。苞片为秆的延长，呈鳞片状或叶状。聚伞花序顶生或组成圆锥花序。小坚果三棱形、双凸状、倒卵形或椭圆形。

莲花山白盆珠 1 种。

1. 水葱 Schoenoplectus tabernaemontani (C. C. Gmelin) Palla

匍匐根状茎粗壮。具许多须根。秆高大，圆柱状。叶片线形。小坚果倒卵形或椭圆形，双凸状，少有三棱形，长约 2mm。花果期 6~9 月。

生于湖边或浅水塘中。

分布于我国浙江、福建、台湾、广东、广西、云南。朝鲜、日本及大洋洲、南北美洲也有分布。

15. 藨草属 Scirpus L.

丛生或散生，具根状茎。叶扁平。苞片为秆的延长或呈鳞片状或叶状。小穗具少数至多数花；鳞片螺旋状复瓦式排列。小坚果三棱形或椭圆形，常有倒刺。

莲花山白盆珠 1 种。

1. 百穗藨草 Scirpus ternatanus Reinw. ex Miq.

秆粗壮，三棱形，有节，具秆生叶。叶革质，边缘常粗糙，苞片叶状 5~6 片。长侧枝聚伞花序复出；小穗褐红色，无柄。小坚果椭圆形。花果期 7~8 月。

生于水塘边、沼泽地或湖边。

分布于我国长江以南各地区。亚洲、非洲和大洋洲也有分布。

16. 珍珠茅属 Scleria Bergius

根状茎。秆直立，三棱状，具秆生叶或基生叶。叶线形，3 脉较粗，具鞘。圆锥花序顶生，花单性。小坚果球形、近球形或卵形，钝三棱状，骨质，常具 3 裂或全缘的下位盘。

莲花山白盆珠 6 种。

1. 二花珍珠茅 Scleria biflora Roxb.

根状茎短或无。秆丛生，纤细，三棱状。叶秆生，线形；叶鞘几无翅，无毛；叶舌半圆形。苞片叶状，具鞘，鞘口被棕色短柔毛；圆锥花序。小坚果近球形。花果期 8~9 月。

生于路边、荒地或稻田。

分布于我国华南、华东及西南地区。印度、越南、马来西亚也有分布。

2. 华珍珠茅 Scleria ciliaris Nees

根状茎木质，被紫色或紫褐色鳞片。秆疏丛生，粗壮，三棱形，叶线形，向顶端渐狭或急尖，末端有时呈尾状。小坚果近球形，略呈钝三棱形。花果期 12 月至翌年 4 月。

生于山沟、林中、旷野草地、山顶。

分布于我国广东、海南岛。马来西亚、越南及大洋洲热带地区也有分布。

3. 圆秆珍珠茅 Scleria harlandii Hance

秆圆柱状。叶线形，顶端呈尾状，薄革质，叶鞘紧抱秆，金黄色略具紫条纹；叶舌半圆形，紫色。圆锥花序顶生，小穗单生或 2 个合生。小坚果球形。花果期 3~9 月。

生于林中。

分布于我国广东、海南。越南也有分布。

4. 黑鳞珍珠茅 Scleria hookeriana Bocklr.

匍匐根状茎短，木质，密被紫红色鳞片。秆直立，三棱状。叶片线形，顶端稍呈尾状。圆锥花序顶生，具多数小穗。小坚果卵形。花果期 5~7 月。

生于山坡、山谷。

分布于我国华南及西南地区。喜马拉雅地区及越南也有分布。

5. 毛果珍珠茅 Scleria levis Retzius

匍匐根状茎木质，被紫色的鳞片。秆疏丛生或散生，三棱形。叶线形，向顶端渐狭。小坚果球形或卵形，钝三棱形，顶端具短尖，白色。花果期 6~10 月。

生于干燥处、山坡草地、密林下、潮湿灌木丛中。

分布于我国浙江、湖南、贵州等地。印度、马来西亚、越南、日本、印度尼西亚和大洋洲也有分布。

6. 高秆珍珠茅 Scleria terrestris (L.) Fass.

匍匐根状茎木质，被深紫色鳞片。秆散生，无毛。叶线形，叶鞘纸质，无翅。圆锥花序，小穗单生，单性；鳞片或具锈色短柔毛。小坚果球形或卵形。花果期 5~10 月。

生于田边、路旁。

分布于我国华南及西南地区。印度、泰国也有分布。

332. 禾本科 Gramineae

地上茎常圆柱形或圆筒形。秆具明显节和节间，节间常中空。单叶互生，2 列，具叶鞘。花序由多小穗聚合而成，小花常两性。颖果，常为宿存内稃及外稃所包。

本科通常分为竹亚科和禾亚科。

332A. 竹亚科 Bambusoideae

地下茎发达和木质化。叶二型，茎生叶单生各节（称箨）；营养叶 2 行排列，互生于中末级节上；叶鞘常重叠覆盖，顶端有叶舌、叶耳和鞘口缝毛等附属物，中脉显著。花由小穗组成各式复合花序。花期不固定，相隔甚长。

莲花山白盆珠 8 属 16 种。

1. 簕竹属 Bambusa Schreber

叶二型，茎生叶单生各节（称箨）；营养叶 2 行排列，互生于中末级节上；顶端有叶舌、叶耳和鞘口缝毛等附属物。花由小穗组成各式复合花序。花期不固定。

莲花山白盆珠 7 种。

1. 粉箪竹 *Bambusa chungii* McClure

秆直立。箨壳早落，箨片淡黄绿色。叶片较厚，披针形。花枝极细长，无叶；每节生 1~2 个假小穗，花 4~5 朵。颖果卵形，深棕色，腹面有沟槽。

生于郊野。

分布于我国华南地区。

2. * 大眼竹 *Bambusa eutuldoides* McClure

秆高 10~12m，稍被白粉。箨鞘顶宽拱形，箨耳不等大，大耳下延；箨舌齿裂。叶披针形。假小穗数个簇生花枝各节，线形，小花 5~6 朵。颖果倒卵状。

生于村旁及溪河两岸。

分布于我国华南及西南地区。

3. * 青丝黄竹 *Bambusa eutuldoides* var. *viridivittata* (W. T. Lin) L. C. Chia

与原种的主要区别：竿节间柠檬黄色具绿色纵条纹，箨鞘新鲜时为绿色具柠檬黄色纵条纹，箨耳大的那一枚较原种的短，强波状皱褶。

多栽培于村落附近及溪河两岸。

分布于我国广东、广西，香港有栽培。

4. 孝顺竹 *Bambusa multiplex* (Lour.) Raeusch. ex Schult. & Schult. f.

秆高 4~7m。秆壁稍薄；节处稍隆起；分枝自秆基部第二或第三节即开始，数枝至多枝簇生，主枝稍较粗长。秆箨早落；箨鞘呈梯形；箨耳极微小以至不明显；箨片直立。

生于河边、田野。

分布于我国东南部至西南部地区，野生或栽培。原产越南。

5. 车筒竹 *Bambusa sinospinosa* McClure

秆高 10~24m。箨鞘厚革质，基部有刺毛，箨舌缘有齿和缝毛，箨叶卵形。枝条及分枝每节有 2~3 刺，小枝有叶 6~8 片。叶线状披针形。笋期 5~6 月，花期 8~12 月。

生于村旁及溪河。

分布于我国华南及西南地区。

6. 青皮竹 *Bambusa textilis* McClure

秆丛生。幼时被白蜡粉。秆箨背面贴生刺毛；箨舌边缘齿裂；箨片卵状狭三角形。叶片线状披针形。假小穗单生或数个簇生花枝各节，暗紫色；小穗含小花 5~8 朵。

生于路旁及溪河。

分布于我国华南地区。

7. 青竿竹 *Bambusa tuldoides* Munro

秆高 6~10m。幼时薄被白蜡粉，分枝常自竿基第一或第二节开始。叶片披针形至狭披针形，上表面无毛或近基部疏生柔毛。小穗含小花 6 或 7 朵。颖果圆柱形。

生于山地或溪河两岸。

分布于我国广东。

2. 牡竹属 *Dendrocalamus* Nees

秆丛生，节间圆筒形。秆箨脱落，箨舌短小，箨叶常外翻。叶大型，无叶耳和鞘口缝毛，叶舌发达。小穗簇生花枝节，密集成球状，颖片 1~4 片。颖果。

莲花山白盆珠 1 种。

1. * 勃氏甜龙竹 *Dendrocalamus brandisii* (Munro) Kurz

秆高 10~15m。箨鞘早落，革质，红棕色至鲜黄色；箨舌上缘深齿裂。叶鞘贴生白色小刺毛，叶片大小各异。花枝鞭状，假小穗 5~25 个。果卵圆形，具喙。

生于山坡边、路旁。

分布于我国华南及西南地区。东南亚也有分布。

3. 箬竹属 *Indocalamus* Nakai

地下茎复轴型。秆箨宿存。叶片大型，具多条次脉及小横脉。花序总状或圆锥状，小穗小花多朵。颖果。笋期春夏。

莲花山白盆珠 2 种。

1. 粽巴箬竹 *Indocalamus herklotsii* McClure

秆直立。箨鞘易破碎，箨片卵状披针形。小枝具 3 叶，叶舌极短，叶片披针形，具芒状尖头。圆锥花序紫色，小穗长圆状披针形，小花 4 朵。果实未见。

生于路旁、林缘或疏林。

分布于我国华南及华东地区。

2. 箬竹 *Indocalamus tessellatus* (Munro) P. C. Keng

秆高 1~3m。节较平坦。箨鞘长于节间，无毛；箨叶窄披针形。叶片宽披针形或长圆状披针形，边缘具细锯齿。圆锥花序，小穗绿色带紫色。笋期 4~5 月，花期 6~7 月。

生于山坡路旁。

分布于我国浙江西天目山、衢县和湖南零陵阳明山。

4. 大节竹属 *Indosasa* McClure

地下茎单轴型。竿散生，分枝节间具沟漕．竿箨脱落，箨叶大，三角形或披针形。叶较大，横脉明显。假小穗小花多数。颖果卵状椭圆形。笋期春季至初夏。

莲花山白盆珠 1 种。

1. 浦竹仔 **Indosasa hispida** McClure

秆高 2~3m。节下方有白粉。叶片带状披针形或披针形。花枝生于具叶小枝下部各节或无叶小枝上方，每枝具 3 或 4 个单生假小穗，小花 4~7 朵；颖片 2。花期 3~4 月。

生于路旁。

分布于我国广东中东部地区。

5. 大明竹属 **Pleioblastus** Nakai

秆散生或丛生。箨鞘宿存，箨舌截形至弧形，箨片锥形至披针形。每小枝常 3~5 叶，叶片长圆状披针形，小横脉明显呈长方格状。圆锥花序。颖果长圆形。笋期 5~6 月。

莲花山白盆珠 1 种。

1. 苦竹 **Pleioblastus amarus** (Keng) Keng f.

地下茎复轴型。秆幼时有白粉。箨鞘细长三角形，厚革质，黄色或有紫色斑点及小刺毛，箨叶披针形。总状花序延长，由 3~10 个小穗组成，花 8~12 朵，颖片 3~5。

生于疏林下。

分布于我国长江流域各地及陕西秦岭。

6. 矢竹属 **Pseudosasa** Makino ex Nakai

地下茎单轴型。秆箨宿存或迟落。小枝具多叶，叶长披针形，网脉明显。圆锥花序顶生，小穗具线形柄，花 2~10 朵，颖片 2。颖果无毛，具纵长腹沟。

莲花山白盆珠 2 种。

1. 托竹 **Pseudosasa cantorii** (Munro) P. C. Keng ex S. L. Chen et al.

节间圆筒形。箨鞘纸质，棕黄色或紫色；箨耳镰形；箨片狭卵状披针形。叶片披针形，边缘有锯齿。圆锥状或总状花序。笋期 3 月，花期 3~4 月或 7~8 月。

生于丘陵或山坡林中。

分布于我国华南及华东地区。

2. 篲竹 **Pseudosasa hindsii** (Munro) S. L. Chen & G. Y. Sheng ex T. G. Liang

箨鞘宿存，箨舌拱形，箨片卵状披针形。叶线状披针形或狭长椭圆形。总状或圆锥花序生于叶枝下方或混生于枝顶。笋期 5~6 月，花期 7~8 月。

生于林边。

分布于我国华南、华中地区。

7. 葸劳竹属 **Schizostachyum** Nees

地下茎合轴型。秆丛生，节间圆筒形，节下方有一圈白粉环。箨鞘背面具硅质；箨片腹面密被刺毛。叶片大型。假小穗生于花枝各节。颖果纺锤形。

莲花山白盆珠 1 种。

1. 苗竹仔 **Schizostachyum dumetorum** (Hance ex Walpers) Munro

竿细弱，尾梢下垂或攀缘状；节下方具一圈棕色刺毛和白粉。箨鞘早落。叶片披针形。假小穗无毛，纺锤形。颖果纺锤形。

生于低山丛林中。

分布于我国广东中部及南部地区。

8. 唐竹属 Sinobambusa Makino ex Nakai

地下茎单轴型。秆散生，节间具沟槽；箨环具一圈毛或木栓质隆起。竿箨革质或厚纸质，基部密生刺毛。叶中型，网脉清晰。假小穗细长，多花。颖果。

莲花山白盆珠 1 种。

1. 白皮唐竹 Sinobambusa farinosa (McClure) T. H. Wen

秆直立。箨鞘革质，初被厚白粉，有紫褐色小刺毛；箨耳椭圆状棕黑色；箨舌拱形。小枝具 3~6 叶，叶鞘被黄棕色细柔毛；叶片薄纸质，披针形。花枝未见。笋期 5 月。

生于村旁或路旁。

分布于我国华南及华东地区。

332B. 禾亚科 Agrostidoideae

茎直立，节间中空，圆筒形。叶单生或密集竿基部，成 2 列，由叶鞘、叶舌及叶片组成。花序由小穗组成圆锥状、穗状或头状。颖果。

莲花山白盆珠 42 属 68 种。

1. 水蔗草属 Apluda L.

具根茎，秆直立或基部斜卧。叶片线状披针形，基部渐狭成柄状。圆锥花序顶生，由多数总状花序组成，每一总状花序具柄及 1 舟形总苞。颖果卵形。

莲花山白盆珠 1 种。

1. 水蔗草 Apluda mutica L.

具坚硬根头及根茎。秆常斜卧并生不定根。叶片扁平，两面无毛或沿侧脉疏生白色糙毛。圆锥花序由许多总状花序组成。颖果卵形。花果期夏秋季。

生于水湿地。

分布于我国华南及西南地区。印度、日本、菲律宾也有分布。

2. 地毯草属 Axonopus P. Beauv.

秆丛生或匍匐。叶片扁平或卷折，先端钝圆或略尖。穗形总状花序细弱；小穗长圆形，单生，近无柄，互生或两行排列于穗轴；小花 1~2 朵。种脐点状。

莲花山白盆珠 1 种。

1. * 地毯草 Axonopus compressus (Sw.) P. Beauv.

秆压扁，节密生灰白色柔毛。叶片扁平，基部边缘疏生纤毛。总状花序 2~5 枚，最长 2 枚成对而生；小穗长圆状披针形，单生。

生于荒野、路旁湿处。

分布于我国华南及西南地区。全球热带、亚热带广泛栽培，逸为野生。

3. 臂形草属 Brachiaria (Trin.) Griseb.

圆锥花序由 2 至数个穗状总状花序组成；小穗背腹压扁，具短柄或近无柄，单生或孪生，交互排列于穗轴之一侧，脱节于颖之下，有 2 小花；第一颖长约小穗之半；第二颖与第一外稃同形；第二外稃骨质，背隆起，边缘内卷。

莲花山白盆珠 1 种。

1. 四生臂形草 Brachiaria subquadripara (Trin.) Hitchcock

秆纤细，下部平卧地面，节上生根。叶鞘松弛，叶片披针形至线状披针形，先端渐尖或急尖，基部圆形。圆锥花序由 3~6 枚总状花序组成。花果期 9~11 月。

生于丘陵草地、田野、疏林下或沙丘上。

分布于我国江西、湖南、贵州、福建、台湾、广东、广西。亚洲热带地区和大洋洲也有分布。

4. 山涧草属 Chikusichloa Koidz.

丛生或具短根状茎。秆直立，压扁。叶鞘长于节间，压扁具脊；叶舌较长而厚，纸质；叶片线形至披针状线形。圆锥花序大而疏散。颖果坚硬，纺锤形。

莲花山白盆珠 1 种。

1. 无芒山涧草 Chikusichloa mutica Keng

秆丛生，直立，高 60~100cm，基部数节生有羽状须根。叶鞘平滑，叶片宽大，披针状线形，扁平或对折。顶生圆锥花序大型。颖果深棕色。花果期 8~10 月。

生于山林间溪涧旁。

分布于我国广东、海南（琼中、保亭）、广西。印度尼西亚也有分布。

5. 金须茅属 Chrysopogon Trin.

叶片通常狭窄。圆锥花序顶生，疏散。小穗通常 3 枚生于每一分枝的顶端；颖坚纸质或亚革质，通常具疣基刺毛；第一小花的外稃透明膜质。颖果线形。

莲花山白盆珠 1 种。

1. 竹节草 Chrysopogon aciculatus (Retz.) Trin.

秆基部常膝曲。叶披针形，长 3~5cm，叶舌短小，边缘具小刺毛，秆生叶短小。圆锥花序紫褐色；颖革质；内稃缺如或微小；鳞被膜质。花果期 6~10 月。

生于山坡草地或荒野。

分布于我国华南、华东及西南地区。亚洲及大洋洲热带地区也有分布。

6. 薏苡属 Coix L.

秆直立，常实心。叶片扁平宽大。总状花序腋生成束，常具长总梗；小穗单性，雌雄小穗位于同一花序之不同部位。颖果大，近圆球形。

莲花山白盆珠 1 种。

1. 薏苡 Coix lacryma-jobi L.

须根黄白色，海绵质。秆丛生，多分枝。叶片扁平宽大，开展，边缘粗糙，中脉粗厚。总状花序腋生成束，具长梗。颖果小，常不饱满。花果期 6~12 月。

生于山谷、溪边。

分布于我国华南、华东及西北地区。热带及亚热带地区广泛栽培。

7. 狗牙根属 Cynodon Rich

具根茎和匍匐枝。秆纤细。叶短而平展，叶舌短，具一轮纤毛。穗状花序 2 至数枚指状着生于秆顶；小穗无芒，两侧扁，具 1~2 小花。颖果长圆柱形或两侧稍扁。

莲花山白盆珠 1 种。

1. 狗牙根 Cynodon dactylon (L.) Pers.

具根茎或匍匐茎。秆细而坚韧，节生不定根。叶鞘无毛或被疏柔毛；叶舌有一轮纤毛；叶线形。穗状花序，小穗灰绿色或紫色。颖果长圆柱形。花果期 5~10 月。

生于路旁河岸或荒山草地。

分布于我国黄河以南地区。世界温暖地区广泛栽培。

8. 弓果黍属 Cyrtococcum Stapf

秆下部多平卧地面，节生根，上部直立。叶线状披针形或披针形。圆锥花序开展或紧缩；小穗两侧扁，斜卵形或半卵形，成熟后整个脱落，有 2 小花。

莲花山白盆珠 1 种。

1. 散穗弓果黍 Cyrtococcum patens var. latifolium (Honda) Ohwi

秆纤细，叶舌顶端近圆形；叶片常宽大而薄，线状椭圆形或披针形，两面近无毛，脉间具小横脉。圆锥花序大而开展；小穗柄远长于小穗。花果期 5~12 月。

生于山地或林下。

分布于我国华南、华东及西南地区。印度至马来西亚、日本也有分布。

9. 龙爪茅属 Dactyloctenium Willd.

叶片线形，扁平。穗状花序由多个花序指状排列秆顶；小穗无柄，两侧扁，成2行紧密覆瓦状排列。囊果椭圆形、圆柱形或扁。种子近球形。

莲花山白盆珠1种。

1. 龙爪茅 Dactyloctenium aegyptium (L.) Willd.

秆直立或基部横卧，节处生根且分枝。叶鞘边缘被柔毛，叶舌具纤毛；叶扁平，两面被毛。穗状花序2~7个指状排列于秆顶。囊果球形。花果期5~10月。

生于山坡或草地。

分布于我国华南、华东及华中地区。世界热带、亚热带地区均有栽培。

10. 马唐属 Digitaria Hall.

秆直立或基部横卧地面，节上生根。叶片线状披针形至线形。总状花序2至多个呈指状排列于茎顶或主轴；小穗含1朵两性花。颖果长圆状椭圆形。

莲花山白盆珠2种。

1. 升马唐 Digitaria ciliaris (Retzius) Koeler

叶鞘常短于节间，多少具柔毛；叶线形或披针形，上面散生柔毛。总状花序3~8枚；小穗披针形，孪生于穗轴之一侧。花果期5~10月。

生于路旁、荒野、荒坡。

分布于我国南北各地区。广泛分布于世界的热带、亚热带地区。

2. 马唐 Digitaria sanguinalis (L.) Scop.

秆直立或下部倾斜，膝曲上升。叶片线状披针形，边缘较厚，微粗糙。具柔毛。总状花序，4~12个成指状着生于主轴；小穗椭圆状披针形。花果期6~9月。

生于路旁、荒野。

分布于我国华南、华东及华中地区。全世界暖温带和亚热带高原地区均有分布，

11. 稗属 Echinochloa P. Beauv.

叶片扁平，线形。圆锥花序由穗形总状花序组成；小穗含1~2小花，背腹压扁，单生或2~3个聚集穗轴一侧，近无柄；颖草质。

莲花山白盆珠2种。

1. 光头稗 Echinochloa colona (L.)Link

叶鞘压扁，背部具脊，无毛；叶片扁平，线形，无毛，边缘稍粗糙。圆锥花序狭窄，主轴具棱，棱边粗糙，花序分枝排列稀疏。花果期夏秋季。

生于田野及路旁湿润处。

分布几遍全国。世界温暖地区广布。

2. 短芒稗 Echinochloa crusgalli var. breviseta (Doell) Podpera

株高30~70cm。叶片长8~15cm。圆锥花序较狭窄，长8~10cm；小穗卵形，绿色，脉上疏被短硬毛，顶端具小尖头或具短芒，芒长不超过0.5cm。

生于沼泽地、沟边或稻田。

分布于我国华南、华东及西南地区。世界热带地区广布。

12. 䅟属 **Eleusine** Gaertn.

秆簇生或具匍匐茎。叶片平展或卷折。穗状花序数个成指状或近指状排列于秆顶；小穗两侧压扁，无芒，覆瓦状排列于穗轴一侧。囊果果皮膜质透明，宽椭圆形或卵圆形。

莲花山白盆珠 1 种。

1. 牛筋草 **Eleusine indica** (L.) Gaertn.

根系发达。秆丛生，基部倾斜。叶线形，无毛或上面被疣基柔毛。穗状花序 2~7 个指状着生于秆顶；小穗具 3~6 小花。囊果卵圆形。花果期 6~9 月。

生于荒地或路旁。

分布于我国南北各地。世界温带、热带地区广布。

13. 画眉草属 **Eragrostis** Wolf

秆常丛生。叶线形。圆锥花序；小穗两侧扁，有数至多数小花，疏散或紧密覆瓦状排列；小穗轴“之”字形曲折。颖果球形或椭圆形，与稃体分离。

莲花山白盆珠 5 种。

1. 鼠妇草 **Eragrostis atrovirens** (Desf.) Trin. ex Steud.

秆直立，基部稍膝曲。叶鞘光滑，鞘口有毛；叶扁平或内卷，正面粗糙，近基部疏生长毛。圆锥花序开展，分枝单生；小穗深灰或灰绿色。颖果球形。夏秋季抽穗。

生于溪边或路旁。

分布于我国华南及西南地区。亚洲热带、亚热带地区也有分布。

2. 知风草 **Eragrostis ferruginea** (Thunb.) P. Beauv.

叶鞘两侧极压扁，均较节间长，通常在叶鞘的主脉上生有腺点；叶片平展或折叠。圆锥花序大而开展，分枝节密，小穗长圆形。颖果棕红色。花果期 8~12 月。

生于山坡、路边。

分布于我国南北各地。朝鲜、日本和东南亚等地也有分布。

3. 小画眉草 **Eragrostis minor** Host.

秆纤细，膝曲上升，3~4 节，节下有一圈腺体。叶线形，扁平或干后内卷，上面粗糙并疏生柔毛。圆锥花序开展，花 3~16 朵。颖果红褐色。花果期 6~9 月。

生于荒山草地。

分布于我国各地。全球温带地区广布。

4. 鲫鱼草 *Eragrostis tenella* (L.) Beauv. ex Roem. & Schult.

秆纤细，直立或基部膝曲，3~4 节。叶线形或线状披针形，叶面粗糙。圆锥花序开展，分枝单生或簇生，小枝和小穗柄具腺点。颖果浅棕色。花果期 4~8 月。

生于路边或荒山草丛。

分布于我国华南、华东及华中地区。广布于东半球热带地区。

5. 牛虱草 *Eragrostis unioloides* (Retz.) Nees ex Steud.

秆直立或下部膝曲，具匍匐枝。叶鞘松裹茎；叶片平展，近披针形，先端渐尖。小穗长圆形或锥形。颖果椭圆形。花果期 8~10 月。

生于荒山、草地、庭园、路旁等地。

分布于我国华南各地和云南、江西、福建、台湾等地。亚洲和非洲的热带地区也有分布。

14. 蜈蚣草属 *Eremochloa* Buse

秆直立，有时具匍匐茎。叶线形，扁平。总状花序单生于秆顶，背腹压扁。无柄小穗扁平，不嵌入轴中，常覆瓦状排列于总状花序轴之一侧。小花两性或雌性。颖果长圆形。

莲花山白盆珠 1 种。

1. 蜈蚣草 *Eremochloa ciliaris* (L.) Merr.

秆密丛生，纤细直立。叶鞘压扁，互相跨生；叶片常直立。总状花序单生，常弓曲。颖果长圆形，长约 2mm。花果期夏秋季。

生于山坡、路旁草丛中。

分布于我国云南、贵州、广西、广东、海南及福建等地区。印度、缅甸及中南半岛都有分布。

15. 鹧鸪草属 *Eriachne* R. Br.

有开展或稠密的圆锥花序；小穗有 2 小花；颖阔，数脉，与小穗等长；外稃和内稃均被小粗毛，顶有芒（指鹧鸪草）或无，最后质地变坚韧。

莲花山白盆珠 1 种。

1. 鹧鸪草 *Eriachne pallescens* R. Br.

秆丛生，细而坚硬，无毛。鞘口具毛，多短于节间；叶舌具纤毛；叶片质地硬，多纵卷成针状，被疣毛。圆锥花序稀疏开展。颖果长圆形。花果期 5~10 月。

生于干燥山坡、松林树下。

分布于我国福建、江西、广西、广东等地。东南亚和大洋洲也有分布。

16. 野黍属 *Eriochloa* Kunth

秆直立分枝。叶片平展或卷合。圆锥花序顶生，由数个总状花序组成；小穗有 2 小花，单生或孪生，覆瓦状排列于穗一侧。

莲花山白盆珠 1 种。

1. 高野黍 Eriochloa procera (Retz.) C. E. Hubb.

秆丛生，直立，具分枝，节被微毛。叶鞘具脊，无毛；叶舌为一圈白色纤毛；叶片线形，无毛。圆锥花序由数个总状花序组成；小穗长圆状披针形。秋季抽穗。

生于荒沙地。

分布于我国广东及台湾。东半球热带地区广布。

17. 黄金茅属 Eulalia Kunth

叶片线形或披针形。总状花序数枚呈指状排列于秆顶，总状花序轴节间易折断；孪生小穗同形，一无柄，一有柄；颖草质或厚纸质。颖果长椭圆形。

莲花山白盆珠 2 种。

1. 四脉金茅 Eulalia quadrinervis (Hackel) Kuntze

秆高 60~120cm。叶鞘无毛至具毛；叶片无毛或下面有毛或两面有毛，通常下面粉绿色。总状花序 3~4 枚，常被灰白色而带紫色的柔毛。花果期 9~11 月。

常生于山坡草地。

分布于我国华东、华中、华南、西南各地。日本、印度、菲律宾以至非洲都有分布。

2. 金茅 Eulalia speciosa (Debeaux) Kuntze

秆高 70~120cm。无毛或紧接花序下部有白色柔毛。叶鞘基部密生棕黄色绒毛；叶质硬，扁平或边缘内卷。总状花序；无柄小穗长圆形。花果期 8~11 月。

生于山坡草地。

分布于我国华南、华东、华中及西南地区。朝鲜、印度也有分布。

18. 距花黍属 Ichnanthus P. Beavuv.

秆伏地，下部分枝。叶片平展，常较宽。圆锥花序疏散或紧缩；每小穗含 2 小花，单生或基部孪生，具不等长的小穗柄，着生于花序一侧。颖草质。

莲花山白盆珠 1 种。

1. 距花黍 Ichnanthus vicinus (F. M. Bail.) Merr.

秆匍匐地面，自节生根。叶舌膜质，顶部有纤毛；叶卵状披针形至卵形，脉间有小横脉。圆锥花序顶生或腋生；小穗披针形。花果期 8~11 月。

生于山谷、水旁及林下。

分布于我国华南、华东及西南地区。亚洲、大洋洲、非洲、南美洲热带地区也有分布。

19. 白茅属 Imperata Cyrillo

具发达多节根状茎。叶片基生，线形，叶舌膜质。圆锥花序顶生，紧缩呈穗状；小穗含 1 两性小花，基部围以丝状柔毛；两颖近相等，披针形。颖果椭圆形。

莲花山白盆珠 1 种。

1. 白茅 Imperata cylindrica (L.) P. Beauv.

具粗壮根状茎。秆直立，具 1~3 节，节无毛。分蘖叶片长 20cm；秆生叶片窄线形，常内卷，被白粉。圆锥花序稠密；两颖草质及边缘膜质。花果期 4~6 月。

生于田坎、荒山、路旁或堤岸。

分布于我国各地区。中亚、欧洲、非洲也有分布。

20. 柳叶箬属 Isachne R Br.

叶披针形。圆锥花序顶生，疏散，含 2 小花；小穗卵圆或卵状球形，淡绿色或熟后带紫褐色。颖果近球形。

莲花山白盆珠 2 种。

1. 柳叶箬 Isachne globosa (Thunb.) Kuntze.

秆丛生，节生根，无毛。叶鞘短于节间；叶披针形，长 3~10cm。圆锥花序卵形；小穗椭圆状球形，淡绿色或熟后紫褐色。颖果近球形。花果期夏秋季。

生于山坡、稻田。

分布于我国华南、华东、华中、西南、华北及东北地区。中亚、太平洋诸岛、大洋洲也有分布。

2. 平颖柳叶箬 Isachne truncata A. Camus.

秆丛生，坚硬，多节，节上具细茸毛。叶片披针形，两面被细毛，常具小刺毛。圆锥花序；小穗绿色或带紫色。颖果近球形。花果期 8~10 月。

生于山坡草地或林缘。

分布于我国华南、华东及西南地区。

21. 鸭嘴草属 Ischaemum L.

叶披针形至线形。总状花序孪生；小穗孪生，一有柄，一无柄，各含 2 小花；第一颖长圆形或披针形，顶端呈鸭嘴状；第二颖舟形。颖果长圆形。

莲花山白盆珠 2 种。

1. 鸭嘴草 Ischaemum aristatum var. **glaucum** (Honda) T. Koyama

叶线形或线状披针形，被乳突状毛。总状花序成对；无柄小穗；第一颖上部两侧无翅或有极窄的翅；第二小花外稃先端 2 浅裂。花果期夏秋季。

生于旷野和草坡。

我国江苏、浙江等地分布广泛。印度至中国，南至大洋洲都有分布。

2. 粗毛鸭嘴草 Ischaemum barbatum Retz.

秆直立质硬，节上被髯毛。叶片线状披针形，基部收缩成短柄状。总状花序孪生于秆顶，紧贴成圆柱状，外棱和小穗柄外侧有纤毛。颖果卵形。花果期夏秋季。

生于山地草坡。

分布于我国华南、华东、华中、西南及华北地区。南亚至东南亚也有分布。

22. 千金子属 Leptochloa P. Beauv.

叶片线形。圆锥花序由多数弱穗形总状花序组成；小穗极小，有 2 至多数小花，两侧压扁；颖不等或近相等，无芒；外稃 3 脉。

莲花山白盆珠 1 种。

1. 千金子 Leptochloa chinensis (L.) Nees

秆直立，基部膝曲或倾斜，平滑无毛。叶鞘无毛，多短于节间；叶扁平或卷折，两面粗糙或下面平滑。圆锥花序长 10~30cm。颖果长圆球形。花果期 8~11 月。

生于潮湿之地。

分布几遍全国。东南亚也有分布。

23. 淡竹叶属 Lophatherum Brongn.

须根中下部膨大呈纺锤形。秆直立，平滑。叶鞘边缘生纤毛；叶片披针形，基部收缩呈柄状。圆锥花序具数枚穗状花序；小穗圆柱形、线状披针形。颖果与内、外稃分离。

莲花山白盆珠 1 种。

1. 淡竹叶 Lophatherum gracile Brongn.

叶鞘平滑或边缘具纤毛；叶舌褐色；叶披针形，具横脉，被柔毛或疣基小刺毛。圆锥花序；小穗线状披针形。颖果长椭圆形。花果期 6~10 月。

生于山坡、林下、林缘或路旁。

分布于我国华南、华东、华中及西南地区。东亚至南亚也有分布。

24. 糖蜜草属 Melinis P. Beauv.

秆下部常匍匐。叶扁平。顶生圆锥花序；小穗细小；第一颖微小，无脉；第二颖与第一小花外稃等长，具 5~7 脉，顶端 2 裂，在裂齿间生 1 短芒。

莲花山白盆珠 2 种。

1. * 糖蜜草 Melinis minutiflora P. Beauv.

植物体被腺毛，有糖蜜味。叶鞘短于节间，疏被长柔毛和瘤基毛；叶片线形，两面被毛，叶缘具睫毛。颖果长圆形。花果期 7~10 月。

生于路边。

原产于非洲。四川等地曾有引种，我国台湾已归化。

2. * 红毛草 Melinis repens (Willd.) Zizka

叶鞘松弛；叶片线形，长可达 20cm，宽 2~5mm。圆锥花序开展，分枝纤细；小穗柄纤细弯曲，顶端稍膨大，疏生长柔毛。花果期 6~11 月。

生于路边。

原产于南非。我国广东、台湾等省有引种，已归化。

25. 莠竹属 Microstegium Nees

秆多节，下部节着土后易生根，具分枝。叶片披针形，基部圆形。总状花序数枚至多数呈指状排列；小穗两性，孪生，一有柄，一无柄。颖果长圆形。

莲花山白盆珠 3 种。

1. 刚莠竹 Microstegium ciliatum (Trin.) A. Camus

叶片披针形，长 10~20cm，两面具柔毛。总状花序 5~15 个着生于主轴呈指状排列；花序轴先端膨大，边缘密生纤毛。颖果长圆形。花果期 9~12 月。

生于林缘、沟边湿地。

分布于我国华南、华东、华中及西南地区。亚洲热带地区广布。

2. 蔓生莠竹 *Microstegium fasciculatum* (L.) Henrard

叶披针形，叶鞘被粗毛。总状花序 3~5 枚，指状排列于秆顶；小穗成对生穗轴各节；结实小花外稃极小，鳞片状；内稃透明，鳞片状。秋冬抽穗。

生于林缘、林下阴湿处。

分布于我国华南及西南地区。东南亚及马来西亚等地也有分布。

3. 莠竹 *Microstegium vimineum* (Trinius) A. Camus

叶鞘短于其节间，稍压扁，边缘与鞘口具长纤毛。总状花序轴节间长 3~4mm，顶端稍膨大，边缘具纤毛或散生柔毛。花果期 8~11 月。

生于林地、河岸、沟边、田野路旁的阴湿地草丛中。

分布于我国吉林、山西、陕西、江苏、广东、四川、云南等地。印度、朝鲜、日本、俄罗斯也有分布。

26. 芒属 *Miscanthus* Anderss.

秆粗壮，中空。叶片扁平宽大。顶生圆锥花序大型；小穗含一两性花；两颖近相等；第一外稃内空，第二外稃顶端 2 裂，内稃微小。颖果长圆形。

莲花山白盆珠 2 种。

1. 五节芒 *Miscanthus floridulus* (Lab.) Warb. ex K. Schum. & Laut.

秆高大似竹，无毛，节下具白粉。叶鞘无毛；叶片披针状线形，中脉粗壮隆起，两面无毛。圆锥花序大型，稠密；小穗卵状披针形，黄色。花果期 5~10 月。

生于荒地、草坡或山谷。

分布于我国华南及华东地区。东南亚、大平洋诸岛也有分布。

2. 芒 *Miscanthus sinensis* Anderss.

叶鞘无毛；叶片线形，背面疏生柔毛及被白粉。圆锥花序直立，长 15~40cm，主轴延伸至花序中部以下；小穗披针形，黄色。颖果长圆形。花果期 7~12 月。

生于荒坡、山地或路旁。

分布于我国华南、华东、华中及西南地区。日本、朝鲜也有分布。

27. 毛俭草属 *Mnesithea* Kunth

秆直立，丛生。叶片扁平。总状花序圆柱状，单生于枝顶；序轴每节间凹穴中并生 3 枚小穗，易两性；第一小花仅存外稃或具内稃，第二小花两性。

莲花山白盆珠 1 种。

1. 毛俭草 *Mnesithea mollicoma* (Hance) A. Camus.

秆直立。叶片扁平，线状披针形，两面密被毛。总状花序圆柱形，单生于秆顶，基部周围生短柔毛；每节间凹穴中并生 2 个无柄、1 个有柄小穗。花果期秋季。

生于草地或灌丛。

分布于我国华南地区。马来西亚、泰国、越南也有分布。

28. 类芦属 Neyraudia Hook. f.

根茎木质。秆苇状多节。叶鞘颈部常具柔毛；叶舌密生柔毛；叶片扁平或内卷。圆锥花序大型稠密；小穗具 3~8 花；外稃披针形；内稃狭窄，短于外稃。

莲花山白盆珠 1 种。

1. 类芦 Neyraudia reynaudiana (Kunth) Keng ex Hithc.

秆直立，节具分枝，节间被白粉。叶鞘无毛，叶舌密生柔毛；叶片长 30~60cm，扁平或卷折。圆锥花序长 30~60cm，分枝细长，开展或下垂。花果期 8~12 月。

生于林缘、河边、路旁及草地。

分布于我国华南、华东、华中及西南地区。亚热带地区广布。

29. 求米草属 Oplismenus P. Beauv.

叶片扁平，卵形至披针形。圆锥花序；小穗卵圆形或卵状披针形，含 2 小花；颖近等长；第一小花中性，外稃等长于小穗；第二小花两性。种脐椭圆形。

莲花山白盆珠 1 种。

1. 台湾竹叶草 Oplismenus compositus (L.) P. Beauv.

叶片披针形，长 9~13cm。圆锥花序；小穗长 3.5~4mm；第二颖的芒长达 3mm；第二外稃顶端芒尖具长约 0.5mm 的芒。花果期 8~11 月。

生于草地、疏林阴湿处。

分布于我国华南及西南地区。

30. 露籽草属 Ottochloa Dandy

秆蔓生。叶片披针形。圆锥花序顶生；每小穗有 2 小花；颖长约为小穗的 1/2，具 3~5 脉；第一小花不育，外稃与小穗等长，有 7~9 脉；第二小花发育。

莲花山白盆珠 1 种。

1. 小花露籽草 Ottochloa nodosa var. micrantha (Balansa ex A. Camus) S. l. Chen. & S. M. Phillips

叶片披针形。圆锥花序，含 2 小花；第一颖卵形，长约小穗的 1/2；第二颖卵形，具 7 脉；第一外稃椭圆形；第二外稃薄革质，花果期 7~11 月。

生于山谷、林边湿地。

分布于我国华南、云南。印度，马来西亚也有分布。

31. 黍属 Panicum L.

秆直立或基部膝曲或匍匐。叶片线形至卵状披针形，常扁平。圆锥花序顶生，含 2 小花；第一内稃存在或退化甚至缺；第二外稃硬纸质或革质；鳞被 2。

莲花山白盆珠 6 种。

1. 短叶黍 Panicum brevifolium L.

叶鞘短于节间；叶片卵形或卵状披针形。圆锥花序卵形；小穗椭圆形；第一颖近膜质，长圆状披针形；第二颖薄纸质，与小穗等长。花果期 9~12 月。

生于林边湿地。

分布于我国华南、华东地区及云南。亚洲热带地区广布。

2. 藤竹草 Panicum incomtum Trinius

秆木质，攀缘或蔓生。叶片披针形至线状披针形，顶端渐尖，基部圆形，两面被柔毛。圆锥花序开展；小穗卵圆形。鳞被 5~7 脉，薄而透明。花果期 7 月至翌年 3 月。

生于林地草丛中。

分布于我国江西、福建、台湾、广东、广西和云南等地区。印度、马来西亚、菲律宾、印度尼西亚等地也有分布。

3. 大罗网草 Panicum luzonense J. Presl

植株除小穗外，多少被疣基毛。第一颖宽卵形，长约为小穗的 1/2，顶端尖；第二颖卵状椭圆形，与小穗等长；第一外稃与第二颖等长同形。花果期 8~10 月。

生于田间或林缘。

分布于我国广东、广西和台湾等地区。印度、斯里兰卡、缅甸、柬埔寨、菲律宾、印度尼西亚等地也有分布。

4. 心叶稷 Panicum notatum Retzius

秆直立或基部倾斜，具分枝。叶鞘短于节间；叶舌为一圈毛状；叶片披针形，顶端渐尖，基部心形。圆锥花序开展，分枝纤细；小穗椭圆形。花果期 5~11 月。

常生于林缘。

分布于我国南方地区。东南亚也有分布。

5. * 铺地黍 Panicum repens L.

叶鞘光滑，边缘被纤毛；叶片质硬，线形。圆锥花序开展，具棱槽；小穗长约 3mm；第一颖长约为小穗的 1/4；第二颖约与小穗近等长。花果期 6~11 月。

生于村边、溪边以及潮湿之处。

分布于我国东南、华南各地。世界热带、亚热带广布。

6. 细柄黍 Panicum sumatrense Roth ex Roem. & Schult.

叶片线形，长 8~15cm。圆锥花序长 10~20cm；小穗卵状长圆形，柄长于小穗；第一颖长约小穗的 1/3；第二颖与小穗等长。花果期 7~10 月。

生于丘陵灌丛或荒野路旁。

分布于我国东南、西南地区及西藏。印度至斯里兰卡、菲律宾也有分布。

32. 雀稗属 Paspalum L.

叶片线形或狭披针形，扁平或卷折。穗形总状花序；小穗含1成熟小花；第一颖常缺如；第一小花中性，内稃缺。胚长为颖果的1/2。种脐点状。

莲花山白盆珠4种。

1. * 两耳草 *Paspalum conjugatum* Berg.

叶鞘无毛或边缘及鞘口具柔毛，叶舌短；叶片披针状线形。总状花序2枚，小穗卵形。颖果长约1.2mm，胚长为颖果的1/3。花果期5~9月。

生于田野、林缘、潮湿草地。

分布于我国华南及西南地区。全球温带及热带地区均有分布。

2. 鸭虤草 *Paspalum scrobiculatum* L.

叶披针形或线状披针形，长10~20cm。总状花序2~8个；第一颖缺，第二颖具5脉；第一外稃5~7脉；第二外稃等长于小穗。花果期5~9月。

生于路旁草地或湿地。

分布于我国华南及西南地区。全球热带地区也有分布。

3. 圆果雀稗 *Paspalum scrobiculatum* var. *orbiculare* (Forst) Hackel

与原种的主要区别：叶鞘长于其节间，无毛，鞘口有少数长柔毛，基部者生有白色柔毛；总状花序长3~8cm。花果期6~11月。

生于荒坡、草地、路旁及田间。

分布于我国华南、华东、华中及西南地区。东南亚至大洋洲也有分布。

4. 雀稗 *Paspalum thunbergii* Kunth ex Steud.

多年生草本。秆直立，丛生。叶片线形。总状花序3~6个，互生主轴，成总状圆锥花序；小穗椭圆状倒卵形；第二颖与第一外稃相等；第二外稃等长于小穗。花果期5~10月。

生于荒野湿地。

分布于我国华南、华东、华中及西南地区。日本、朝鲜也有分布。

33. 狼尾草属 Pennisetum Rich.

一或多年生草本。叶片线形，扁平或内卷。圆锥花序呈穗状圆柱形；小穗单生或2~3枚聚生成簇；第一颖薄而微小；第一小花雄性或中性；第二小花两性。颖果长圆形或椭圆形。

莲花山白盆珠1种。

1. 狼尾草 *Pennisetum alopecuroides* (L.) Spreng

多年生。秆直立。叶片线形。圆锥花序；小穗常单生，偶有双生，线状披针形；第一颖微小或缺；第二颖卵状披针形。颖果长圆形。花果期夏秋季。

生于田边、菜边或山坡。

分布于我国东北、华北、华东、中南及西南各地区。

34. 早熟禾属 Poa L.

叶片扁平，对折或内卷。圆锥花序；小穗具 2~8 小花；两颖不等或近相等，第一颖短窄，第二颖 3 脉，均短于外稃。颖果长圆状纺锤形。

莲花山白盆珠 1 种。

1. 早熟禾 Poa annua L.

一年生或冬性禾草。叶片扁平或对折，柔软，常有横脉纹。圆锥花序宽卵形；颖薄，第一颖 1 脉，第二颖 3 脉；外稃卵圆形。颖果纺锤形。花期 4~5 月，果期 6~7 月。

生于路旁草地、田野水沟或荒坡湿地。

分布几遍全国各地。欧洲、亚洲及北美洲均有分布。

35. 金发草属 Pogonatherum P. Beauv.

叶片线状披针形。穗状花序单生于秆顶；小穗圆柱形，无柄小穗小花 1~2 朵；有柄小穗小花 1 朵，两性或雌性；第一外稃无芒；第二外稃透明膜质。颖果长圆形。

莲花山白盆珠 2 种。

1. 金丝草 Pogonatherum crinitum (Thunb.) Kunth

秆丛生，具纵条纹，节被白色髯毛。叶片线形，长 2~5cm，两面均被微毛而粗糙。穗形总状花序单生于秆顶，乳黄色。颖果卵状长圆形。花果期 5~9 月。

生于墙脚、岩缝及堤岸边。

分布于我国华南、华东、华中及西南地区。印度、日本及马来西亚也有分布。

2. 金发草 Pogonatherum paniceum (Lam.) Hack.

秆硬似竹，基部具被毛鳞片。叶片线形，质硬。总状花序稍弯曲；无柄小穗长 2.5~3mm；第一颖扁平，稍短于第二颖；第二颖舟形，与小穗等长。花果期 4~10 月。

生于草地、路边、溪边。

分布于我国华南、华东、华中及西南地区。印度、马来西亚至大洋洲也有分布。

36. 甘蔗属 Saccharum L.

秆高大粗壮，实心。叶片线形宽大，中脉粗壮。顶生圆锥花序大型稠密；小穗孪生，一无柄，一有柄；两颖近等长；第一外稃内空；第二外稃窄线形，顶端无芒。

莲花山白盆珠 1 种。

1. 斑茅 Saccharum arundinaceum Retzius

叶鞘长于其节间；叶片宽大，线状披针形。圆锥花序大型，稠密；小穗背部具长柔毛；第二外稃顶端具短芒尖。花果期 8~12 月。

常生于山坡和河岸溪涧草地。

分布于我国黄河以南地区。东南亚也有分布。

37. 囊颖草属 Sacciolepis Nash

秆直立或基部膝曲。叶片较狭窄。圆锥花序紧缩成穗状；小穗一侧偏斜，有 2 小花；颖不等长，第一颖短，第二颖较宽，三角状卵形；第一小花雄性或中性，第二小花两性。

莲花山白盆珠 1 种。

1. 囊颖草 Sacciolepis indica (L.) Chase

秆基部常膝曲。叶片线形，长 5~20cm。圆锥花序紧缩成圆筒状；小穗卵状披针形；第一颖为小穗长的 1/3~2/3，第二颖与小穗等长。颖果椭圆形。花果期 7~11 月。

生于湿地或水中。

分布于我国华南、华中、华东及西南地区。印度至日本、大洋洲也有分布。

38. 狗尾草属 Setaria P. Beauv.

叶片线形、披针形或长披针形。圆锥花序穗状或总状圆柱形；小穗含 1~2 小花；第一颖卵形或三角形；第二颖与第一外稃等长或稍短。

莲花山白盆珠 6 种。

1. 莠狗尾草 Setaria geniculata (Lam.) P. Beauv.

叶片卷折呈线形。圆锥花序稠密呈圆柱状；小穗椭圆形；第一颖卵形，长为小穗的 1/3；第二颖宽卵形，长为小穗的 1/2，具 5 脉。花果期 2~11 月。

生于旷野路旁。

分布于我国华南、华中、华东及西南地区。世界热带、亚热带地区广布。

2. 褐毛狗尾草 Setaria pallidifusca (Schumach.) Stapf & C. E. Hubb.

叶片线状披针形，边缘微卷或对折叠。圆柱状圆锥花序；小穗椭圆形；第一颖三角状卵形，长为小穗的 1/2；第二颖长约为小穗的 1/2。颖果浅黄色。

生于旷野路旁。

分布于我国华南、华中、华东及西南地区。

3. 棕叶狗尾草 Setaria palmifolia (Koen.) Stapf

多年生草本。叶片纺锤状宽披针形，基部窄缩呈柄状。圆锥花序主轴延伸甚长；小穗卵状披针形，排列于小枝一侧。颖果卵状披针形。花果期 8~12 月。

生于旷野路旁。

分布于我国华南、华东、华中及西南地区。广布于热带和亚热带地区。

4. * 皱叶狗尾草 etaria plicata (Lam.) T. Cooke

多年生草本。叶片质薄，椭圆状披针形或线状披针形，基部渐狭呈柄状。圆锥花序狭长圆形或线形；小穗着生小枝一侧，卵状披针状。颖果狭长卵形。花果期 6~10 月。

生于路旁草丛。

分布于我国华南、华东、华中及西南地区。南亚、马来群岛和日本也有分布。

5. 金色狗尾草 Setaria pumila (Poir.) Roem. & Schult.

一年生草本。秆直立或基部膝曲。叶片线状披针形或狭披针形。圆锥花序紧密呈圆锥状或狭圆锥状；主轴的一个分枝仅具一个发育的小穗。花果期 6~10 月。

生于林边、路旁、园地。

分布于我国各地。欧亚大陆温暖地带也有分布。

6. 狗尾草 Setaria viridis (L.) P. Beauv.

一年生草本。叶片长三角状披针形或线状披针形。圆锥花序紧密呈圆柱状或基部稍疏离；第一颖长约小穗的 1/3，第二颖与小穗等长。颖果灰白色。花果期 5~10 月。

生于荒野、道旁。

分布于全国各地。现广布于世界温带和亚热带地区。

39. 稗荩属 Sphaerocaryum Nees ex Hook. f.

一年生矮小草本。叶卵状心形。圆锥花序卵形；小穗具 1 小花；颖透明膜质，第一颖长约小穗的 2/3；第二颖与小穗等长或稍短；稃片为薄膜质。颖果卵圆形，与稃体分离。

莲花山白盆珠 1 种。

1. 稗荩 Sphaerocaryum malaccense (Trin.) Pilger.

一年生草本。叶鞘短于节间，叶卵状心形。圆锥花序卵形；小穗 1 小花，中部具黄色腺点；第一颖长约小穗的 2/3；第二颖与小穗等长或稍短。颖果卵圆形。

生于高山灌丛或草甸。

分布于我国华南、华东及西南地区。广布于亚洲热带地区。

40. 大油芒属 Spodiopogon Trinius

多年生，具匍匐根状茎的较高大草本。叶片线形或狭窄披针形。顶生圆锥花序开展；小穗孪生，一有柄，一无柄；第二小花皆为两性。颖果圆筒形。

莲花山白盆珠 1 种。

1. 油芒 Spodiopogon cotulifer (Thunb.) Hack.

一年生草本。秆较高大，直立。叶鞘疏松裹茎，无毛；叶舌膜质，褐色。花药黄色，柱头紫褐色。花果期 9~11 月。

生于山坡、山谷和荒地路旁。

分布我国于河南、陕西、甘肃等地。印度西北部至日本也有分布。

41. 菅属 Themeda Forssk

一或多年生草本。秆粗壮或纤细，近圆形叶鞘近缘及鞘口散生瘤基刚毛，叶片线形。总状花序单生或数枚镰状聚生成簇。颖果长圆形、线状倒卵形。

莲花山白盆珠 1 种。

1. 苞子草 Themeda caudata (Nees) A. Camus

多年生簇生草本。叶鞘在秆基套叠，叶片线形。大型伪圆锥花序；第一颖革质；第一外稃披针形；第二外稃退化为芒基。颖果长圆形。花果期 7~12 月。

生于山坡草丛或林缘。

分布于我国华南、华东及西南地区。亚洲热带、亚热带地区广布。

42. 粽叶芦属 Thysanolaena Nees

多年生草本。秆丛生，粗壮。叶片披针形，具横脉，叶柄短。圆锥花序稠密，大型；小穗微小，具 2 小花；第一花不孕；第二花两性。颖果小，长圆形。

莲花山白盆珠 1 种。

1. 粽叶芦 Thysanolaena latifolia (Roxb. ex Hornem.) Honda

多年生丛生草本。叶片披针形，具短柄。圆锥花序大型，柔软；小穗长 1.5~1.8 mm；第一花仅具外稃，约等同小穗，内稃短小。颖果长圆形。一年 2 次花期，春夏或秋季。

生于山坡、山谷或灌丛。

分布于我国华南、华东及西南地区。亚洲热带地区广布。

参考文献

陈封怀．广东植物志（1~2 卷）[M]. 广州：广东科学技术出版社，1987-1991.

廖文波，叶华谷．广东植物鉴定技巧 [M]. 北京：科学出版社，2019.

王瑞江．广东维管植物多样性编目 [M]. 广州：广东科学技术出版社，2017.

吴德邻．广东植物志（3~10 卷）[M]. 广州：广东科学技术出版社，1995-2011.

叶华谷，邢福武．广东植物名录 [M]. 广州，广东世界图书出版公司，2005.

中国科学院生物多样性委员会．中国生物物种名录（2020 版）[CD]. 北京：中国科学院生物多样性委员会，2020.

中国植物志编辑委员会．中国植物志（1~80 卷）[M]. 北京：科学出版社，1959-2004.

Wu ZY, Raven PH, Hong DY. Flora of China（Vols. 1-25）[M]. Beijing & St. Louis: Science Press & Missouri Botanical, 1994-2013.

Zeng SJ, Zou LH, Wang P, et al.. Preliminary phylogeny of Fordiophyton (Melastomataceae), with the description of two new species[J]. Phytotaxa, 2016, 247(1): 045-061.

中文名索引

K

L

M

N

拉丁名索引